Extremophile Mikroorganismen

Andreas Stolz

Extremophile Mikroorganismen

von der Anpassung zur Anwendung

Springer Spektrum

Andreas Stolz
Institut für Mikrobiologie
Universität Stuttgart, Stuttgart
Deutschland

ISBN 978-3-662-55594-1   ISBN 978-3-662-55595-8   (eBook)
https://doi.org/10.1007/978-3-662-55595-8

Die Deutsche Nationalbibliothek verzeichnet diese Publikation in der Deutschen Nationalbibliografie;
detaillierte bibliografische Daten sind im Internet über http://dnb.d-nb.de abrufbar.

Springer Spektrum
© Springer-Verlag GmbH Deutschland 2017

Verantwortlich im Verlag: Sarah Koch

Gedruckt auf säurefreiem und chlorfrei gebleichtem Papier

Springer Spektrum ist Teil von Springer Nature
Die eingetragene Gesellschaft ist Springer-Verlag GmbH Deutschland
Die Anschrift der Gesellschaft ist: Heidelberger Platz 3, 14197 Berlin, Germany

Vorwort

Einzellige Mikroorganismen zeichnen sich durch eine Vielzahl an Stoffwechselleistungen aus, die man bei komplexer aufgebauten Lebensformen nicht findet. Diese ermöglichen spezifisch angepassten („extremophilen") Mikroorganismen, in Lebensräumen zu wachsen oder zumindest zu überleben, die aus menschlicher Sicht vollkommen lebensfeindlich erscheinen. So hat man Mikroorganismen gefunden, die in kochendem Wasser, Säuren oder in gesättigten Salzlösungen wachsen können. Andere Gruppen extremophiler Mikroorganismen haben sich an das Leben bei eisigen Temperaturen, hohen Drücken, alkalischen pH-Werten oder in Gegenwart ionisierender Strahlung angepasst.

In den letzten Jahren hat das Studium extremophiler Mikroorganismen große Fortschritte gemacht. Hierbei ist insbesondere die rapide Weiterentwicklung molekulargenetischer Methoden von großer Bedeutung. Diese geben Wissenschaftlern erstmals die Möglichkeit, die Entstehung und Entwicklung der bekannten Anpassungsmechanismen aufzuklären. Außerdem können mithilfe moderner Sequenziertechniken die Genomsequenzen von bereits bekannten oder neu isolierten Organismen innerhalb von wenigen Tagen bestimmt und mit deren Hilfe Rückschlüsse auf Stoffwechselaktivitäten und Anpassungsstrategien gezogen werden. Große Fortschritte im Verständnis extremophiler Mikroorganismen werden auch durch neu entwickelte metagenomische Techniken zur Analyse von ganzen Lebensräumen erzielt. Hierdurch können Hinweise auf das Vorkommen und die Lebensweise von Mikroorganismen gewonnen werden, ohne die Organismen zwangsläufig kultivieren zu müssen.

Extremophile Mikroorganismen sind für einen weiten Kreis von Biowissenschaftlern von Interesse. So werden in diesem Kontext einerseits grundlegende Fragestellungen der Biologie und Biochemie untersucht, z.B. im Hinblick auf die Entstehung des Lebens oder die Anpassungsstrategien der Zellen und beteiligten subzellulären Strukturen. Andererseits steht auch vielfach die mögliche industrielle Anwendung im Fokus. Dazu wird insbesondere die außergewöhnliche Stabilität der von extremophilen Organismen gebildeten Enzyme gezielt genutzt. Es gibt eine Reihe von Beispielen, in denen die von den Mikroorganismen in vielen Millionen Jahren entwickelten Anpassungsmechanismen innerhalb weniger Jahren von Menschen zu einer Anwendung gebracht worden sind. In den letzten Jahren werden extremophile Mikroorganismen auch vielfach im Rahmen der sogenannten Astrobiologie untersucht, um die Wahrscheinlichkeit der Existenz außerirdischen Lebens abschätzen zu können.

In dem vorliegenden Buch werden die für Biologie, Biochemie und Biotechnologie interessanten Gruppen extremophiler Organismen vorgestellt. Es werden die Lebensräume beschrieben, die wichtigsten Klassen an Organismen und ihre Anpassungsstrategien vorgestellt und bereits etablierte oder projektizierte Anwendungsmöglichkeiten aufgezeigt. In einem kurzen abschließenden Kapitel werden die physikochemischen Bedingungen auf den Himmelskörpern in unserem Sonnensystem beschrieben, die nach unserem derzeitigen Kenntnisstand möglicherweise Leben erlauben könnten.

Hierauf aufbauend wird der Frage nachgegangen, ob irdische extremophile Mikroorganismen potenziell unter diesen Bedingungen leben könnten.

Ich hoffe, dass dieses Buch in der Lage ist, dem Leser die faszinierende Welt extremophiler Organismen näher zu bringen und zu weiterführenden Studien anzuregen.

Inhaltsverzeichnis

Einleitung

© Springer-Verlag GmbH Deutschland 2017

© Springer-Verlag GmbH Deutschland 2017
A. Stolz, *Extremophile Mikroorganismen*,
https://doi.org/10.1007/978-3-662-55595-8_1

1

<blockquote>

» Wir können wohl behaupten, dass jeder Teil der Welt bewohnbar ist! Seien es Salzseen oder jene unterirdischen, welche unter Vulkanbergen verborgen sind – warme Mineralquellen –, die großen Weiten und Tiefen des Ozeans, die oberen Regionen der Atmosphäre und selbst die Oberfläche des ewigen Schnees – alle ernähren sie organische Lebewesen. Tagebucheintrag von Charles Darwin, 24.7.1833, aus den Reisetagebüchern zur Fahrt der H.M.S. Beagle (in der Übersetzung von Eike Schönfeld).

</blockquote>

1.1 Definition extremer Lebensräume

Die Beschreibung von Mikroorganismen, die in den kochenden Quellen des Yellowstone-Nationalparks wachsen, durch Thomas Brock im Jahre 1967 gehört sicherlich zu den faszinierendsten Beobachtungen der Biologie in den letzten 50 Jahren. Diese Entdeckung zeigte, dass auf der Erde Leben auch in Bereichen möglich ist, die man zuvor als vollständig lebensfeindlich betrachtet hatte, und führte zu vielfältigen Anstrengungen die „Grenzen des Lebens" auch im Hinblick auf andere chemophysikalische Faktoren neu zu definieren. Im Rahmen dieser Untersuchungen wurde erkannt, dass Leben in einer deutlich weiteren Temperaturspanne möglich ist, als ursprünglich angenommen. Außerdem wurden vielfältige Lebensformen gefunden, die an extrem sauren oder alkalischen Standorten wachsen können. Andere Organismen benötigen gesättigte Salzlösungen zum Leben oder widerstehen extremen Drücken auf dem Grund der tiefsten Meeresgräben oder intensiver radioaktiver Strahlung.

Organismen, die aus Lebensräumen mit außergewöhnlichen Temperaturen, pH-Werten, Salzkonzentrationen oder Druckverhältnissen stammen, werden unter den Begriffen extremotolerant bzw. extremophil zusammengefasst. Hierunter versteht man Lebewesen, die außergewöhnliche Bedingungen ertragen (extremotolerant) oder sogar bevorzugen (extremophil). Extremotolerante Organismen wachsen (oder überleben) also im Allgemeinen besser unter „weniger extremen Bedingungen". Im Gegensatz hierzu haben sich extremophile Organismen stärker an ihre außergewöhnlichen Lebensräume angepasst und zeigen eine höhere Wachstumsrate unter den relevanten extremen Bedingungen. Diese Anpassung geht in vielen Fällen bis zur weitgehenden Spezialisierung der Organismen an die extremen Lebensräume. Solche obligat extremophilen Organismen sind dann nicht mehr in der Lage, in Abwesenheit des relevanten extremen Faktors zu wachsen (oder sogar zu überleben).

Es gibt keine absoluten Kriterien, um extreme Lebensräume zu definieren. So zeichnen sich T. Brock zufolge extreme Lebensräume im Allgemeinen durch eine vergleichsweise niedrige Biodiversität aus. Im allgemeinen Sprachgebrauch hat sich aber eher eine Definition durchgesetzt, nach der ungewöhnliche Lebensräume, die den Menschen als lebensfeindlich erscheinen, als extrem bezeichnet werden. Die Definition extremer Bereiche ist also vielfach anthropozentrisch. Aus Sicht eines anaeroben Archaeons, das in kochendem Wasser lebt, würde mit Sicherheit ein strahlender Frühlingstag als extrem und lebensfeindlich erscheinen. Aus dem Gesagten wird deutlich, dass die Definition „extremer Lebensräume" durchaus unterschiedlich gehandhabt werden kann. In ◘ Tab. 1.1 sind beispielhaft gebräuchliche Grenzwerte aufgeführt, um die verschiedenen Gruppen extremotoleranter und extremophiler Organismen zu beschreiben.

In einer Reihe von Lebensräumen liegen gleichzeitig mehrere extreme Bedingungen vor, so finden sich in terrestrischen Bereichen mit vulkanischen Aktivitäten vielfach

◘ **Tab. 1.1** Definition verschiedener Gruppen extremotoleranter und extremophiler Organismen

Umweltfaktor	Wachstum bei	Organismentyp
Temperatur	>60 °C	Thermotolerant, thermophil
	>80 °C	Hyperthermophil
	<10 °C	Psychrotolerant (kryotolerant), psychrophil (kryophil)
pH-Wert	<pH 3	Acidotolerant, acidophil
	>pH 9	Alkalitolerant, alkaliphil
Verfügbarkeit freien Wassers, Wasseraktivität (a_W)	<0,65	Osmotolerant (xerotolerant), osmophil (xerophil)
Salzkonzentration	>3,5 % NaCl (>0,6 M NaCl)	Halotolerant, halophil
Druck	>1 atm	Piezotolerant (barotolerant), piezophil (barophil)
Ionisierende Strahlung	Erhöhte Dosen an UV-Licht und γ-Strahlung	Strahlungstolerant, strahlungsresistent

heiße saure Quellen, in denen dann nur acidothermotolerante bzw. acidothermophile Organismen leben können. Ein weiteres Beispiel sind Tiefseegräben, in denen piezopsychrophile Organismen ihren Lebensraum finden, oder alkalische Sodasseen, die von haloalkaliphilen Organismen besiedelt werden. Derartige Organismen, die mehrere extreme Bedingungen tolerieren können (bzw. bevorzugen), werden vielfach als polyextremotolerant (bzw. polyextremophil) bezeichnet.

1.2 Die Grenzen des Lebens

Die Suche nach Leben unter extremen Bedingungen führt in den meisten Fällen zur Isolation von einzelligen Organismen. Daher werden extremophile Organismen vielfach von Mikrobiologen untersucht. Viele extreme Lebensräume werden primär von Archaeen („Archaebakterien") und Bakterien (Bacteria) besiedelt. In einigen extremen Lebensräumen (z. B. in Gegenwart hoher Salzkonzentrationen oder hoher hydrostatischer Drücke) sind aber auch eukaryotische Organismen konkurrenzfähig. Weiterhin ist auffällig, dass in vielen extremen Biotopen Archaeen vergleichsweise häufig zu finden sind. Besonders auffallend ist dies bei hyperthermophilen Organismen, die bei Temperaturen von über 100 °C zu wachsen vermögen. Hier hat man bis heute ausschließlich Archaeen gefunden.

Die „Grenzen des Lebens" konnten in den letzten Jahren durch vielfältige neue Befunde immer weiter ausgedehnt werden. Nach dem derzeitigen Wissensstand können Mikroorganismen mit Sicherheit noch bei +113 °C wachsen (hierbei muss das Wasser am natürlichen Standort und unter Laborbedingungen durch Überdruck im flüssigen Aggregatzustand gehalten werden). Für zwei Archaeen wurde auch bereits ein Wachstum bei 121–122 °C beschrieben, allerdings handelt es sich hierbei um einzelne Berichte, die bis heute nicht reproduziert wurden (Kap. 2, ▶ Abschn. 2.2.3).

Im Hinblick auf die Grenzen des Wachstums bei tiefen Temperaturen reichte sogar Darwins Vorstellungskraft nicht aus (siehe das anfangs aufgeführte Zitat), um die Anpassungsfähigkeit lebender Organismen zu erfassen. Hier hat es sich gezeigt, dass Mikroorganismen auch bei Temperaturen von deutlich unter 0 °C noch wachsen können, so wurde für eine Reinkultur eines Gram-positiven Bakteriums noch in einem salzhaltigen flüssigen Medium bei −15 °C ein Wachstum nachgewiesen (◘ Tab. 1.2). Mikrobielle Stoffwechselaktivitäten wurden sogar noch bei deutlich tieferen Temperaturen (bis ca. −30 °C) beobachtet (► Kap. 3) und lebensfähige (stoffwechselinaktive) Mikroorganismen werden heutzutage routinemäßig bei weit tieferen Temperaturen konserviert.

Mikroorganismen haben sich auch an das Leben in extrem sauren Gebieten angepasst. So wurde für das Archaeon *Picrophilus oshimae* ein Wachstum bei einem pH-Wert von nahezu pH 0 beschrieben (◘ Tab. 1.2). Dies entspricht in etwa dem pH-Wert einer 1 M Schwefelsäurelösung. Es gibt sogar Hinweise darauf, dass in Bergwerken noch bei „negativen pH-Werten" (also in Gegenwart von H^+-Konzentrationen > 1 M) mikrobielles Leben möglich ist (► Kap. 5).

Nach dem derzeitigen Wissensstand scheinen Mikroorganismen gegenüber hohen pH-Werten (also niedrigen Protonenkonzentrationen) empfindlicher zu reagieren als gegenüber extrem sauren Bedingungen. So wurde zwar in der wissenschaftlichen Literatur schon mehrfach über mikrobielles Wachstum bei pH-Werten um pH 12,5 berichtet (► Kap. 5), wirklich gesicherte Berichte über ein Wachstum bei höheren pH-Werten scheint es aber nicht zu geben, obgleich sich wiederholt Angaben über ein Wachstum des Cyanobakteriums *Plectonema nostocorum* bei einem pH-Wert von 13 finden lassen (◘ Tab. 1.2).

Erstaunlicherweise sind Mikroorganismen auch in der Lage, ionisierende Strahlung in Intensitäten zu tolerieren, die auf der Erde unter natürlichen Bedingungen niemals zu beobachten sind. So überleben Zellen des Bakteriums *Deinococcus radiodurans* noch eine Behandlung mit ionisierender Strahlung, deren Energiedosis 1000-fach höher ist als die für Menschen letale Dosis (► Kap. 8).

◘ Tab. 1.2 Die „Grenzen des Lebens"

Extremer Faktor	Grenzwert	Organismen
Temperatur	−15 °C	*Planococcus halocryophilus* Or1
	113 °C 121 °C 122 °C	*Pyrolobus fumarii* *„Strain 121"* *Methanopyrus kandleri*
pH-Wert	pH 0	*Picrophilus oshimae*
	pH 12,5 pH 13	*Alkaliphilus transvaalensis* *Plectonema nostocorum*
γ-Strahlung	6000 Gy	*Deinococcus radiodurans*
Salzkonzentration	5,2 M NaCl	*Dunaliella salina* *Salinibacter ruber* *Halobacterium halobium*
Druck	110 MPa	*Shewanella benthica* *Hirondellea gigas*

Auch an extreme Salzkonzentrationen (▶ Kap. 7) und hydrostatische Drücke (▶ Kap. 4) hat sich das irdische Leben angepasst. So findet man in gesättigten Kochsalzlösungen und auch in den tiefsten Meeresgräben noch Vertreter aller drei Domänen des Lebens (◘ Tab. 1.2).

1.3 Schwerpunkte des wissenschaftlichen Interesses

Das wissenschaftliche Interesse an extremophilen Organismen hat vielfältige Ursachen. So finden Mikrobiologen in extremen Lebensräumen vielfach faszinierende neuartige Mikroorganismen, die in manchen Fällen auch evolutionär weitgehend eigenständige Entwicklungslinien repräsentieren.

Extremophile Mikroorganismen stehen auch im Zentrum der Forschungen zur Herleitung von Theorien zur Entstehung des irdischen Lebens und für das Verständnis früher Evolutionsprozesse. Dieses Interesse beruht auf der Feststellung, dass die Bedingungen auf der frühen Erde, unter denen die Grundformen des Lebens entstanden sind, im Vergleich zu den heutigen Zuständen mit Sicherheit „extrem" waren (insbesondere bezüglich der Zusammensetzung der Atmosphäre und der vorherrschenden Temperaturen).

Aus Sicht von (Bakterien-)Physiologen und Biochemikern sind vor allem die Anpassungsmechanismen interessant, die es den Organismen und ihren Zellbausteinen ermöglichen, unter außergewöhnlichen Umweltbedingungen zu überleben.

In den letzten Jahren werden extremophile Organismen auch verstärkt unter dem Gesichtspunkt möglichen außerirdischen Lebens untersucht. Das Interesse dieser „Astrobiologen" an extremophilen Organismen entsteht aus der Erkenntnis, dass sich die physikalischen Bedingungen auf allen in unserem Sonnensystem potenziell Leben ermöglichenden Himmelskörpern deutlich von den Zuständen auf der Erde unterscheiden. Hierbei liegt derzeit der Schwerpunkt des Interesses auf kälteliebenden Organismen, da sowohl auf den infrage kommenden Planeten (insbesondere dem Mars) als auch Monden (Titan, Europa, Enceladus) deutlich tiefere Temperaturen herrschen als auf der Erde.

„Extremophile" Organismen sind aber auch von großem kommerziellen Interesse. So werden schon seit langer Zeit acidotolerante und acidophile Organismen für die Herstellung von Essig oder Zitronensäure, aber auch für die Gewinnung von Metallen („Erzlaugung") genutzt. Weiterhin werden aus extremophilen Organismen auch verschiedene industriell interessante niedermolekulare Produkte gewonnen, z. B. Farbstoffe oder kompatible Solute, die Zellen und Zellbestandteile gegenüber verschiedenen lebensfeindlichen Faktoren schützen können. In neuerer Zeit werden auch verstärkt Enzyme aus extremophilen Organismen kommerziell genutzt. Hier haben die temperaturstabilen DNA-Polymerasen aus (hyper)thermophilen Mikroorganismen erst die routinemäßige Durchführung von PCR-Reaktionen ermöglicht, die heutzutage tagtäglich millionenfach in der medizinischen und biotechnologischen Analytik und Forschung durchgeführt werden. Enzyme aus (hyper)thermophilen, psychrophilen und alkaliphilen Organismen werden aber auch vielfach in Waschmitteln bei hohen oder tiefen Temperaturen oder in alkalischen Waschlaugen eingesetzt.

1.4 Ausblick

Obgleich in den vergangenen Jahren große Fortschritte beim Verständnis der Lebensweise und der Anpassungsmechanismen extremophiler Lebewesen erzielt und die „Grenzen des Lebens" immer weiter ausgedehnt werden konnten, bleiben doch immer noch viele offene Fragen. Hierbei ist insbesondere zu berücksichtigen, dass wir immer noch nicht die ganze Diversität der mikrobiellen Lebensformen überschauen. So werden auch heute noch (gerade bei anaeroben Mikroorganismen) vielfältige neuartige Stoffwechselwege zur Energiegewinnung (z. B. zur Oxidation von Methan in Abwesenheit von Sauerstoff) und Kohlenstofffixierung beschrieben. Daher stellt sich die Frage, ob sich unter derartigen bisher nie kultivierten Organismen Lebensformen finden lassen, die noch besser (oder andersartig) an extreme Lebensbedingungen angepasst sind.

Eine weitere kontrovers diskutierte Frage ist, ob die ersten Lebensformen wirklich (wie derzeit vielfach postuliert) unter heißen oder gar überhitzten Bedingungen in den Tiefen eines Urozeans entstanden sind. Hier gibt es vielfältige Ansätze, um aus den Genomdaten von heute lebenden thermophilen und hyperthermophilen Organismen auf die Lebensweise möglicher „Vorläuferorganismen" zu schließen. Bei derartigen Stammbaumrekonstruktionen führt die Entdeckung neuartiger Organismengruppen vielfach zu einer weitgehenden Neuinterpretation der vorliegenden Daten. Auch für das Verständnis der Entstehung der ersten eukaryotischen Zellen (also letztlich „unserer Vorfahren") sind wahrscheinlich Untersuchungen an extremophilen Archaeen von großer Bedeutung. So wurden in den letzten Jahren vielfach phylogenetische Stammbäume publiziert, die darauf hinweisen, dass wahrscheinlich zumindest ein Teil der eukaryotischen genetischen Information eine signifikante Verwandtschaft mit einer Gruppe von Archaeen zeigt, welche erst in den letzten Jahren in Tiefseesedimenten gefunden wurden („Lokiarchaeota").

Auch für die „Astrobiologie" ist das Studium extremophiler Mikroorganismen unabdingbar. Letztlich besteht die einzige Möglichkeit zur Abschätzung der „Bewohnbarkeit" außerirdischer Himmelskörper und zur Validierung möglicher experimenteller Systeme zum automatisierten Nachweis außerirdischen Lebens in experimentellen Untersuchungen mit irdischem Versuchsmaterial.

Diese wenigen Beispiele sollen die vielfältigen weiterführenden Perspektiven aufzeigen, die Untersuchungen an extremophilen Mikroorganismen neben den konkreteren Fragestellungen zu den jeweiligen Anpassungsmechanismen eröffnen. Das vorliegende Buch soll hierzu einen Überblick zu den Lebensräumen, zur biologischen Vielfalt, zu den Anpassungsmechanismen und den Anwendungsmöglichkeiten extremophiler Organismen geben.

Literatur

Baker BJ, Comolli LR, Dick GJ, Hauser LJ, Hyatt D, Dill BD, Land ML, Verberkmoes NC, Hettich RL, Banfield JF (2010) Enigmatic, ultrasmall, uncultivated archaea. Proc Natl Acad Sci USA 107:8806–8811

Bakermans C, Skidmore M (2011) Microbial respiration in ice at subzero temperatures (−4 °C to−33 °C). Environ Microbiol Rep 3:774–782

Blöchl E, Rachel R, Burggraf S, Hafenbradl D, Jannasch HW, Stetter KO (1997) *Pyrolobus fumarii*, gen. and sp. nov. represents a novel group of archaea, extending the upper temperature for life to 113 degrees C. Extremophiles 1:14–21

Brock TD (1967) Life at high temperatures. Science 158:1012–1019

Brock TD (1969) Microbial growth under extreme conditions. Sym Soc Gen Microb 19:15–41

Brock TD (1978) Thermophilic microorganisms and life at high temperatures. Springer, Berlin

Brock TD, Darland GK (1970) Limits of microbial existence: temperature and pH. Science 169:1316–1318

Darwin C (2010) Die Fahrt der Beagle (Deutsch von Eike Schönfeld) (4. Aufl). Fischer Taschenbuch, Frankfurt a. M.

Egorova K, Antranikian G (2005) Industrial relevance of thermophilic archaea. Curr Opin Microbiol 8:649–656

Harrison JP, Gheeraert N, Tsigelnitskiy D, Cockell CS (2013) The limits for life under multiple extremes. Trends Microbiol 21:204–212

Horikoshi K (1999) Alkaliphiles. Kodansha Ltd, Tokyo

Islas S, Velasco AM, Becerra A, Lazcano Delaye L (2007) Extremophiles and the origin of life. In: Gerday C, Glansdorff N (Hrsg) Physiology and biochemistry of extremophiles. ASM Press, Washington DC

Kashefi K, Lovley DR (2003) Extending the upper temperature limit for life. Science 301:934

Moissl-Eichinger C, Cockell C, Rettberg P (2016) Venturing into new realms? Microorganisms in space. FEMS Microbiol Rev ► https://doi.org/10.1093/femsre/fuw015

Mykytczuk NCS, Foote SJ, Omelon CR, Southam G, Greer CW, Whyte LG (2013) Bacterial growth at −15 °C; molecular insights from the permafrost bacterium *Planococcus halocryophilus* Or1. ISME J 7:1211–1226

Schleper C, Puehler G, Holz I, Gambacorta A, Janekovic D, Santarius U, Klenk H-P, Zillig W (1995) *Picrophilus* gen. nov., fam. nov.: a novel aerobic, heterotrophic, thermoacidophilic genus and family comprising archaea capable of growth around pH 0. J Bacteriol 177:7050–7059

Spang A, Caceres EF, Ettema TJG (2017) Genomic exploration of the diversity, ecology, and evolution of the archaeal domain of life. Science 357:eaaf3883

Stetter KO (1999) Extremophiles and their adaptation to hot environments. FEBS Lett 452:22–25

Stevenson A, Cray JA, Williams JP, Santos R, Sahay R, Neuenkirchen N et al (2015) Is there a common water-activity limit for the three domains of life? ISME J 9:1333–1351

Takai K, Nakamura K, Toki T, Tsunogai U, Miyazaki M, Miyazaki J et al (2008) Cell proliferation at 122 °C and isotopically heavy CH_4 production by a hyperthermophilic methanogen under high-pressure cultivation. Proc Natl Acad Sci USA 105:10.949–10.954

Vielle C, Zeikus GJ (2001) Hyperthermophilic enzymes: sources, uses, and molecular mechanisms for thermostability. Microbiol Mol Biol Rev 65:1–43

Hyperthermophile

© Springer-Verlag GmbH Deutschland 2017
A. Stolz, *Extremophile Mikroorganismen*,
https://doi.org/10.1007/978-3-662-55595-8_2

2.1 Vorkommen heißer Lebensräume

Heiße Lebensräume mit Temperaturen, die dauerhaft über 60 °C liegen, sind (mit Ausnahme weniger vom Menschen erzeugter Bereiche) praktisch ausschließlich von vulkanischen Aktivitäten geprägt. Hierbei muss man zwischen Bereichen auf der Erdoberfläche und submarinen Gebieten unterscheiden. Für das Leben von Organismen ist entscheidend, dass unter den Bedingungen der Erdoberfläche flüssiges Wasser höchstens Temperaturen von 100 °C aufweisen kann. Im Gegensatz hierzu kann Wasser am Meeresgrund durch den hydrostatischen Druck auch bei Temperaturen von deutlich über 100 °C flüssig vorliegen (bis zu ca. 400 °C). Vulkanisch erhitzte Bereiche können sich außer durch ihre Temperatur auch durch ihre pH-Werte (von stark sauer bis stark alkalisch) und das Vorhandensein von organischem Material und/oder verschiedenen Elektronendonatoren und -akzeptoren unterscheiden.

Das von Mikrobiologen am intensivsten untersuchte vulkanische Gebiet ist der Yellowstone-Nationalpark im Nordwesten der USA. Dieser Park zeichnet sich durch eine große Vielfalt an heißen Quellen mit Spuren mikrobiellen Lebens aus (◘ Abb. 2.1).

Submarine Hydrothermalquellen mit auffälligen Schlotsystemen („Vents"), in denen heißes Wasser aus dem Meeresgrund austritt, wurden erstmals 1979 beschrieben. In der Zwischenzeit wurden mehrere Hundert marine Hydrothermalfelder beschrieben, die sich im Allgemeinen in Spreizungszonen der Ozeane befinden. Das Wasser, das aus diesen Schloten austritt, kann bis zu 350 °C heiß sein. Das erhitzte Wasser ist vielfach mit H_2 und reduzierten Metallionen angereichert, die dann beim Kontakt mit dem kalten sauerstoffhaltigen Meerwasser ausfallen („Black Smoker"). In anderen Typen von Hydrothermalquellen kann es aber auch zur Abkühlung des erhitzten Wassers im Sediment kommen („White Smoker"). In den letzten Jahren wurde ein weiterer Typ von („serpentinisierten") heißen Quellen in der Tiefsee gefunden, der relativ stark alkalisches Wasser ausstößt und aus Carbonaten bestehende Strukturen ausbildet (◘ Abb. 2.2).

Möglicherweise könnte auch eine räumlich ausgedehnte Zone in tiefen Bereichen der Erdkruste als Lebensraum für hitzeadaptierte Mikroorganismen dienen. Hierzu gibt es bereits einige Hinweise. So wurden bei verschiedenen Tiefbohrungen organisches Material und Mikroorganismen auch aus vielen Kilometern Tiefe isoliert. Des Weiteren herrschen in der Erdkruste in Tiefen von ca. 5–10 km Temperaturen im Bereich von 110–150 °C. Außerdem wurden in tiefen Gesteinsschichten bereits chemische Prozesse beschrieben, die zur Bildung von Wasserstoff führen. Hier könnten sich also möglicherweise chemolithotrophe wasserstoffoxidierende Mikroorganismen vermehren und eine *deep hot biosphere* bilden, die durchaus eine signifikante Menge an Biomasse umfassen könnte.

◨ **Abb. 2.1** Spuren mikrobiellen Lebens im Yellowstone-Nationalpark. **a** Grand Prismatic Spring © Inger/▶ stock.adobe.com, **b** © reb/▶ stock.adobe.com, **c** Opal Pool („Mammoth hot springs") © Sébastien Mirabella/▶ stock.adobe.com

◨ Abb. 2.2   Verschiedene Typen heißer Quellen in der Tiefsee. **a** *Black Smoker* mit Röhrenwürmern bewachsen (© UCSB, University of Washington, NOAA/OAR/OER), **b** *Black Smoker* (© UCSB, Univ. S. Carolina, NOAA, WHOI), **c** *White Smoker* (Mit freundlicher Genehmigung von *Submarine Ring of Fire 2004 Exploration, NOAA Vents Program*), **d** „Lost City". (Mit freundlicher Genehmigung IFE, URI-IAO, UW, Lost City science party, and NOAA)

2.2   Thermophile und hyperthermophile Mikroorganismen

2.2.1   Kardinalpunkte des Wachstums

Bei der Beschreibung des mikrobiellen Wachstums in Abhängigkeit von der Temperatur unterscheidet man drei wichtige Kardinalpunkte: das Minimum, das Optimum und das Maximum. Die Minimaltemperatur beschreibt die tiefste Temperatur, bei der Wachstum stattfindet. Dieser Punkt ist häufig experimentell nicht leicht zu fassen, da viele Mikroorganismen in diesem Bereich ein extrem langsames Wachstum zeigen und es daher schwierig ist, zwischen „keinem" und „sehr langsamem" Wachstum zu differenzieren. Auf der zellulären Ebene wird das Temperaturminimum meist durch den limitierten Transport von Wachstumssubstraten in die Zellen erklärt. Man geht davon aus, dass die Bestandteile der Zellmembranen bei einer artspezifischen Temperatur nur noch eine unzureichende Flexibilität (Fluidität) besitzen. Im Temperaturbereich zwischen dem Minimum und dem Optimum nimmt die Wachstumsrate der Mikroorganismen im

Allgemeinen kontinuierlich zu. In diesem Temperaturbereich wirken primär die Gesetze der chemischen Reaktionskinetik und es kommt durch die Erhöhung der Temperatur zu einer Steigerung der Reaktionsgeschwindigkeit. Das Temperaturmaximum stellt den dritten Kardinalpunkt dar, also die höchste Temperatur, bei der noch Wachstum möglich ist. Bei den meisten Mikroorganismen findet man einen relativ schnellen Abfall der Wachstumsraten zwischen dem Temperaturoptimum und dem Temperaturmaximum. Das Temperaturmaximum eines Organismus kann prinzipiell durch das Vorhandensein eines einzigen essenziellen Zellbestandteils hervorgerufen werden, der bei Temperaturen oberhalb des Temperaturmaximums nicht ausreichend schnell (nach-)synthetisiert werden kann, um die durch Hitze verursachte Inaktivierung auszugleichen.

2.2.2 Die Temperaturgrenzen verschiedener Organismengruppen und die Entdeckung hyperthermophiler Mikroorganismen

Die Existenz wärmeliebender Mikroorganismen ist schon seit Langem bekannt. So wurde schon im Altertum beschrieben, dass in warmen Heilquellen „Algen" wüchsen, und auch das Vorkommen thermophiler Mikroorganismen in sich selbst erhitzenden Komposthaufen wurde bereits im 19. Jahrhundert nachgewiesen. Eingehende wissenschaftliche Untersuchungen in heißen vulkanischen Quellen führten insbesondere Thomas Brock und seine Mitarbeiter in den 1960er- bis 1980er-Jahren im Yellowstone-Nationalpark in den USA durch. Der Yellowstone-Nationalpark bot sich für diese Untersuchungen an, da er über eine Vielzahl an unterschiedlichen heißen Quellen verfügt (◘ Abb. 2.1). Zunächst bestimmten Brock und Mitarbeiter an den sich langsam abkühlenden Abläufen verschiedener heißer Quellen die oberen Temperaturgrenzen verschiedener Organismentypen. Hierbei konnten sie aufzeigen, dass mehrzellige Tiere und Pflanzen dauerhaft nur bei Temperaturen bis zu etwa 50 °C auftraten. Eukaryotische Mikroorganismen (Protozoen, Algen, Pilze) konnten im Yellowstone-Nationalpark noch bis zu Temperaturen von ca. 60 °C beobachtet werden, bei höheren Temperaturen wurden nur noch Prokaryoten nachgewiesen.

Als Temperaturobergrenze für photosynthetische Aktivitäten wurden ca. 70 °C ermittelt. Oberhalb dieser Temperatur konnten weder oxygene noch anoxygene photosynthetisch aktive Bakterien gefunden werden. Nach Ansicht von Brock wird das Wachstum von Eukaryoten und photosynthetisch aktiven Organismen bei höheren Temperaturen durch Schwierigkeiten bei der Aufrechterhaltung der hochkomplexen Membransysteme limitiert, die spezifisch für diese Organismengruppen sind.

Aufgrund der beschriebenen Limitationen kann in den sich langsam abkühlenden Abflüssen der heißen Quellen eine charakteristische Abfolge von Organismen beobachtet werden (◘ Abb. 2.3).

Die für die damalige Zeit aber überraschendste Beobachtung von Brock und Mitarbeitern war, dass sogar in kochenden Quellen mikrobielles Wachstum möglich ist. Dies konnten die Wissenschaftler auf einfache Weise zeigen, indem sie Objektträger für längere Zeiträume in kochenden Quellen inkubierten und anschließend mikroskopisch analysierten. Wie sie feststellten, wurden die Objektträger durch Mikroorganismen besiedelt und die angehefteten Zellen teilten sich. Mittels elektronenmikroskopischer Analyse ähnlicher Versuche konnte später auch gezeigt werden, dass offenbar eine Vielzahl an morphologisch unterschiedlichen Mikroorganismen in den kochenden Quellen des Yellowstone-Nationalparks lebt.

▢ Abb. 2.3   Mikrobielles Wachstum in dem Abfluss einer kochenden Quelle im Yellowstone-Nationalpark (Octopus Spring). In dem Ablauf mit einer durchschnittlichen Temperatur von 83 °C finden sich die lila Filamente des hyperthermophilen Bakteriums *Thermocrinis ruber* (Insert rechts unten). Bei Temperaturen <75 °C wachsen photosynthetische Cyanobakterien, wie z. B. *Synechococcus*-Arten (Mitte) und bei tieferen Temperaturen (65 °C) werden komplexere Biofilme gebildet (Insert rechts oben). (Abdruck mit Erlaubnis von Macmillan Publishers Ltd: Nature, Rothschild und Mancinelli 2001)

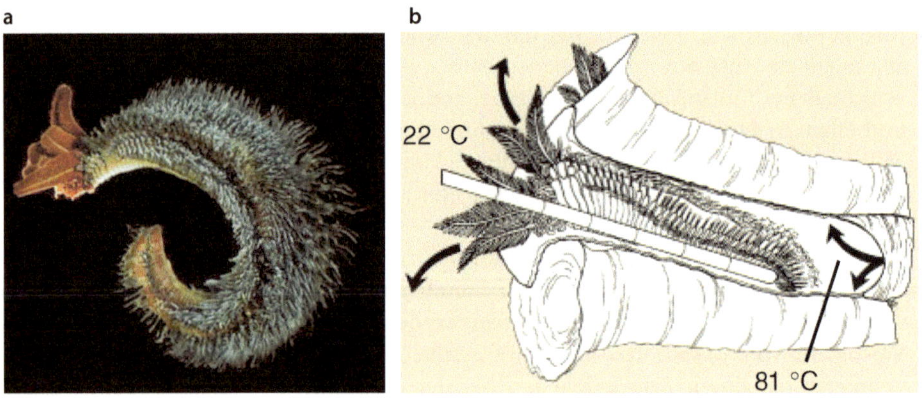

▢ Abb. 2.4   **a** Der Pompejiwurm *(Alvinella pompejana)* (University of Delaware College of Marine Studies) und **b** schematische Darstellung seiner Wohnröhre am Rande eines hydrothermalen Schlots. (Abdruck mit Erlaubnis von Macmillan Publishers Ltd: Nature, Cary et al. 1998)

Die von Brock und Mitarbeitern im Yellowstone-Nationalpark beschriebenen Grenzen des Lebens für unterschiedliche Organismengruppen wurden in späteren Jahren auch in anderen Lebensräumen weitgehend bestätigt. Es war daher überraschend, als man 1998 an einer submarinen Hydrothermalquelle einen Borstenwurm (Pompejiwurm, *Alvinella pompejana*) fand, der in seinen Wohnröhren offenbar Temperaturen bis zu 80 °C ausgesetzt war (▢ Abb. 2.4) und somit die von Brock und Mitarbeitern für mehrzellige Tiere bestimmte Grenze von 50 °C weit überschritt. Es gelang erst vor wenigen Jahren, diesen

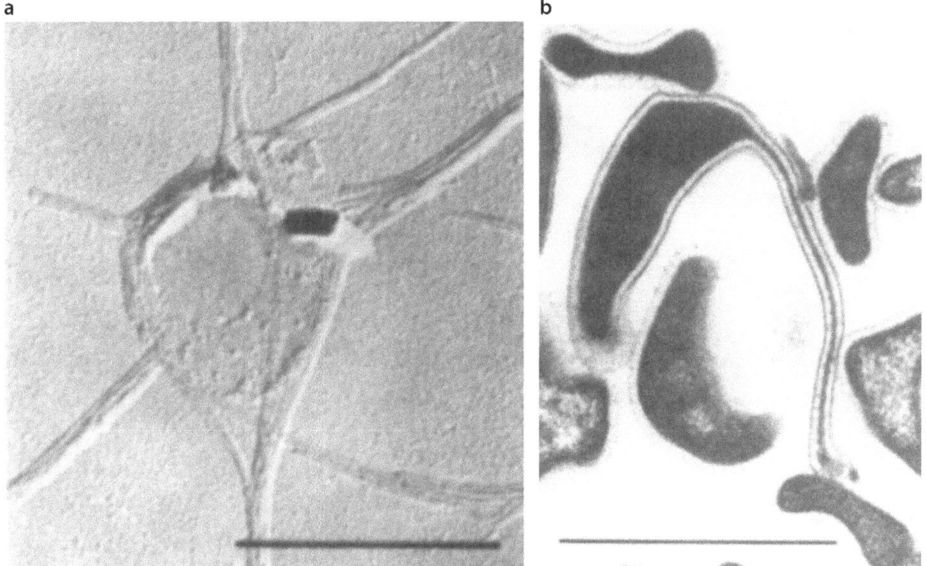

◘ Abb. 2.5   Elektronenmikroskopische Aufnahmen von *Pyrodictium occultum* (Balkenlänge jeweils 1 μm). (Abgedruckt mit Erlaubnis von Macmillan Publishers Ltd: Nature, Stetter 1982)

Polychaeten lebend im Labor zu untersuchen. Erste Ergebnisse weisen aber darauf hin, dass auch dieser Organismus bei Temperaturen oberhalb von 50 °C schnell abgetötet wird.

Brock und Mitarbeiter konnten im Yellowstone-Nationalpark zweifelsfrei Leben im kochenden Wasser nachweisen. (Allerdings kocht Wasser hier aufgrund der Höhenlage des Parks bereits bei 93 °C.) Im Rahmen dieser Arbeiten erhielten sie aber keine Reinkulturen von Mikroorganismen, die zum Wachstum unter diesen Bedingungen befähigt waren. Dies gelang erst im Jahre 1982 dem deutschen Mikrobiologen Karl Stetter aus vulkanisch erhitzten Sedimentproben, die er in einigen Metern Tiefe aus dem Meer vor der italienischen Insel Vulcano genommen hatte. Stetter führte Anreicherungen bei 100 °C unter anaeroben Bedingungen und Überdruck in Gegenwart von H_2, S^0 und CO_2 durch und konnte so einen chemolithoautotrophen Organismus isolieren, dessen Wachstumsoptimum bei 105 °C lag. Dieses Archaeon wurde später als *Pyrodictium occultum* wissenschaftlich beschrieben (◘ Abb. 2.5).

Diese Entdeckung führte in den Folgejahren zur Isolation weiterer Organismen, die Wachstumsoptima bei Temperaturen von mehr als 80 °C besitzen. Für diesen Organismentyp hat sich der Begriff „Hyperthermophile" durchgesetzt. Wie sich bei vergleichenden Untersuchungen von Mikroorganismen mit verschiedenen Temperaturpräferenzen zeigte, vermögen die meisten Mikroorganismen nur in einem Temperaturbereich von etwa 40 °C zu wachsen. Es hat sich daher eingebürgert, die Organismen anhand der Kardinaltemperaturen ihres Wachstums in psychrophile oder kryophile (kälteliebende), mesophile, thermophile und hyperthermophile Formen zu gliedern (◘ Abb. 2.6). Für die unterschiedlichen Organismengruppen lassen sich die in ◘ Tab. 2.1 aufgeführten Kardinalpunkte des Wachstums definieren.

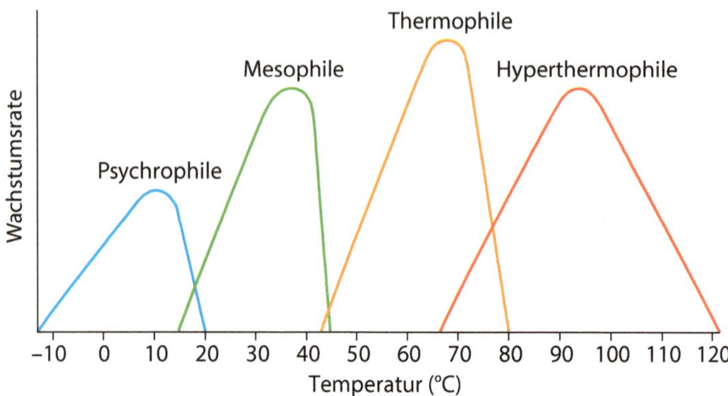

◘ Abb. 2.6   Auswirkungen der Temperatur auf das Wachstum verschiedener Organismentypen

◘ Tab. 2.1   Definition von Mikroorganismen nach den Kardinalpunkten ihres Wachstums

Organismentyp	Kardinalpunkte		
	T_{min} (°C)	T_{opt} (°C)	T_{max} (°C)
Psychrophile	<0	<15	<20
Mesophile	>5	<45	<50
Thermophile	>25	>45	<80
Hyperthermophile	>60	>80	?

2.2.3 Hyperthermophile Bacteria und Archaea

In den letzten 20 Jahren wurde eine Vielzahl an hyperthermophilen Mikroorganismen beschrieben. Hierbei wurden einige hyperthermophile Bacteria, aber deutlich häufiger hyperthermophile Archaea isoliert.

Bei den Bacteria wurden hyperthermophile Vertreter bis heute nur in den Phyla Thermotogae, Thermodesulfobacteria und Aquificae gefunden. Die am besten untersuchten Arten innerhalb der Thermotogae gehören zu der Gattung *Thermotoga*. Die Mitglieder dieser Gattung zeichnen sich durch eine charakteristische äußere Hülle („Toga") aus (◘ Abb. 2.7) und vergären anaerob Zucker und Polysaccharide.

Die Gattung *Aquifex* ist die am intensivsten untersuchte Gruppe innerhalb der Aquificae. In der Gattung *Aquifex* finden sich die thermophilsten Bakterien (T_{opt} ~ 85 °C, T_{max} ~ 95 °C). Diese Organismen sind im Allgemeinen chemolithoautotroph und können mit Elektronendonatoren wie H_2, S^0 und Thiosulfat ($S_2O_3^{2-}$) und Elektronenakzeptoren wie O_2 oder NO_3^- wachsen. Zu den Aquificae gehört auch *Thermocrinis ruber*, ein filamentöses Bakterium, das an den Abläufen heißer Quellen im Yellowstone-Nationalpark mit dem bloßen Auge erkennbare lilafarbene Beläge ausbildet (◘ Abb. 2.3).

Hyperthermophile Archaeen finden sich in den beiden großen Phyla der Archaea, den Euryarchaeota und den Crenarchaeota. Allerdings sind bis heute deutlich mehr hyperthermophile Crenarchaeota als Euryarchaeota beschrieben worden.

Aus dem Phylum Euryarchaeota sind mit Vertretern der Gattungen *Thermococcus* und *Pyrococcus* viele biochemische Untersuchungen durchgeführt worden. Es handelt

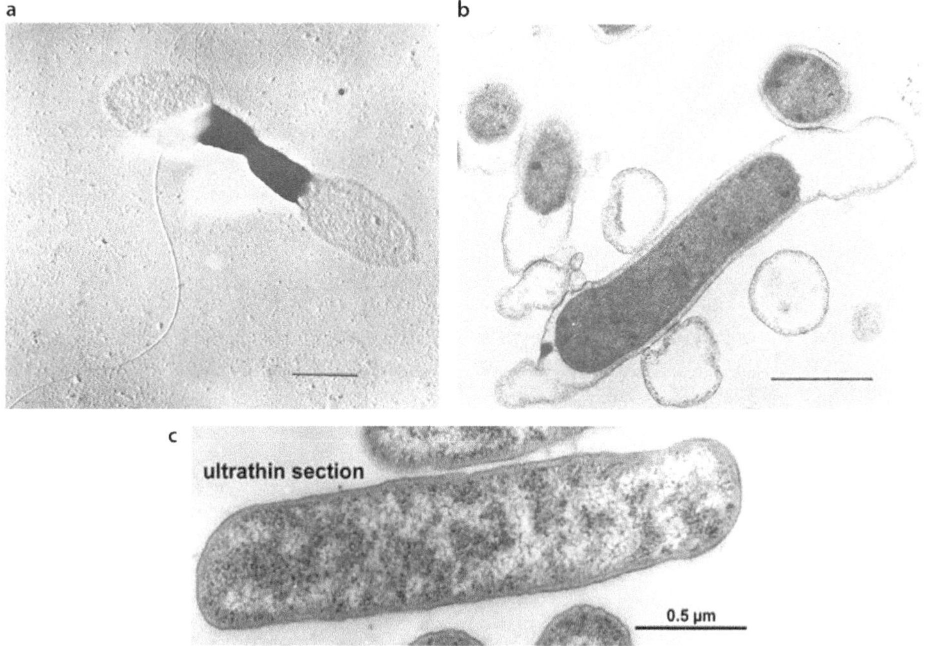

◘ Abb. 2.7   Elektronenmikroskopische Aufnahmen hyperthermophiler Bacteria **a, b** *Thermotoga maritima* (Balkenlänge jeweils 1 µm). Aus The Prokaryotes, The Order Thermotogales. Huber und Stetter 1992. Mit Erlaubnis des Springer Verlags **c** *Aquifex pyrophilus* aus Syst Appl Microbiol, Huber et al. 1992, mit Erlaubnis von Elsevier

sich hierbei meist um unregelmäßig geformte kokkoide Organismen, die vielfach (bei Wachstumstemperaturen) schnell beweglich sind. Im Allgemeinen werden für Stämme mit Temperaturmaxima oberhalb von 100 °C Gattungs- oder Artnamen mit dem Namensbestandteil „pyro-" verwendet, dies leitet sich von dem griechischen Begriff *pyr* für „Feuer" ab. Somit kann man also den Artnamen der vergleichsweise gut untersuchten Art *Pyrococcus furiosus* mit „Rasende Feuerkugel" übersetzen.

Außerdem gehört auch der extrem hyperthermophile Methanogene *Methanopyrus kandleri* zu den Euryarchaeota (◘ Abb. 2.8). Dieser Stamm besitzt derzeit unter allen bekannten Lebewesen das höchste Temperaturmaximum (122 °C, s. u.).

Unter den Crenarchaeota finden sich primär drei Ordnungen mit hyperthermophilen Arten. Hierbei handelt es sich um die Ordnungen Sulfolobales, Desulfurococcales und Thermoproteales.

In der Ordnung Sulfolobales wurde in den vergangenen Jahren insbesondere die Gattung *Sulfolobus* untersucht. Es gehören aber noch weitere Gattungen zu dieser Ordnung, z. B. *Acidianus* und *Metallosphaera*. Ein Mitglied der Gattung *Sulfolobus (S. acidocaldarius)* wurde bereits von Brock und Mitarbeitern aus sehr sauren heißen Quellen im Yellowstone-Nationalpark isoliert. *Sulfolobus*-Stämme können aerob chemolithoautotroph durch Oxidation reduzierter Schwefelverbindungen Energie gewinnen. Im elektronenmikroskopischen Bild zeigen sie vielfach unregelmäßige Zellen mit hochgradig organisierten, aus Proteinen bestehenden Oberflächenstrukturen.

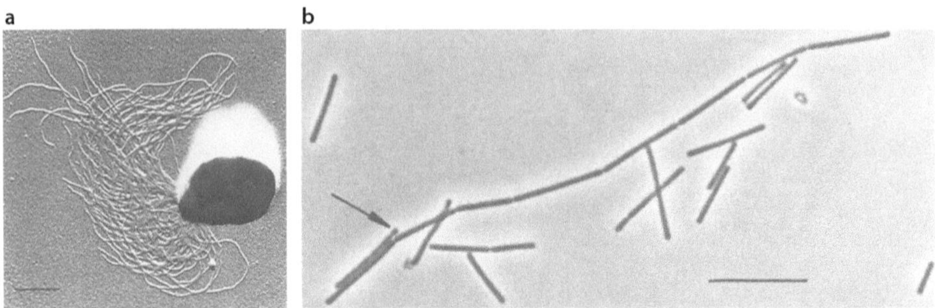

◘ Abb. 2.8   Hyperthermophile Euryarchaeota **a** *Pyrococcus furiosus* (Elektronenmikroskopie; Balken 0,5 µm), aus Arch Microbiol, Fiala und Stetter 1986, mit Erlaubnis von Springer; **b** *Methanopyrus kandleri* (Phasen-Kontrast Mikroskopie, Balken 10 µm), aus Arch Microbiol, Kurr et al. 1991, mit Erlaubnis von Springer

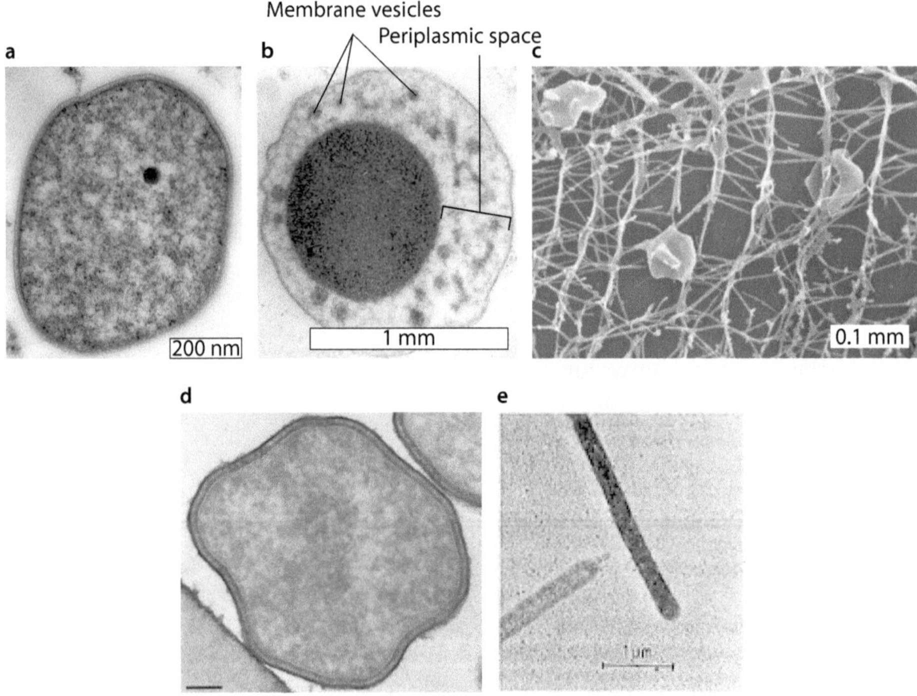

◘ Abb. 2.9   Hyperthermophile Crenarchaeota. **a** *Sulfolobus* sp. (© Kenneth Stedman); **b** *Ignicoccus islandicus;* **c** *Pyrodictium occultum* (b, c aus Dworkin M et al. (Hrsg.) (2002) The Prokaryotes. A Handbook on the Biology of Bacteria (Springer); **d** *Pyrolobus fumarii* (Aus Extremophiles, Blöchl et al. 1997, mit Erlaubnis, Springer); **e** *Thermoproteus* sp. (Iain Anderson, JGI)

In der Ordnung Desulfurococcales finden sich zahlreiche extrem hyperthermophile Isolate, die bei Temperaturen von über 100 °C zu wachsen vermögen. Die bekanntesten Gattungen sind *Pyrodictium* und *Pyrolobus* (◘ Abb. 2.9).

Hyperthermophile Archaeen zeigen eine Vielzahl an unterschiedlichen Stoffwechseltypen. So wurden einerseits chemoorganotrophe (also organische Substrate oxidierende), andererseits auch chemolithotrophe (also anorganische Verbindungen oxidierende) Organismen beschrieben. Bei der Mehrzahl der isolierten hyperthermophilen Archaeen handelt es sich um Anaerobier und nur wenige Isolate sind in der Lage, Sauerstoff als Elektronenakzeptor zu nutzen. Bei den anaeroben organotrophen Archaeen wurde vielfach eine sogenannte „Schwefelatmung" beschrieben, bei der organische Verbindungen oxidiert werden und elementarer Schwefel reduziert wird. Die chemolithotrophen hyperthermophilen Archaeen können unterschiedliche Elektronendonatoren (insbesondere H_2 und reduzierte Schwefelverbindungen) und Elektronenakzeptoren nutzen (u. a. S^0, NO_3^-, Fe^{3+}, O_2, SO_4^{2-}, CO_2).

Die Isolierung einer Vielzahl an hyperthermophilen Mikroorganismen führt natürlich zu der Frage, bis zu welchen Temperaturen mikrobielles Wachstum möglich ist. Viele Jahre lang war das ursprünglich von K. Stetter isolierte Crenarchaeon *Pyrodictium occultum* (s. o.) mit einem Temperaturmaximum bei 110 °C der „Rekordhalter". Es folgte dann für einige Jahre *Pyrolobus fumarii* (T_{max} = 113 °C) (beide Arten gehören zu der Ordnung Desulfurococcales). Derzeit können zwei weitere Archaeen den Titel des „Rekordhalters" beanspruchen. Einerseits ein nur rudimentär beschriebener Vertreter der Crenarchaeota („Strain 121"), der noch bei 121 °C wuchs. In neuerer Zeit wurde nachgewiesen, dass das methanogene Euryarchaeon *Methanopyrus kandleri* unter Überdruckbedingungen (ca. 200 bar Druck) noch bei 122 °C wächst.

Die Frage nach der oberen Temperaturgrenze des mikrobiellen Lebens lässt sich naturgemäß nicht abschließend beantworten. Allerdings sind bei diesen Überlegungen einige bekannte Limitierungen im Hinblick auf die chemische Stabilität verschiedener Zellbestandteile zu berücksichtigen. So hat man beispielsweise festgestellt, dass bei Temperaturen von 250 °C insbesondere ATP und andere organische Phosphate sowie polymere Zellbestandteile wie Proteine oder größere DNA-Moleküle nur Halbwertszeiten von weniger als 1 s haben.

Die meisten (auch optimistischen) Spezialisten auf diesem Feld gehen daher davon aus, dass die mögliche Obergrenze des irdischen Lebens aufgrund der bei allen irdischen Organismen konservierten biochemischen Prinzipien bei etwa 140–150 °C liegen könnte.

2.3 Anpassungsmechanismen hyperthermophiler Mikroorganismen an ihre Lebensräume

Die Zubereitung von Speisen durch Kochen zeigt deutlich, dass organisches Material bei Temperaturen um den Siedepunkt des Wassers großen strukturellen Veränderungen unterliegt. Es war daher zunächst eine extrem überraschende Beobachtung, dass sich hyperthermophile Organismen in kochenden Medien vermehren können. Sie sind also nicht nur in der Lage, ihre Zellbestandteile bei hohen Temperaturen zu konservieren, sondern sogar neu zu generieren. In den vergangenen Jahren wurden daher eine Vielzahl von Untersuchungen durchgeführt, um herauszufinden, wie sich diese Organismen an ihre Lebensbedingungen angepasst haben. Hierbei ist (insbesondere im Vergleich zu anderen später in diesem Buch behandelten extremen Faktoren) noch anzumerken, dass es für einen Mikroorganismus naturgemäß keine Möglichkeit gibt, seine Zellbestandteile gegenüber in der Umgebung herrschenden hohen Temperaturen zu schützen.

2.3.1 Mechanismen zur Stabilisierung und Erhaltung der Funktionsfähigkeit von Proteinen bei hohen Temperaturen

2.3.1.1 Innere („intrinsische") Faktoren

Proteine aus hyperthermophilen Organismen besitzen im Allgemeinen Aktivitätoptima in ähnlichen Temperaturbereichen, in denen auch die entsprechenden lebenden Organismen ihr Wachstumsoptimum aufweisen. Des Weiteren zeigten Untersuchungen mit vollständig aufgereinigten Proteinen, dass die Fähigkeit dieser Proteine, bei hohen Temperaturen ihre Funktion zu erfüllen, eine innere (intrinsische) Eigenschaft darstellt und in den meisten Fällen unabhängig von äußeren (extrinsischen) Faktoren ist. Die Stabilität und Aktivität dieser Proteine bei hohen Temperaturen werden also letztlich durch ihre Aminosäuresequenz hervorgerufen.

Vergleichende Untersuchungen von Enzymen aus mesophilen und hyperthermophilen Organismen ergaben weiterhin, dass die Aktivitätsoptima und Aktivitätsmaxima der Enzyme aus den hyperthermophilen Organismen zwar fast durchgehend bei höheren Temperaturen liegen, dass diese Enzyme dafür aber meist im Vergleich zu isofunktionellen Enzymen aus mesophilen Organismen bei tieferen Temperaturen nur geringere Aktivitäten aufweisen (◘ Abb. 2.10). Die Proteine der hyperthermophilen Organismen sind also im Allgemeinen spezifisch an die Funktion bei hohen Temperaturen adaptiert.

Im Hinblick auf die Faktoren, die für die Stabilisierung von Enzymen aus hyperthermophilen Mikroorganismen verantwortlich sind, muss zunächst die Frage beantwortet

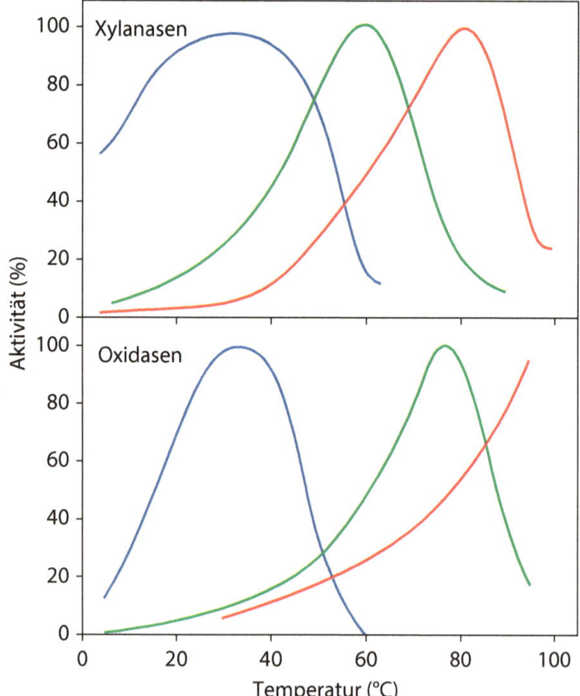

◘ **Abb. 2.10**   Idealisierte Darstellung der Temperaturabhängigkeit von psychrophilen (blaue Linien), mesophilen (grüne Linien) und hyperthermophilen (rote Linien) Xylanasen und Oxidasen. (Nach Feller 2010, © IOP Publishing. Reproduced with permission. All rights reserved)

werden, durch welche Mechanismen Proteine aus mesophilen Organismen unter Kochbedingungen inaktiviert werden. Hier konnte gezeigt werden, dass es eine Reihe spezifischer Reaktionen gibt, die primär für die irreversible Inaktivierung von Proteinen verantwortlich sind. Hierbei handelt es sich um die Desaminierung von Asparagin- und Glutaminresten, die Hydrolyse von Peptidbindungen, an denen Aspartat- und Glutamatreste beteiligt sind, und die Zersetzung von Cystinbrücken. Des Weiteren spielt die Zerstörung der Sekundär- und Tertiärstruktur von mesophilen Enzymen bei erhöhten Temperaturen eine wichtige Rolle. Hierbei kommt es offenbar in den meisten Fällen bei erhöhten Temperaturen gemäß des folgenden Schemas zunächst zu einer (reversiblen) Auffaltung der Proteine, bevor sich ein irreversibel denaturiertes Protein bildet:

Natives Enzym ↔ enfaltetes Enzym → irreversibel denaturiertes Enzym.

Wie die beschriebenen Untersuchungen zeigten, weisen Proteine aus mesophilen Organismen spezifische Strukturelemente auf, die gegenüber erhöhten Temperaturen besonders empfindlich sind. Daher versuchte man mittels vielfältiger Studien festzustellen, ob diese „Sollbruchstellen" in Enzymen aus hyperthermophilen Mikroorganismen seltener zu finden sind. Hierbei wurden zunächst aber keine klaren Befunde hinsichtlich spezifischer Anpassungsmechanismen erzielt. Durch ausgedehnte Sequenzvergleiche mit Enzymen aus unterschiedlichen Enzymklassen konnte dann jedoch gezeigt werden, dass Enzyme aus hyperthermophilen Organismen vielfach einen erhöhten Anteil an hydrophoben Aminosäuren enthalten. Hieraus wurde dann die Modellvorstellung entwickelt, dass eine wichtige Strategie zur Stabilisierung von Proteinen in heißen Lebensräumen in einem erhöhten Anteil an hydrophoben Aminosäuren im Inneren der Proteine besteht. Diese Anhäufung von hydrophoben Bereichen führt zu einer „dichteren Packung" der Aminosäuren im Inneren der Proteine. Hierdurch soll dann wiederum primär die (reversible) Entfaltung des nativen Enzyms (s. o.) unterdrückt werden. Diese Modellvorstellung besagt also letztlich, dass die Enzyme aus hyperthermophilen Mikroorganismen „starrer" sind als die aus mesophilen Organismen. Dies erklärt wiederum, warum sich bei Sequenzvergleichen keine generellen Strategien für die Anpassung von Proteinen an hohe Temperaturen finden lassen. Des Weiteren erklärt dies auch die geringeren Aktivitäten von Enzymen aus hyperthermophilen Organismen bei tieferen Temperaturen, da die Aktivität von Enzymen vielfach eine gewisse „Beweglichkeit" einzelner Gruppen voraussetzt (z. B. bei der Substratbindung, Katalyse oder der Freisetzung der Reaktionsprodukte).

Bei Enzymen aus hyperthermophilen Mikroorganismen werden in vielen Fällen an der Proteinoberfläche verstärkt Ionenpaare zwischen Aminosäureseitenketten ausgebildet. Dies betrifft bei oligomeren Enzymen insbesondere auch die Wechselwirkungen zwischen Enzymuntereinheiten (◘ Abb. 2.11). Weiterhin ergaben vergleichende Strukturuntersuchungen, dass Enzyme aus hyperthermophilen Organismen vielfach über weniger „Loop-Strukturen" an den Enzymoberflächen verfügen als homologe Enzyme aus Mesophilen. Durch die Reduktion der Loop-Strukturen und die verstärkte Ausbildung von Ionenpaarbindungen wird dann wahrscheinlich wiederum primär die initiale Entfaltung der Proteine bei hohen Temperaturen unterdrückt. Auffallend ist außerdem, dass Enzyme aus hyperthermophilen Organismen vielfach über eine höhere Anzahl an Untereinheiten verfügen.

Trotz der vielfältigen Bemühungen, einheitliche Anpassungsstrategien zu finden, die es Proteinen aus hyperthermophilen Organismen ermöglichen, bei hohen Temperaturen zu funktionieren, ist dies bis heute nicht gelungen. Dies lässt sich höchstwahrscheinlich dadurch erklären, dass verschiedene Proteine durch unterschiedliche Strategien einer

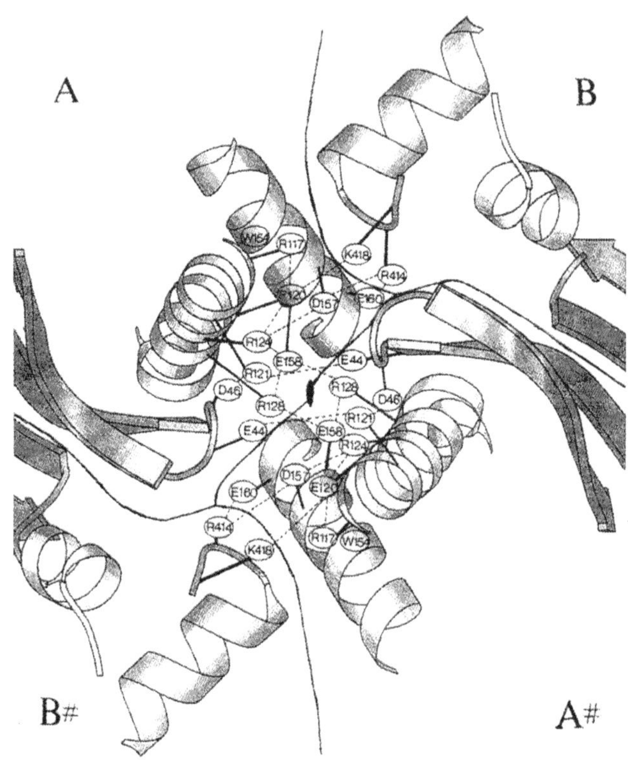

◘ Abb. 2.11 Ausbildung eines Ionenpaar-Netzwerkes in der Glycerinaldehyd-3-phosphat Dehydrogenase von *Thermotoga maritima*. (Aus Journal of Molecular Biology Pappenberger et al. 1997, mit freundlicher Genehmigung von Elsevier)

temperaturabhängigen reversiblen Auffaltung entgehen. Außerdem spielt hier eine Rolle, dass bei vielen Proteinen die native Struktur gegenüber einer entfalteten Struktur nur einen geringfügig geringeren Energiegehalt besitzt, dass also das korrekt gefaltete Protein nur durch wenige zusätzliche „bindende Wechselwirkungen" gegenüber der denaturierten Form stabilisiert wird. Hier hat dann die Natur im Verlaufe der Evolution in hyperthermophilen Organismen offenbar eine Vielzahl an Wegen zur Stabilisierung der Proteine gefunden.

Aufgrund der zuvor beschriebenen Probleme ist es bis heute praktisch unmöglich, mesophile Enzyme gezielt zu (hyper-)thermophilen Enzymen zu modifizieren (zumindest, wenn keine homologen thermophilen Proteine bekannt sind). Allerdings hat man durch evolutive Strategien (meist basierend auf fehlerbehafteter „*error-prone*"-PCR) einige beeindruckende Beispiele für eine Steigerung der Stabilität und Aktivität von Enzymen gefunden. So konnte durch einen „*directed evolution*"-Ansatz das Temperaturoptimum einer Subtilisin-Protease durch acht Aminosäureaustausche um 17 °C erhöht und auch die Stabilität bei 65 °C um mehr als das 20-Fache gesteigert werden. Auffallend ist bei diesen Versuchen, dass vielfach in den evolvierten Proteinen Mutationen beobachtet werden, die zu Veränderungen an der Proteinoberfläche (und nicht in der Nähe des katalytischen Zentrums) führen. Dies könnte mit der zuvor beschriebenen Strategie zur Vermeidung der reversiblen Auffaltung der Proteine korrelieren und erklärt die großen Schwierigkeiten bei den Versuchen zur gezielten Generierung (hyper-)thermophiler Enzyme.

2.3.1.2 Äußere („extrinsische") Faktoren

Nach Erhöhungen der Umgebungstemperatur bis in den Bereich der Temperaturmaxima werden bei mesophilen Organismen aus allen drei Domänen des Lebens Hitzeschock-Reaktionen beobachtet. Typischerweise kommt es hierbei zu einer zehn- bis 50-fach verstärkten Bildung von verschiedenen Proteinen (Hitzeschock-Proteinen). Die Hitzeschockantwort führt bei Einzellern zu einer kurzfristig erhöhten Überlebensrate, wenn diese Zellen anschließend Temperaturen jenseits des Temperaturmaximums ausgesetzt werden. Die Hitzeschock-Reaktion mesophiler Organismen wurde intensiv untersucht und dabei sowohl für Eukarya als auch Bacteria gezeigt, dass Hitzeschock-Proteine insbesondere an der korrekten Faltung von Proteinen beteiligt sind (also extrinsische Faktoren darstellen). Hitzeschock-Reaktionen wurden auch bei hyperthermophilen Archaeen gefunden, allerdings ist die Funktion der beteiligten Proteine noch weitgehend unklar. So wurde mittels Elektronenmikroskopie für *Pyrodictium abyssi* gezeigt, dass sich nach Wachstum bei Temperaturen im Bereich des Temperaturmaximums im Cytoplasma große Mengen charakteristischer ringförmiger Proteinkomplexe anhäufen, die strukturell einer Gruppe von Hitzeschock-Proteinen aus den Bacteria ähneln (GroEL, Hsp60). Die entsprechenden Komplexe aus hyperthermophilen Archaeen werden als Thermosomen (oder Rosettasomen) bezeichnet und ermöglichen es den Zellen wahrscheinlich, nach einem prinzipiell letalen Hitzeschock ausreichende Mengen denaturierter essenzieller Proteine „zurückzufalten" und so wichtige Lebensfunktionen wieder aufzunehmen.

Eine Hitzeschock-Reaktion wurde praktisch ubiquitär bei allen untersuchten Lebewesen nachgewiesen. Bei einigen methanogenen Archaeen findet man noch einen weiteren extrinsischen Faktor, der in diesen Organismen zur Stabilisierung von Proteinen bei erhöhten Temperaturen beiträgt. So korreliert bei *Methanothermus*-Stämmen, die bei Temperaturen von über 80 °C wachsen können, die Stabilität verschiedener Enzyme bei erhöhten Temperaturen mit der Akkumulation eines spezifischen niedermolekularen Metaboliten (zyklisches 2,3-Diphosphoglycerat). Dieser Metabolit findet sich auch in annähernd molaren Konzentrationen im Cytoplasma des derzeitigen „Temperatur-Rekordhalters" *Methanopyrus kandleri*. Offenbar haben diese Organismen im Zuge der Evolution auch äußere (extrinsische) Strategien zur Stabilisierung von Proteinen bei hohen Temperaturen entwickelt.

2.3.2 Mechanismen zur Stabilisierung von Membranen bei hohen Temperaturen

Im Zusammenhang mit der Definition der Domäne Archaea wurde festgestellt, dass sich die Archaeen sowohl von den Bacteria als auch den Eukarya in der Zusammensetzung ihrer Membranen unterscheiden. Wie sich zeigte, setzen sich die Zellmembranen der Archaea aus Etherlipiden zusammen, bei denen Polyisoprenketten über Etherbindungen mit Glycerinmolekülen verbunden sind. Diese Membranlipide unterscheiden sich stereochemisch und strukturell grundlegend von den Fettsäureestern, die in den Membranen der Bacteria und Eukarya auftreten (◘ Abb. 2.12).

Die Grundstruktur der archaealen Lipide besteht aus Glycerin-1-phosphat, das über Etherbindungen mit zwei aus 20 Kohlenstoffatomen (C20) bestehenden Isoprenoid-Kohlenstoffketten (Phytanylresten) verknüpft ist (◘ Abb. 2.13a). Eine weitere Besonderheit der archaealen Lipide besteht im Vorkommen von Tetraethern, bei denen zwei

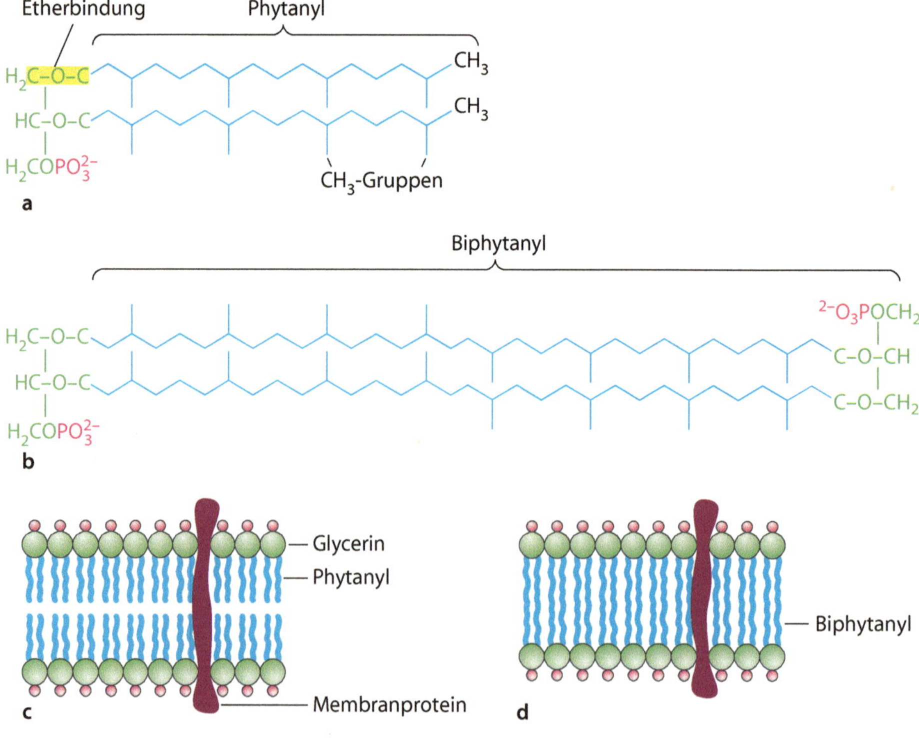

◘ Abb. 2.12 Schematische Darstellung für die Grundstrukturen der Lipide in bakteriellen und archaealen Membranen

◘ Abb. 2.13 Strukturbeispiele für Phytanyl-Diether **a** und Biphytanyl-Tetraether **b** und Modellvorstellung für die Organisation von Phytanyl-Diethern **c** und Biphytanyl-Tetraethern **d** in archaealen Membranen

C40-Isoprenoidmoleküle (Biphytanylreste) über Etherbrücken mit zwei Glycerin-1-phosphat-Molekülen verbunden sind (◘ Abb. 2.13b). Die aus einem Glycerin-1-phosphat-Rest und zwei Phytanylresten bestehenden monopolaren Lipide können ähnliche Strukturen ausbilden wie man sie in den „Einheitsmembranen" der Bacteria und Eukarya findet (◘ Abb. 2.13c). Dagegen können die bipolaren Tetraether Membranstrukturen ausbilden, in denen die Biphytanylreste die gesamte Membran durchspannen (◘ Abb. 2.13d).

Die beschriebenen Strukturbesonderheiten verleihen den archaealen Membranen eine besondere Stabilität, da Etherbindungen im Gegensatz zu Esterbindungen nur schwer hydrolytisch gespalten werden können. Des Weiteren führen auch die strukturellen Besonderheiten der kovalent verknüpften Biphytanyl-Tetraether zu einer ausgeprägten Stabilisierung der Membranen. Außerdem sind diese archaealen Membranen (gerade bei hohen Temperaturen) weniger durchlässig für Protonen als typische bakterielle Membranen.

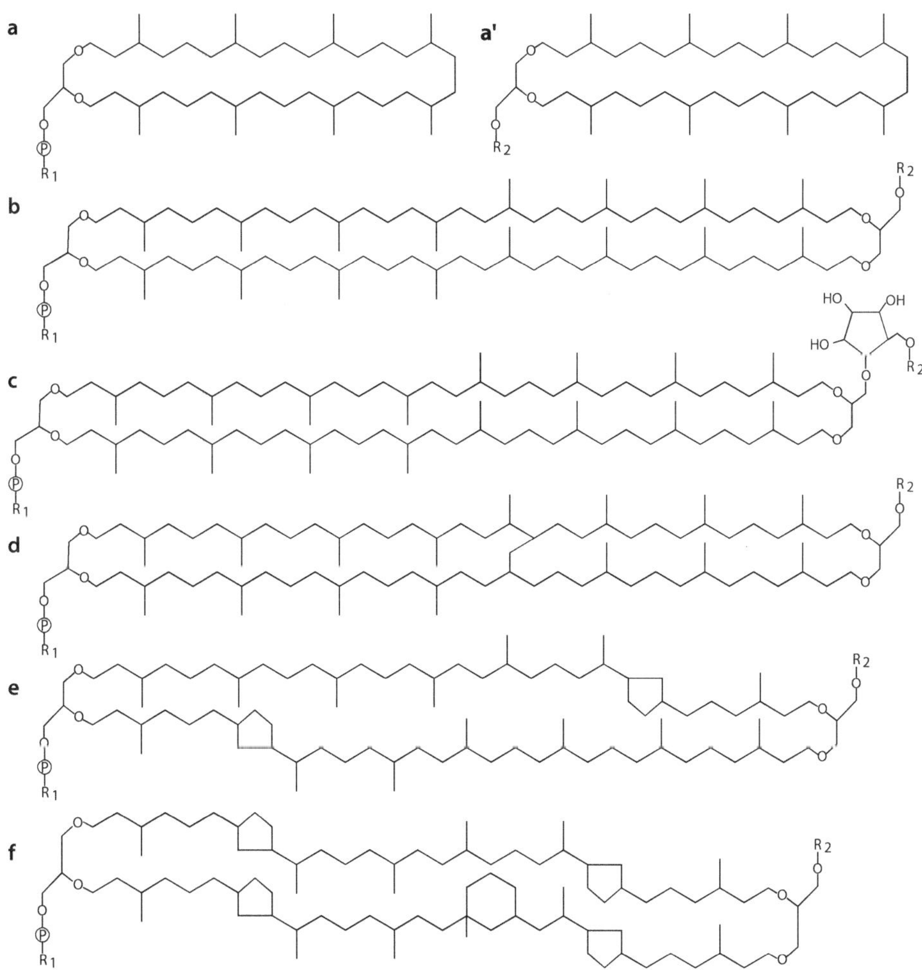

◘ **Abb. 2.14** Zyklische Strukturen in archaealen Lipiden. (Aus Oger 2015, mit Erlaubnis von Springer)

Viele (hyperthermophile) Archaeen weisen noch weitere Modifikationen der Membranlipide auf, die vielfach als Anpassung an heiße Lebensräume gedeutet werden. Zu diesen strukturellen Besonderheiten gehören z. B. monopolare Lipide mit zyklischen Isoprenoidketten (◘ Abb. 2.14a) und insbesondere Isoprenoidketten, die Cyclopentanringe ausbilden (◘ Abb. 2.14e, f).

Auch bei verschiedenen hyperthermophilen Bacteria (z. B. aus den Gattungen *Thermotoga* und *Thermodesulfobacterium*) wurden Lipide mit Etherbindungen nachgewiesen. Dies deutet auf eine wichtige Funktion der Etherbindungen in Membranlipiden für die

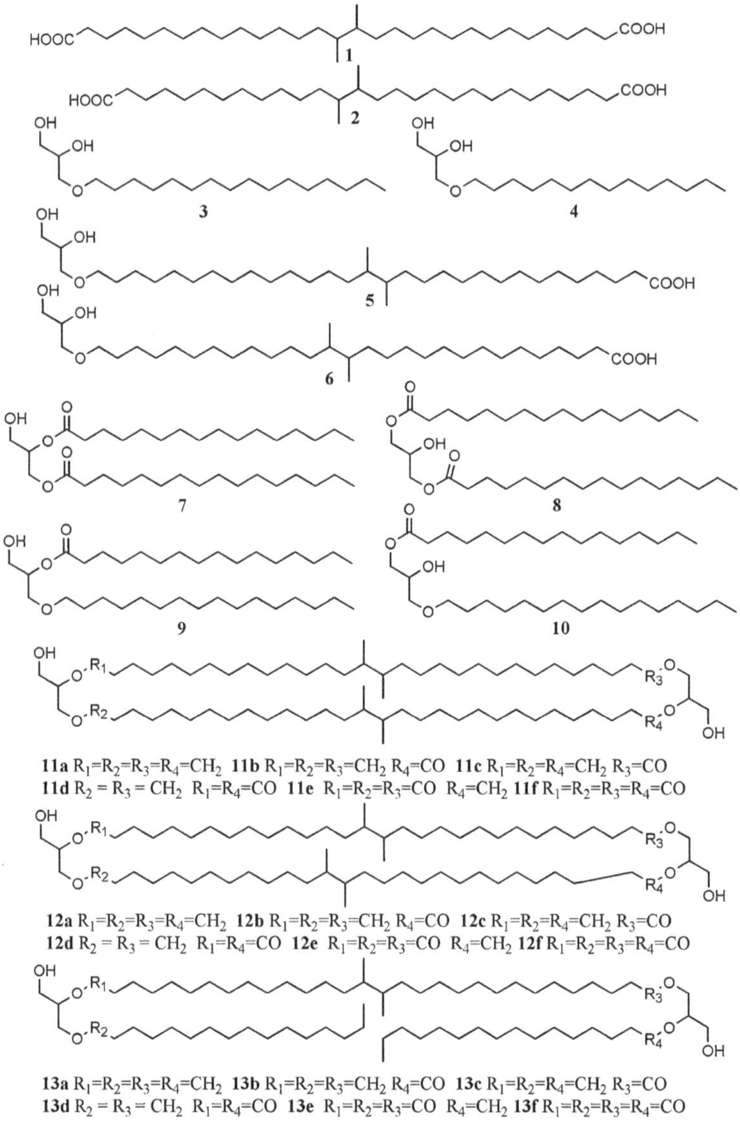

◘ **Abb. 2.15**   Membranlipide der Thermotogales. (Aus Arch Microbiol, Damsté et al. 2007. mit Erlaubnis von Springer)

Anpassung an heiße Lebensräume hin. Charakteristischerweise verfügen diese bakteriellen Lipide dann nicht über Polyisoprenketten, sondern über nicht oder nur geringfügig verzweigte gesättigte Kohlenwasserstoffe. Bei *Thermotoga*-Stämmen wurden hierbei sogar bipolare Tetraether gefunden (◘ Abb. 2.15).

2.3.3 Mechanismen zur Stabilisierung von Nucleinsäuren bei hohen Temperaturen

2.3.3.1 Genomische DNA

In den klassischen Experimenten zur Bestimmung des GC-Gehalts von DNA-Molekülen wird ein Zusammenhang zwischen der Schmelztemperatur der DNA-Duplices und dem GC-Gehalt der DNAs beobachtet. Es war daher zunächst überraschend, dass kein Zusammenhang zwischen der optimalen (oder maximalen) Wachstumstemperatur thermophiler und hyperthermophiler Mikroorganismen und dem GC-Gehalt ihrer chromosomalen DNAs besteht. Es zeigte sich sogar, dass einige hyperthermophile Archaea (z. B. *Acidianus infernus* oder *Methanocaldococcus jannaschii*) extrem niedrige GC-Verhältnisse aufweisen (ca. 31 mol % GC). Dieser scheinbare Widerspruch ließ sich aber einfach aufklären, da die archaealen Chromosomen (wie auch die meisten bakteriellen) als kovalent geschlossene DNA-Moleküle vorliegen. Hierdurch wird (im Gegensatz zu dem Experiment zur Bestimmung des GC-Gehalts mit „gescherten" DNA-Bruchstücken) ein temperaturabhängiges „Schmelzen" der DNA-Moleküle weitgehend unterdrückt. Neben dieser intrinsischen Eigenschaft kovalent geschlossener DNA-Ringmoleküle spielen aber bei hyperthermophilen Archaeen auch extrinsische Faktoren eine Rolle bei der Stabilisierung der genomischen Information. So kommen primär bei (hyper-)thermophilen Euryarchaeota histonähnliche Proteine vor (z. B. HMf, „Histon *Methanothermus fervidus*"), die mit DNA offenbar Strukturen ausbilden, welche den Nucleosomen der Eukarya ähneln. Allerdings weichen die ausgebildeten Strukturen (speziesabhängig) untereinander und von der Nucleosomenstruktur der Eukaryoten ab (◘ Abb. 2.16a, 2.17a, b). Es wird vielfach postuliert, dass die histonähnlichen Proteine bei (hyper-)thermophilen Euryarchaeota zur Stabilisierung der DNA bei hohen Temperaturen beitragen.

Auch hyperthermophile Crenarchaeota verfügen über Proteine, die mit der DNA interagieren und den Schmelzpunkt doppelsträngiger DNA-Moleküle erhöhen (z. B. Sac7d aus *Sulfolobus acidocaldarius*; ◘ Abb. 2.16b). Allerdings handelt es sich hierbei in den meisten Fällen um deutlich kleinere Proteine als die histonähnlichen Proteine der Euryarchaeota, die auch keine Nucleosomen-ähnliche Strukturen ausbilden (◘ Abb. 2.16b, 2.17c).

Charakteristischerweise verfügen alle hyperthermophilen Organismen (Archaea und Bacteria) über ein spezifisches, die DNA-Struktur modifizierendes Enzym – die reverse Gyrase. Diese Topoisomerase besitzt die einzigartige Fähigkeit, unter ATP-Verbrauch eine positive Überspiralisierung kovalent geschlossener DNA-Moleküle zu katalysieren (◘ Abb. 2.18).

Es wird angenommen, dass die Überspiralisierung der DNA eine Trennung der beiden DNA-Stränge erschwert und daher wichtig für das Überleben bei hohen Temperaturen ist.

2

a

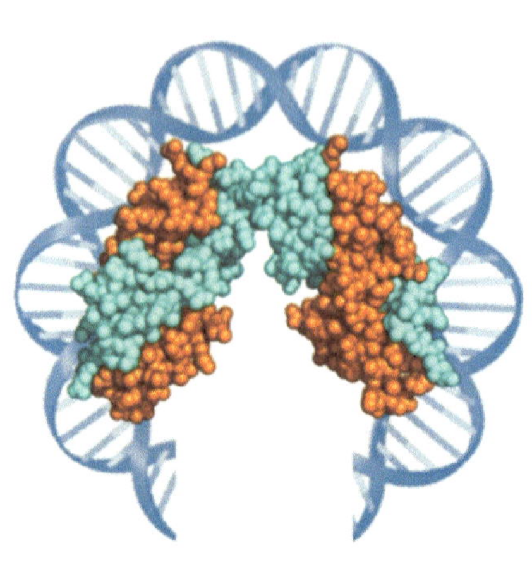

b

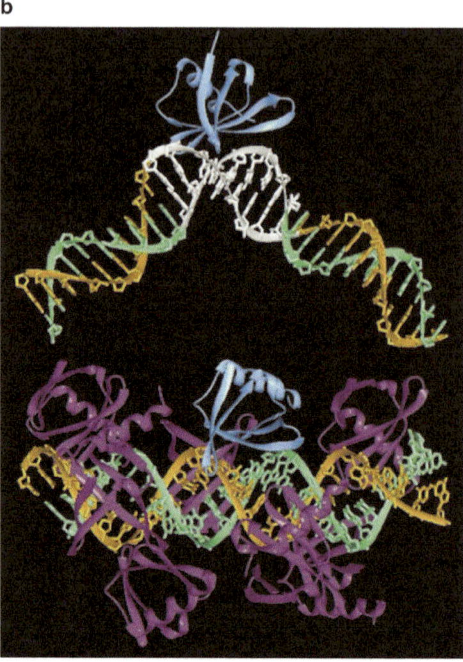

■ **Abb. 2.16** Strukturmodelle für DNA-bindende Proteine aus (hyper-)thermophilen Archaea. **a** Ein Histontetramer aus *Methanothermus fervidus* im Komplex mit DNA (orange HmfA, cyan HmfB) © 2014 by Visone et al., CC-BY 3.0, **b** Bindung des Proteins Sac7d an die DNA bei *Sulfolobus acidocaldarius*. (Mit freundlicher Genehmigung von Macmillan Publishers Ltd: Nature, Robinson et al. 1998)

■ **Abb. 2.17** Schematische Darstellung der Interaktionen von Proteinen aus Euryarchaeota (**a** *Haloferax volcanii*, **b** *Thermococcus kodakarensis*) und Crenarchaeota (**c** *Sulfolobus* spp.) mit DNA. (Nach Peeters et al. 2015)

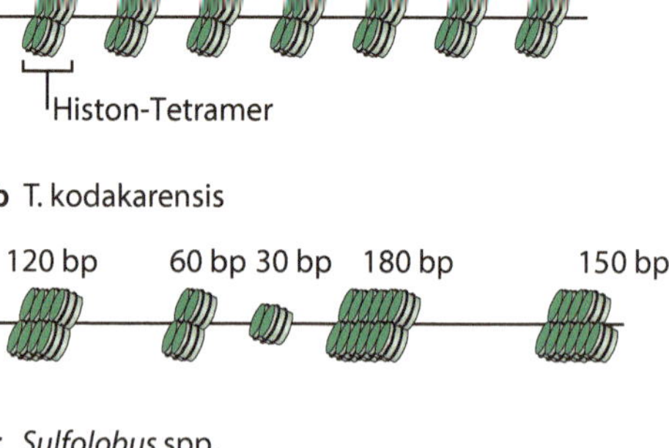

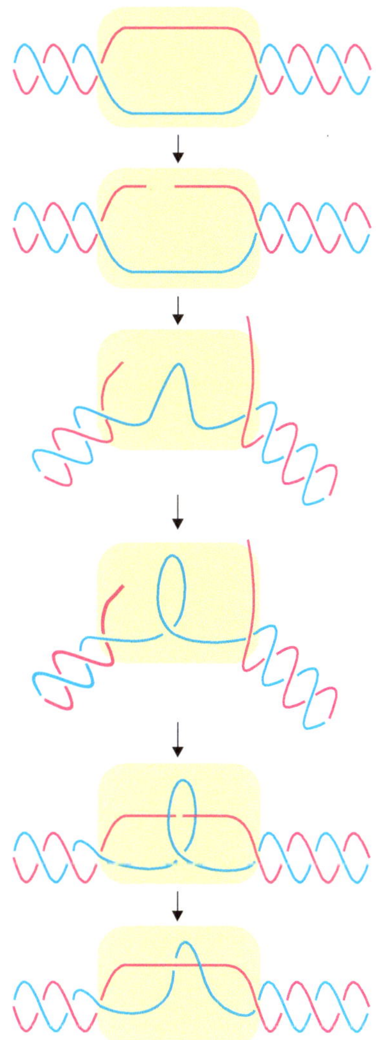

⬛ Abb. 2.18 Schematische Darstellung der Funktion der reversen Gyrase. (Nach Lulchev und Klostermeier 2014)

2.3.3.2 Ribosomale- und Transfer-RNAs

Im Gegensatz zur Situation bei der chromosomalen DNA wurde beim Vergleich von 16S-rRNA-Sequenzen aus hyperthermophilen Organismen eine signifikante Anhäufung von GC-Resten nachgewiesen. Das GC-Verhältnis der 16S-rRNAs liegt bei diesen Organismen vielfach über 65 %. Im Falle der einsträngigen RNA-Moleküle scheint also die Fähigkeit von GC-Paaren zur Ausbildung vergleichsweise stabilerer Stammstrukturen wichtig für die Thermostabilität zu sein.

Spezifische Anpassungen an erhöhte Temperaturen wurden auch für tRNAs beschrieben. Hierbei zeigen tRNAs aus hyperthermophilen Organismen durchgehend eine erhöhte Anzahl an posttranskriptionalen Modifikationen, die offenbar zu einer erhöhten Temperaturstabilität führen (⬛ Abb. 2.19).

2

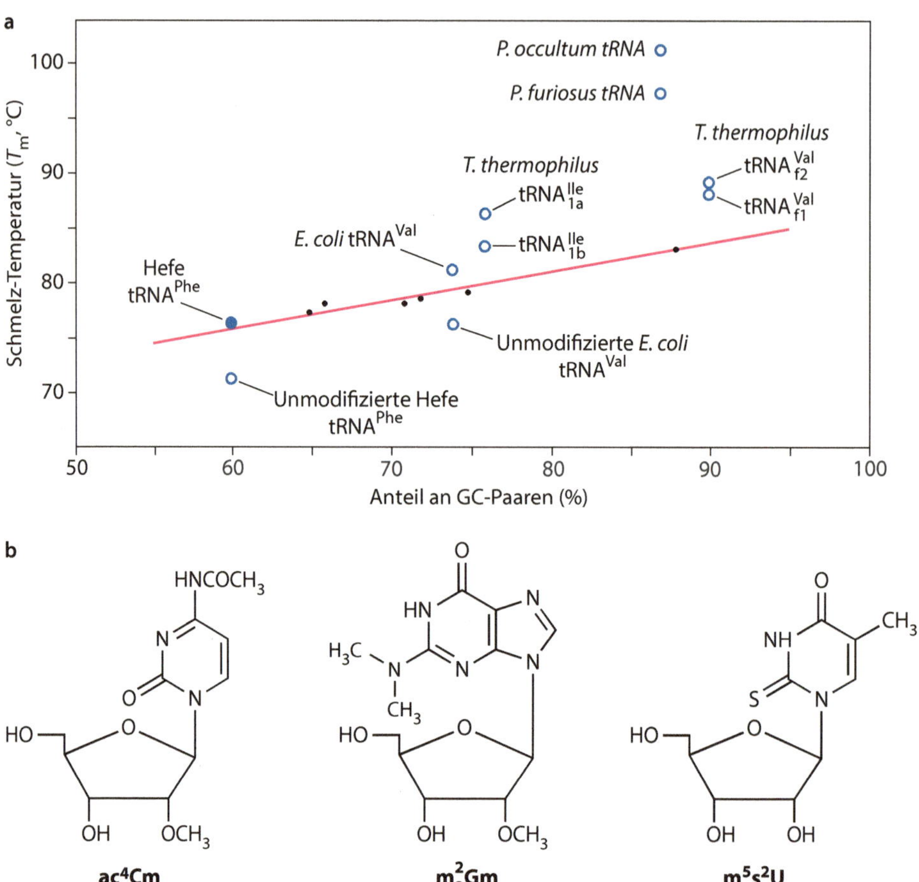

○ **Abb. 2.19**   Posttranskriptionale Modifikation von tRNAs bei hyperthermophilen Bacteria und Archaea (nach Kowalak et al. 1994) **a** Beziehung zwischen Schmelzpunkt und prozentualem GC-Gehalt von tRNA-Stammregionen, **b** Strukturen von modifizierten Nucleosiden aus *Pyrococcus furiosus*

2.4 Erkenntnisse aus Genomanalysen von hyperthermophilen Mikroorganismen

In den vergangenen Jahren ist eine Vielzahl von Genomsequenzen hyperthermophiler Euryarchaeota, Crenarachaeota und Bacteria bestimmt und analysiert worden. Hierbei lag die Zielsetzung einerseits im Nachweis von „Signatursequenzen", die spezifisch für hyperthermophile Mikroorganismen sind. Weiterhin bestand aber auch der Anspruch, anhand der Genomsequenzen die relevanten Anpassungsmechanismen hyperthermophiler Mikroorganismen aufzuzeigen. Die Genome der meisten hyperthermophilen Mikroorganismen sind vergleichsweise klein (1,5–3 Mb). Diese Werte entsprechen in etwa 32–65 % der Genomgröße von *Escherichia coli* K12. Vergleichende Analysen der Genome hyperthermophiler Bacteria und Archaea weisen außerdem darauf hin, dass hyperthermophile Bacteria offenbar verschiedene Gene von hyperthermophilen Archaea aufgenommen haben. So wurden Hinweise gefunden, dass die für die reverse Gyrase codierenden Gene bei *Aquifex* und *Thermotoga* unabhängig voneinander von zwei verschiedenen Archaeen auf Bakterien übertragen wurden. Bei *Thermotoga maritima* könnten 24 % der Gene einen archaealen Ursprung haben.

Die Genomsequenzen ermöglichen es, auf der Ebene vollständiger Genome nach spezifischen Strukturmerkmalen hyperthermophiler Organismen zu suchen. So wurden aus Vergleichen der (abgeleiteten) Aminosäuresequenzen der Proteome von mesophilen, und hyperthermophilen Organismen geschlossen, dass die Proteine aus thermophilen und hyperthermophilen Organismen im Vergleich zu ihren mesophilen Gegenstücken einen deutlich höheren Anteil an geladenen als ungeladenen Aminosäuren enthalten. Hier könnte sich also möglicherweise auf der genomischen Ebene die zuvor beschriebene Akkumulation von Aminosäuren mit der Fähigkeit zur Ausbildung von Ionenpaaren an der Oberfläche hyperthermophiler Enzyme widerspiegeln. Diese Interpretation wurde auch durch den Vergleich homologer Proteine mit bekannten Kristallstrukturen gestützt (◨ Abb. 2.20).

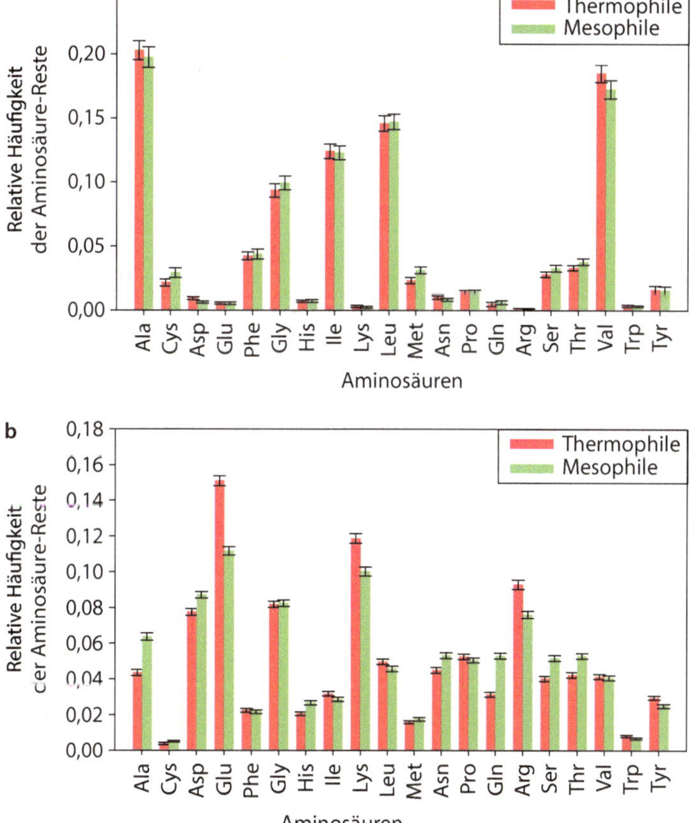

◨ **Abb. 2.20**   Mithilfe von 373 Proteinpaaren ermittelte Korrelation zwischen der Häufigkeit des Vorkommens bestimmter Aminosäurereste in den Proteinen thermophiler und mesophiler Organismen (nach Glyakina et al. 2007) **a** im „Inneren" der Proteine liegende Aminosäurereste; **b** im „äußeren Bereich" der Proteine liegende Aminosäurereste

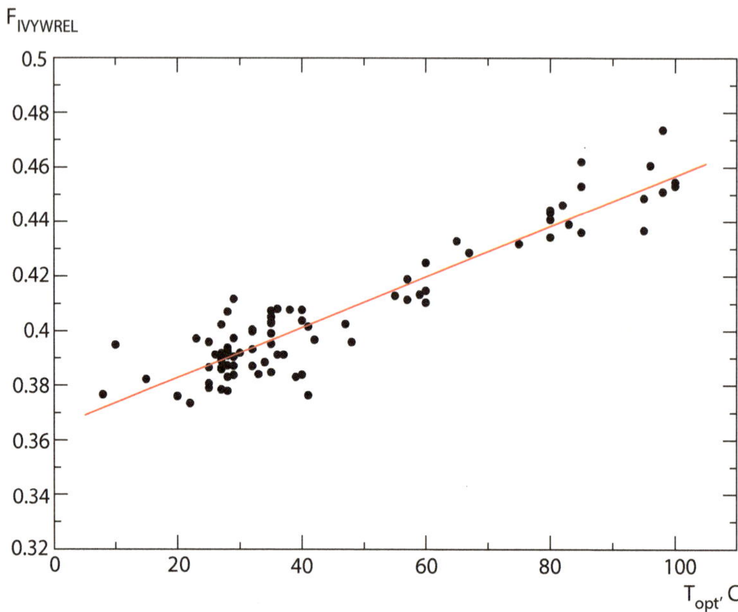

▣ Abb. 2.21   Zusammenhang zwischen dem Vorkommen der Aminosäuren Isoleucin (I), Valin (V), Tyrosin (Y), Tryptophan (W), Arginin (R), Glutamat (E) und Leucin (L) in den Proteomen von 86 Mikroorganismen und deren optimalen Wachstumstemperaturen. (Nach Zeldovich et al. 2007)

In weiteren Analysen wurde versucht, mithilfe computergestützter Sequenzvergleiche weitere „Signaturen" für hyperthermophile Organismen zu finden. So wurde z. B. gezeigt, dass offenbar ein signifikanter Zusammenhang zwischen der Häufigkeit des Einbaus bestimmter Aminosäuren (Ile, Val, Tyr, Trp, Arg, Glu, Leu) in Proteine und den optimalen Wachstumstemperaturen der jeweiligen Organismen besteht (▣ Abb. 2.21). Allerdings gibt es derzeit keine überzeugende Theorie zur Erklärung dieser Beobachtung.

2.5 Entstanden die ersten Lebensformen unter heißen Bedingungen?

Nach der Entdeckung hyperthermophiler Archaeen und Bakterien versuchte man, die Position dieser Organismen im Stammbaum des Lebens über Vergleiche der 16S-rRNA Sequenzen zu ermitteln. Hierbei erhielt man unter Verwendung des „klassischen phylogenetischen Stammbaums" nach Woese das frappierende Ergebnis, dass sowohl die hyperthermophilen Archaea als auch die hyperthermophilen Bacteria in der Nähe der „Wurzel des Stammbaums" lokalisiert wurden (▣ Abb. 2.22).

Im Hinblick auf das geologische Modell einer „heißen Entstehung" der Erde und die sich häufenden Hinweise auf frühe Spuren von Leben auf der Erde wurde daher vorgeschlagen, dass der letzte gemeinsame Vorfahre der Bacteria, Archaea und Eukarya (LUCA – *Last Universal Common Ancestor*) ein hyperthermophiler Organismus gewesen sein müsste. Obgleich sich diese Theorie nicht abschließend beurteilen lässt, so wurden in den letzten Jahren von verschiedenen Arbeitsgruppen Hinweise präsentiert, die gegen die

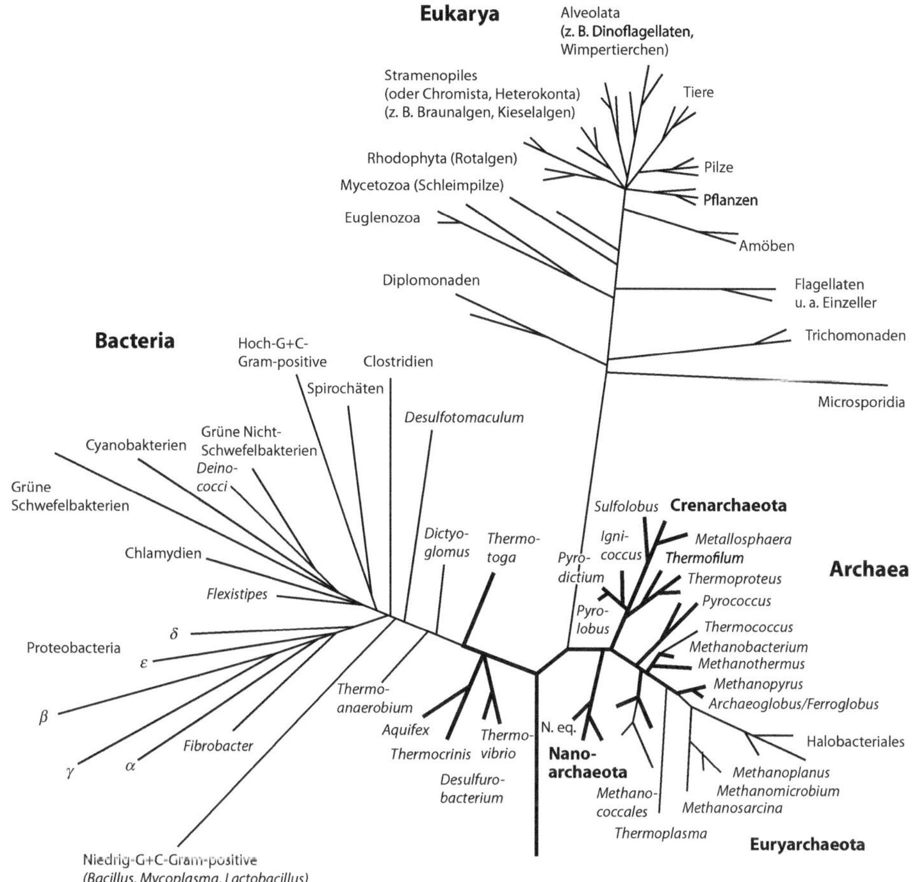

Abb. 2.22 „Universaler" phylogenetischer Stammbaum. Hyperthermophile Organismen sind durch verdickte Linien miteinander verbunden. (Nach Stetter 2006)

Theorie eines hyperthermophilen LUCA sprechen. In diesem Zusammenhang ist insbesondere von Bedeutung, dass (wie zuvor besprochen) die 16S-rRNAs von hyperthermophilen Mikroorganismen zur Stabilisierung gegenüber hohen Temperaturen durchgehend einen hohen GC-Gehalt aufweisen. Hierdurch werden dann die Ergebnisse der Sequenzvergleiche durch einen Faktor beeinflusst, der nicht mit der Phylogenie der betreffenden Organismen zusammenhängt. Dies könnte wiederum in den relevanten phylogenetischen Stammbäumen zu einem „Clustering" der hyperthermophilen Organismen in der Nähe der „Wurzel" führen. Weitere Argumente gegen einen hyperthermophilen LUCA folgen aus den Genomsequenzierungen. Hier wurde vielfach beobachtet, dass phylogenetische Stammbäume auf Basis von Proteinsequenzen von den Stammbäumen auf rRNA-Basis abweichen. Dies ist vor allem für die Positionierung der wenigen bekannten hyperthermophilen Bacteria relevant. In verschiedenen so erhaltenen phylogenetischen Stammbäumen werden die Phyla Thermotogae und Aquificae nicht an der Wurzel der Bacteria positioniert. In diesen Stammbäumen finden sich dann mesophile Gruppen an dieser Position. Hierdurch würde es dann deutlich unwahrscheinlicher werden, dass LUCA tatsächlich

2

ein hyperthermophiler Organismus war. Ähnliche phylogenetische Stammbäume erhält man auch, wenn anstelle vollständiger 16S-rRNA-Sequenzen nur hochgradig konservierte Sequenzbereiche in die Stammbaumberechnung einfließen.

Weitere Hinweise auf einen nicht hyperthermophilen (aber vielleicht thermophilen) LUCA ergaben sich auch aus Berechnungen zum wahrscheinlichsten GC-Gehalt der rRNAs von „LUCA" und dem (berechneten wahrscheinlichsten) Vorkommen bestimmter Aminosäuren in den „LUCA-Proteinen" (vgl. ◘ Abb. 2.21) bzw. den („zurückgerechneten") Schmelzpunkten hoch konservierter Proteine. Die genannten und einige weitere Hinweise führen dazu, dass momentan wohl eine größere Anzahl an Spezialisten dazu neigt zu postulieren, dass das irdische Lebens eher in einem warmen als in einem extrem heißen Bereich entstanden ist. (Schon Darwin spekulierte über die Entstehung des Lebens in einem „*warm little pond*"). Dies wird dann vielfach mit der Vorstellung verbunden, dass die Archaea im Zuge ihrer Entwicklung einer „Thermoreduktion" in extrem heißen Lebensräumen unterworfen wurden (und eventuell die wenigen hyperthermophilen Bacteria sekundär essenzielle Komponenten zum Leben unter extrem heißen Bedingungen von den Archaea übernommen haben könnten).

2.6 Anwendungsmöglichkeiten hyperthermophiler Mikroorganismen

Einer der Hauptgründe für die intensive Untersuchung hyperthermophiler Mikroorganismen liegt in den vielfältigen Anwendungsmöglichkeiten thermostabiler Enzyme begründet. Hierbei wurde zunächst vielfach das Beispiel von „Waschmittelenzymen" genannt, die bei der Kochwäsche enzymatisch aktiv sein könnten. Bei der intensiveren Betrachtung dieser Einsatzmöglichkeit zeigte sich dann aber, dass in den meisten Ländern eine maschinelle Kochwäsche nicht üblich ist oder immer seltener angewandt wird. Trotzdem gibt es zahlreiche andere Anwendungsmöglichkeiten für Enzyme, die bei hohen Temperaturen aktiv sind. So bietet sich hier z. B. an, chemische Verfahren, die bei hohen Temperaturen durchgeführt werden, mit enzymatischen Prozessen zu koppeln. Des Weiteren wurde vorgeschlagen, dass sich durch die Durchführung enzymatischer Prozesse bei hohen Temperaturen das Kontaminationsrisiko durch mesophile Organismen (und insbesondere möglicherweise pathogene Mikroorganismen) weitgehend reduzieren lässt. Außerdem besteht natürlich die berechtigte Hoffnung, bei der Charakterisierung der evolutionär eigenständigen Gruppen von hyperthermophilen Mikroorganismen neuartige kommerziell interessante Enzyme zu finden.

Das vielleicht bekannteste Beispiel für eine wirklich bahnbrechende Anwendung von Enzymen aus (hyper-)thermophilen Mikroorganismen stellt die Polymerasekettenreaktion (PCR, *polymerase chain reaction*) dar, die heutzutage aus der molekularbiologischen Forschung, aber auch aus der Medizin und Lebensmittelüberwachung nicht mehr wegzudenken ist. Bei diesem Verfahren zur DNA-Amplifikation werden die Stränge der DNA-Helices durch erhöhte Temperaturen getrennt und anschließend mithilfe von DNA-Polymerasen vervielfältigt. Daher werden hier thermostabile DNA-Polymerasen benötigt, um eine effiziente Amplifikation der Ziel-DNA zu ermöglichen. Hierfür wurde zunächst eine DNA-Polymerase aus *Thermus aquaticus* verwendet (*Taq*-Polymerase). Dieses thermophile Bakterium war im Rahmen der Untersuchungen der Arbeitsgruppe von T. Brock im Yellowstone-Nationalpark erstmals isoliert worden. In den vergangenen Jahren sind dann weitere thermostabile DNA-Polymerasen auf den Markt gekommen, die sich in verschiedenen Aspekten von der *Taq*-Polymerase unterscheiden. Viele dieser Enzyme stammen aus hyperthermophilen Archaeen, wie sich aus Bezeichnungen wie *Pfu*-Polymerase (Pfu für *Pyrococcus furiosus*) oder „Vent-Polymerase" ersehen lässt.

Eine typische Anwendungsmöglichkeit für Enzyme aus (hyper-)thermophilen Organismen, bei denen chemische Verfahren mit enzymatischen Prozessen bei hohen Temperaturen gekoppelt werden, findet sich in der Papierherstellung. Hier erfolgt in vielen Prozessen die Trennung des Lignins von der Cellulose unter alkalischen Bedingungen bei erhöhten Temperaturen. Hierbei ist insbesondere die Zerstörung von Xylanen („Hemicellulosen") wichtig, die an der Bindung des Lignins an die Cellulose beteiligt sind. Hier kann die Bleichung des Papiers (also die Entfernung von Ligninresten) durch den Einsatz temperaturstabiler Xylanasen unterstützt (und somit der Einsatz umweltschädlicher Bleichmittel reduziert) werden.

Eine weitere interessante technische Anwendungsmöglichkeit für Enzyme aus (hyper-) thermophilen Mikroorganismen könnte sich auch bei der Erdölförderung ergeben. Hier werden im Zuge der sogenannten tertiären Erdölförderung hochviskose Polymere in die Erdöllagerstätten eingebracht, um verbliebene Erdölreste aus dem umgebenden Gestein zu drücken (◧ Abb. 2.23). Im Falle von tief liegenden Erdöllagerstätten herrschen hier vielfach Temperaturen von über 60 °C. Es gibt bereits seit einigen Jahren Bemühungen, die biologisch meist nicht abbaubaren synthetischen Polymere durch biologisch abbaubare natürliche Polysaccharide zu ersetzen. In diesem Fall kann man versuchen, durch den Einsatz von Enzymen aus (hyper-)thermophilen Organismen die Polymere nach ihrer Anwendung direkt in den Erdöllagerstätten in ihre Monomere zu zerlegen.

Bei den derzeit realisierten Anwendungen von Enzymen aus hyperthermophilen Mikroorganismen handelt es sich vielfach um Prozesse, in denen durch die Verwendung

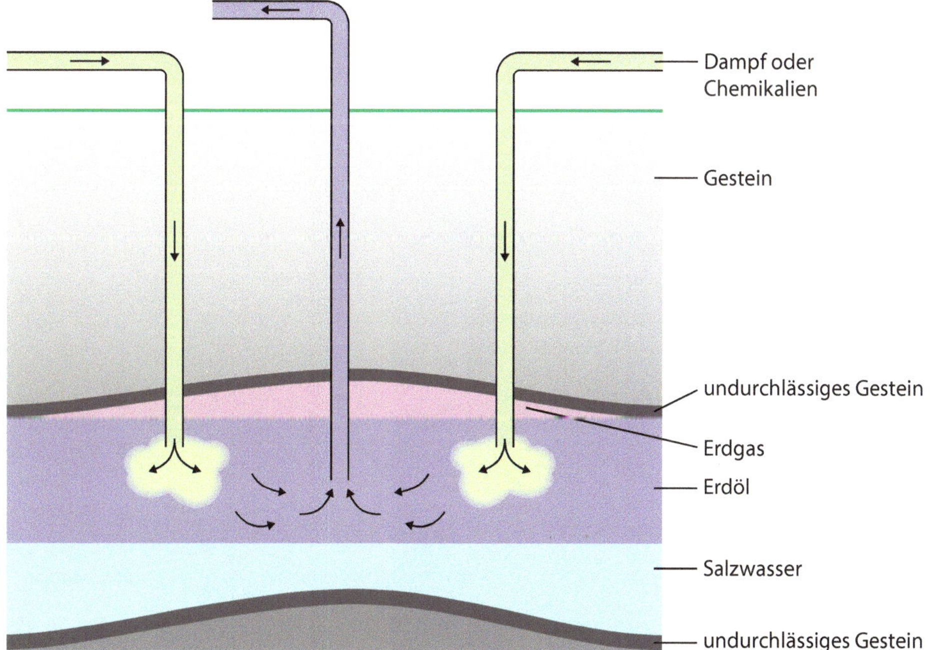

◧ **Abb. 2.23** Schematische Darstellung der tertiären Erdölförderung

erhöhter Temperaturen die Löslichkeit und damit Bioverfügbarkeit polymerer Substrate erhöht wird. Den kommerziell wichtigsten Prozess hierbei bildet die „Verzuckerung" von Stärke bei der zunächst die bei Raumtemperatur nur geringfügig wasserlöslichen pflanzlichen Stärkekörner (im Allgemeinen aus Mais gewonnen) umgesetzt werden müssen. Hierfür wird die Stärke zunächst bei hohen Temperaturen gequollen („verkleistert") und dann durch die Zugabe von α-Amylasen (endospaltenden Amylasen) in besser wasserlösliche Oligomere hydrolysiert. Die hierfür eingesetzten α-Amylasen stammen derzeit meistens aus thermophilen *Bacillus*-Stämmen. Einige dieser Enzyme besitzen bei Temperaturen von über 100 °C Halbwertszeiten von mehr als 3 h. In den letzten Jahren wurden aber auch bereits entsprechende Enzyme aus hyperthermophilen Organismen auf den Markt gebracht (z. B. „Fuelzyme" der Firma Verenium). Für eine vollständige Verzuckerung von Stärke zu Glucosemonomeren sind noch weitere Enzyme nötig (z. B. β-Amylasen, Pullulanasen, Glucoamylasen) (◘ Abb. 2.24). Hier bieten sich (in Kombination mit thermostabilen α-Amylasen) noch eine Vielzahl an Anwendungsmöglichkeiten für Enzyme aus (hyper-)thermophilen Organismen an. Außerdem wurde aus hyperthermophilen Organismen noch eine Vielzahl weiterer Polysaccharide umsetzender Enzyme (z. B. Cellulasen, Mannanasen) isoliert, die möglicherweise kommerziell genutzt werden können.

Enzyme aus hyperthermophilen Organismen besitzen aufgrund ihrer zuvor beschriebenen inhärenten Stabilitätsmechanismen vielfach auch eine erhöhte Stabilität gegenüber anderen destabilisierenden Faktoren (z. B. organischen Lösungsmitteln oder Detergenzien) (◘ Abb. 2.25). Hier eröffnet sich dann ein weiteres mögliches Anwendungsgebiet für diese Enzyme.

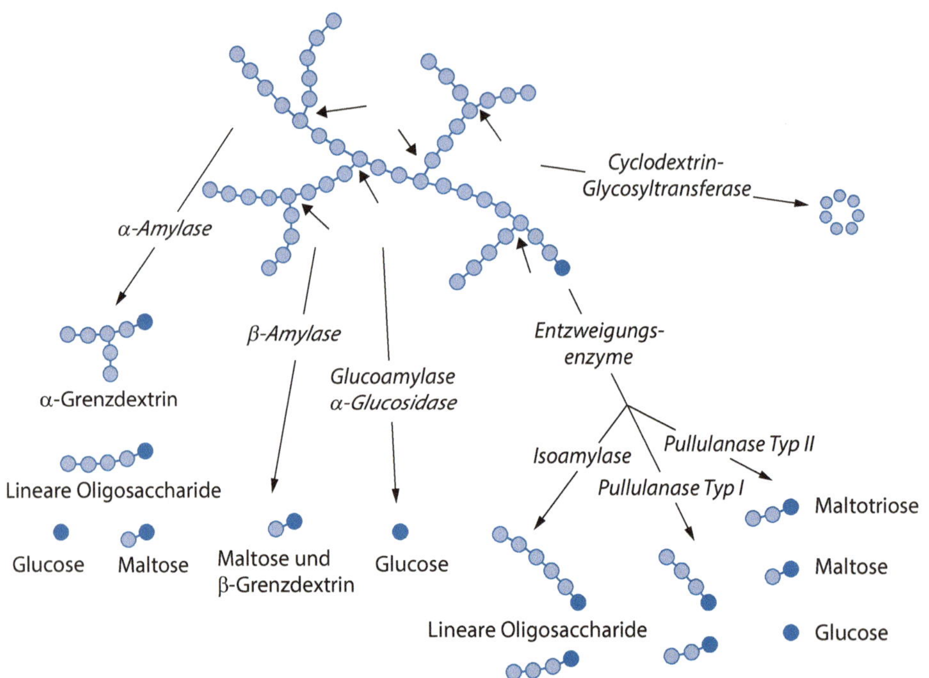

◘ **Abb. 2.24**   Wirkungsweise verschiedener stärkehydrolysierender Enzyme. (Nach Bertoldo und Antranikian 2001)

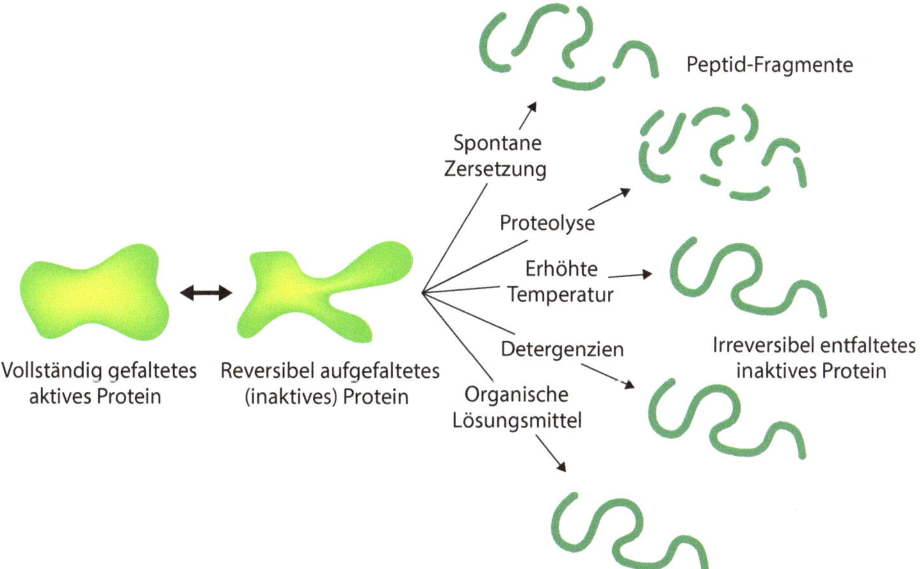

◘ Abb. 2.25 Schematische Darstellung der Inaktivierung von Proteinen durch erhöhte Temperaturen und andere Faktoren

❓ Fragen

- Benennen Sie die Kardinalpunkte des mikrobiellen Wachstums in Abhängigkeit von der Temperatur.
- Definieren Sie die relevanten Temperaturen für die Kardinalpunkte des Wachstums bei psychrophilen, mesophilen und (hyper-)thermophilen Organismen.
- Bis zu welchen Temperaturen können Eukaryoten überleben?
- In welchen Organismengruppen (Phyla, Reichen) findet man hyperthermophile Vertreter?
- Benennen Sie jeweils zwei Gattungen hyperthermophiler Bacteria, Crenarchaeota und Euryarchaeota.
- Welcher Organismus besitzt nach dem derzeitigen Wissensstand das höchste Temperaturmaximum?
- Geben Sie drei Beispiele für Stoffwechseltypen, die bei hyperthermophilen Mikroorganismen nachgewiesen wurden.
- Welche intrinsischen (inneren) Anpassungen ermöglichen Proteinen aus hyperthermophilen Mikroorganismen, bei hohen Temperaturen zu funktionieren?
- Welche Funktionen erfüllen Hitzeschockproteine?
- Welche Besonderheiten zeichnen die Membranen hyperthermophiler Mikroorganismen aus?
- Welche Faktoren stabilisieren das Genom von hyperthermophilen Mikroorganismen?
- Welche Besonderheiten findet man in den stabilen RNAs hyperthermophiler Organismen?
- Welche Argumente gibt es für und gegen eine Entstehung des Lebens unter hyperthermophilen Bedingungen?

- Welche Anwendungsmöglichkeiten gibt es für Enzyme aus hyperthermophilen Mikroorganismen?
- Was versteht man unter „Verkleisterung"?

Literatur

Ahern TJ, Klibanov AM (1985) The mechanism of irreversible enzyme inactivation at 100 °C. Science 228:1280–1284

Argos P (1989) Engineering protein thermal stability. Sequence statistics point to residues substitutions in α-helices. J Mol Biol 206:397–406

Bertoldo C, Antranikian G (2001) Amylotic enzymes from hyperthermophiles. Meth Enzymol 330:269–289

Blöchl E, Rachel R, Burggraf S, Hafenbradl D, Jannasch HW, Stetter KO (1997) *Pyrolobus fumarii*, gen. and sp. nov. represents a novel group of archaea, extending the upper temperature for life to 113 degrees C. Extremophiles 1:14–21

Boussau B, Blanquart S, Nesculea A, Lartillo N, Gouy M (2008) Parallel adaptations to high temperatures in the Archaean eon. Nature 456:942–946

Bouzas TM, Barros-Velázquez J, Villa TG (2006) Industrial applications of hyperthermophilic enzymes: a review. Prot Pept Lett 13:645–651

Brochier C, Philippe H (2002) A non-hyperthermophilic ancestor for bacteria. Nature 417:244

Brochier-Armanet C, Forterre P (2006) Widespread distribution of archaeal reverse gyrase in thermophilic bacteria suggests a complex history of vertical inheritance and lateral gene transfers. Archaea 2:83–93

Brock TD (1967) Life at high temperatures. Science 158:1012–1019

Brock TD, Darland GK (1970) Limits of microbial existence: temperature and pH. Science 169:1316–1318

Brock TD (1978) Thermophilic microorganisms and life at high temperatures. Springer, Berlin

Cambillau C, Claverie J-M (2000) Structural and genomic correlates of hyperthermostability. J Biol Chem 275:32.383–32.386

Cary SC, Shank T, Stein J (1998) Worms bask in extreme temperatures. Nature 391:545–546

Corliss JB, Dymand J, Gordon LI, Edmond JM, von Herzen RP, Ballard RD et al (1979) Submarine thermal springs on the Galápagos rift. Science 203:1073–1083

Damsté JSS, Rijpstra WIC, Hopmans EC, Schouten S, Balk M, Stams AJM (2007) Structural characterization of diabolic acid-based tetraester, tetraether and mixed ether/ester, membrane-spanning lipids of bacteria from the order Thermotogales. Arch Microbiol 188:629–641

DeRosa M, Gambacorta A, Gliozzi (1986) Structure, biosynthesis and physicochemical properties of archaebacterial lipids. Microbiol Rev 50:70–80

De la Tour CB, Portemer C, Nadal M, Stetter KO, Forterre P, Duguet M (1990) Reverse gyrase, a hallmark of the hyperthermophilic archaebacteria. J Bacteriol 172:6803–6808

Driessen AJM, Albers S-V (2007) Membrane adaptations of (hyper)thermophiles to high temperatures. In: Gerday C, Glansdorff N (Hrsg) Physiology and biochemistry of extremophiles. ASM Press, Washington DC

Egorova K, Antranikian G (2005) Industrial relevance of thermophilic archaea. Curr Opin Microbiol 8:649–656

Feller G (2010) Protein stability and enzyme activity at extreme biological temperatures. J Phys: Condens Matter 22:323101

Fiala G, Stetter KO (1986) Pyrococcus furiosus sp. nov. represents a novel genus of marine heterotrophic archaebacteria growing optimally at 100 °C. Arch Microbiol 145:56–61

Galtier N, Tourasse N, Gouy M (1999) A nonhyperthermophilic common ancestor to extant life forms. Science 283:220–221

Gaucher EA, Govindarajan S, Ganesh OK (2008) Palaeotemperature trend for precambrian life inferred from resurrected proteins. Nature 451:704–708

Glyakina AV, Garbuzynskiy SO, Lobanov MY, Galzitskaya OV (2007) Different packing of external residues can explain differences in the thermostability of proteins from thermophilic and mesophilic organisms. Bioinformatics 23:2231–2238

Gold T (1992) The deep, hot biosphere. Proc Natl Acad Sci USA 89:6045–6049

Hensel R, König H (1988) Thermoadaptation of methanogenic bacteria by intracellular ion concentration. FEMS Microbiol Lett 49:75–79

Horwich AL, Fenton WA, Chapman E, Farr GW (2007) Two families of chaperonin: Physiology and mechanism. Ann Rev Cell Dev Biol 23:115–145

Huber R, Eder W, Heldwein S, Wanner G, Huber H, Rachel R, Stetter KO (1998) *Thermocrinis ruber* gen.nov., sp. nov., a pink-filament-forming hyperthermophilic bacterium isolated from Yellowstone National Park. Appl Environ Microbiol 64:3576–3583

Huber R, Stetter KO (1992) The order Themotogales. In: Balows A, Trüper HG, Dworkin M, Harders W, Schleifer K-H (Hrsg) The Prokaryotes, 2. Aufl. Springer, Berlin, S 3809–3815

Huber R, Wilharm T, Huber D, Trincone A, Burggraf S, König H, Reinhard R, Rockinger I, Fricke H, Stetter KO (1992) *Aquifex pyrophilus* gen. nov. sp. nov. represents a novel group of marine hyperthermophilic hydrogen-oxidizing bacteria. Syst Appl Microbiol 15:230–351

Hugenholtz P, Pitulle C, Hershberger KL, Pace NR (1998) Novel division level bacterial diversity in a Yellowstone hot spring. J Bacteriol 180:366–376

Islas S, Velasco AM, Becerra A, Delaye L, Lazcano (2007) Extremophiles and the origin of life. In: Gerday C, Glansdorff N (Hrsg) Physiology and biochemistry of extremophiles. ASM Press, Washington DC

Kagawa HK, Yaoi T, Brocchieri L, McMillan RA, Alton T, Trent JD (2003) The composition, structure and stability of a group II chaperonin are temperature regulated in a hyperthermophilic archaeon. Mol Microbiol 48:143–156

Kashefi K, Lovley DR (2003) Extending the upper temperature limit for life. Science 301:934

Kelley DC, Karson JA, Früh-Green GL, Yoerger DR, Shank TM, Butterfield DA et al (2005) A serpentinite-hosted ecosystem: the lost city hydrothermal field. Science 307:1428–1434

Koch R, Zablowski P, Spreinat A, Antranikian G (1990) Extremely thermostable amylotic enzyme from the archaebacterium *Pyrococcus furiosus*. FEMS Microbiol Lett 71:21–26

Kowalak JA, Dalluge JJ, McCloskey JA, Stetter KO (1994) The role of posttranscriptional modification in stabilization of transfer RNA from hyperthermophiles. Biochemistry 33:7869–7876

Kurr M, Huber R, König H, Jannasch HW, Fricke H, Trincone A, Kristjansson JK, Stetter KO (1991) Methanopyrus kandleri, gen. and sp. nov. represents a novel group of hyperthermophilic methanogens, growing at 110 °C. Arch Microbiol 156:239–247

Laksanalamai P, Whitehead TA, Robb FT (2004) Minimal protein-folding systems in hyperthermophilic archaea. Nature Rev Microbiol 2:316–323

Lopez-Garcia P (1999) DNA supercoiling and temperature adaptation: a clue to early diversification of life? J Mol Evol 49:439–452

Lulchev P, Klostermeier D (2014) Reverse gyrase- recent advances and current mechanistic understanding of positive DNA supercoiling. Nucleic Acids Res 42:8200–8213

Mamat B, Roth A, Grimm C, Ermler U, Tziatzios C, Schubert D, Thauer RK, Shima S (2002) Crystal structures and enzymatic properties of three formyltransferases from archaea: environmental adaptation and evolutionary relationship. Protein Sci 11:2168–2178

McCloskey JA, Graham DE, Zhou S, Crain PF, Ibba M, Konisky J, Söll D, Olsen GJ (2001) Posttranscriptional modifications and phylogenetic relations of nucleotides from mesophilic and hyperthermophilic Methanococcales. Nucleic Acids Res 29:4699–4706

Nelson KE, Clayton RA, Gill SR, Gwinn ML, Dodson RJ, Haft DH et al (1999) Evidence for lateral gene transfer between Archaea and Bacteria from genome sequence of *Thermotoga maritima*. Nature 399:323–329

Noon KR, Guymon R, Crain PF, McCloskey JA, Thomm M, Lim J, Cavicchioli R (2003) Influence of temperature on tRNA modification in archaea: Methanococcoides burtonii (optimum growth temperature [Topt], 23 °C) and Stetteria hydrogenophila ([Topt], 95 °C). J Bacteriol 185:5483–5490

Nugent PW, Shaw JA, Vollmer M (2015) Colors of thermal pools at Yellowstone National Park. Appl Optics 54:B128–B139

Oger PM (2015) Homeoviscous adaptation of membranes in Archaea. In: Akasaka K, Matsuki H (Hrsg) High pressure bioscience, subcellular biochemistry 72

Pappenberger G, Schurig H, Jaenicke R (1997) Disruption of an ionic network leads to accelerated thermal denaturation of D-glyceralaldehyde-3-phosphate dehydrogenase from the hyperthermophilic bacterium *Thermotoga maritima*. J Mol Biol 274:676–683

Peeters E, Driessen RPC, Werner F, Dame RT (2015) The interplay between nucleoid organization and transcription in archaeal genomes. Nature Rev Microbiol 13:333–341

Phipps BM, Hoffmann A, Stetter KO, Baumeister W (1991) A novel ATPase complex selectively accumulated upon heat shock is a major cellular component of thermophilic archaebacteria. EMBO J 10:1711–1722

Ravaux J, Hamel G, Zbinden M, Tasiemski AA, Boutet I, Léger N et al (2013) Thermal limit for Metazoan life in question: in vivo heat tolerance of the Pompeii worm. PLoS ONE 8:e64074

Robinson H, Gao Y-G, McCrary BS, Edmondson SP, Shriver JW, Wang AH-J (1998) The hyperthermophile chromosomal protein Sac7d sharply kinks DNA. Nature 392:202–205

Sandman K, Krzycki JA, Dobrinski B, Lurz R, Reeve JN (1990) Hmf, a DNA-binding protein isolated from the hyperthermophilic archaeon *Methanothermus fervidus*, is most closely related to histones. Proc Natl Acad Sci USA 87:5788–5791

Satyanarayana T, Littlechild J, Kawarabayasi (Hrsg) (2013) Thermophilic microbes in environmental and industrial biotechnology, 2. Aufl. Springer, Berlin

Segerer AH, Stetter KO (1992) The order Sulfolobales. In: Balows A, Trüper HG, Dworkin M, Harders W, Schleifer K-H (Hrsg) The Prokaryotes, 2. Aufl. Springer, Berlin, S 684–701

She Q, Singh RK, Confalonieri F, Zivanovic Y, Allard G, Awayez MJ (2001) The complete genome of crenarchaeon *Sulfolobus solfataricus* P2. Proc Natl Acad Sci USA 98:7835–7840

Slesarev AI, Mezhevaja KV, Makarova KS, Polushin NN, Shcherbinina OV, Shakhova VV et al (2002) The complete genome of hyperthermophile *Methanopyrus kandleri* AV19 and monophyly of archaeal methanogens. Proc Natl Acad Sci USA 99:4644–4649

Stetter KO (1982) Ultrathin mycelia-forming organisms from submarine volcanic areas having an optimum growth temperature of 105 °C. Nature 300:258–260

Stetter KO (1999) Extremophiles and their adaptation to hot environments. FEBS Lett 452:22–25

Stetter KO (2006) Hyperthermophiles in the history of life. Phil Trans R Soc B 361:1837–1843

Stetter KO, Huber R, Blöchl E, Kurr M, Eden RD, Fielder M, Cash H, Vance I (1993) Hyperthermophilic archaea are thriving in deep North Sea and Alaskan oil reservoirs. Nature 365:743–745

Suhre K, Claverie J-M (2003) Genomic correlates of hyperthermostability, an update. J Biol Chem 278:17198–17202

Takai K, Nakamura K, Toki T, Tsunogai U, Miyazaki M, Miyazaki J et al (2008) Cell proliferation at 122 °C and isotopically heavy CH_4 production by a hyperthermophilic methanogen under high-pressure cultivation. Proc Natl Acad Sci USA 105:10.949–10.954

Vielle C, Zeikus GJ (2001) Hyperthermophilic enzymes: sources, uses, and molecular mechanisms for thermostability. Microbiol Mol Biol Rev 65:1–43

Visone V, Vettone A, Serpe M, Valenti A, Perugino G, Rossi M, Ciamarella M (2014) Chromatin structure and dynamics in hot environments: architectural proteins and DNA topoisomerases of thermophilic Archaea. Int J Mol Sci 15:17.162–17.187

White RH (1984) Hydrolytic stability of biomolecules at high temperatures and its implication for life at 250 °C. Nature 310:430–432

Woese CR, Kandler O, Wheelis ML (1990) Towards a natural system of organisms: proposal for the domains Archaea, Bacteria, and Eukarya. Proc Natl Acad Sci USA 87:4576–4579

Zeldovich KB, Berezovsky IN, Shakhnovich EI (2007) Protein and DNA sequence determinants of thermophilic adaptation. PLoS Comp Biol 3:62–72

Zhao H, Arnold FH (1999) Directed evolution converts subtilisin E into a functional equivalent of thermitase. Protein Eng 12:47–53

Psychrophile

© Springer-Verlag GmbH Deutschland 2017
A. Stolz, *Extremophile Mikroorganismen*,
https://doi.org/10.1007/978-3-662-55595-8_3

3

3.1 Vorkommen kalter Lebensräume

Kalte Lebensräume sind im Gegensatz zu heißen und extrem heißen Biotopen auf der Erde weit verbreitet. So ist die Erdoberfläche zu rund 70 % von Wasser bedeckt und ca. 90 % des Wasservolumens weisen Temperaturen unter 5 °C auf. Hierbei sinkt die Wassertemperatur in den Tiefenwassern der Polarregionen bis auf −2 °C ab. Außerdem bedecken Arktis und Antarktis etwa 15 % der Erdoberfläche und 5 % des Festlands bestehen aus montanen Regionen.

Die am weitesten verbreiteten Lebensräume für an Kälte angepasste Organismen stellen die offenen Ozeane dar. In arktischen und antarktischen Bereichen frieren diese Ozeane zeitweise zu und bilden sogenanntes Meereis. Bei der Bildung des Meereises bleibt beim Gefrieren des Wassers eine aufkonzentrierte flüssige „Sole" zurück, die „Kanäle" und Einschlüsse zwischen den Eispartikeln ausbildet. Diese flüssige Phase kann gegenüber dem Meerwasser eine mehr als dreifach erhöhte Salzkonzentration aufweisen. Die vom Sonnenlicht durchdrungenen oberen Bereiche dieses Meereises dienen in den arktischen bzw. antarktischen Sommern photosynthetischen Mikroorganismen als Lebensraum (◘ Abb. 3.1).

In der Antarktis findet man auch extrem kalte, hochgradig salzhaltige Seen (z. B. den Lake Vida oder den Deep Lake), in denen das flüssige (Salz-)Wasser Temperaturen von bis zu −20 °C aufweisen kann.

Für längere Zeit gefrorenes Süßwasser findet man in Form von Gletschereis im Hochgebirge und stellenweise in mehreren Kilometer dicken Lagen in den Gletschern Grönlands und der Antarktis. Auch hier lassen sich stellenweise mit bloßem Auge Spuren mikrobiellen Lebens finden (◘ Abb. 3.2).

Unter dem Gletschereis der Antarktis hat man in den letzten Jahrzehnten eine Reihe von extrem kalten Süßwasserseen gefunden. Der bekannteste dieser Seen ist der Wostoksee (Lake Vostok), der sich in der Nähe der russischen Antarktisstation Wostok befindet. Dieser riesige See (es handelt sich um den siebtgrößten Süßwassersee der Erde mit einer Ausdehnung von rund 15.000 km^2 und einer Tiefe von bis zu 900 m) befindet sich unter einer mehr als 4 km dicken Eisschicht. Wahrscheinlich ist dieser See seit ca. 15 Mio. Jahren von einer Eisschicht bedeckt und war hierdurch weitgehend von der Umwelt abgeschirmt (◘ Abb. 3.3).

In den letzten Jahren wurde der Wostoksee durch eine Bohrung (partiell) erschlossen. Hierbei wurde zunächst von der russischen Forschungsstation im Rahmen von

a

b

◘ **Abb. 3.1**   Durch Mikroorganismen verursachte Verfärbungen im Meereis. **a** Bohrkern (NOAA/PMEL), **b** Umgedrehte Treibeisscholle. (© Springer)

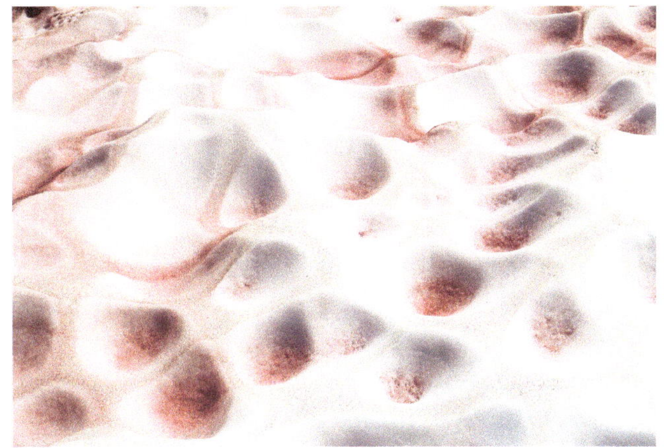

◘ Abb. 3.2   Durch Schneealgen verfärbte Schneereste in der Antarktis. (© MichalRenee/Getty Images/iStock)

◘ Abb. 3.3   Lage des Wostoksees **a** unter dem Eis der Antarktis, **b** Lokalisation des Sees durch ein Radarbild. (© NASA)

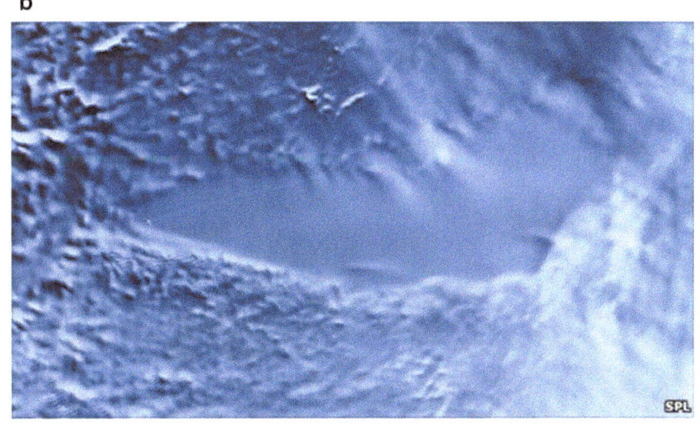

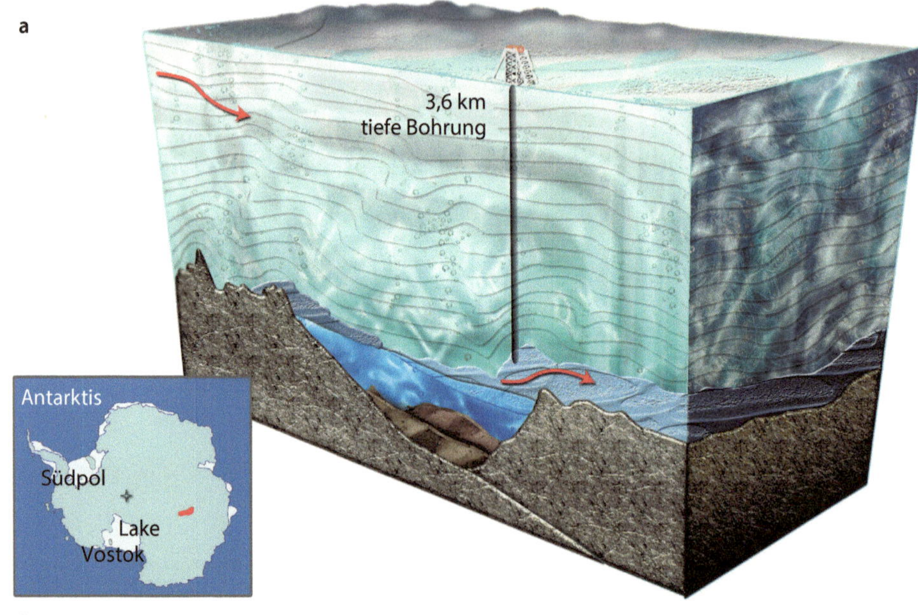

Abb. 3.4 **a** Schematische Darstellung der Bohrung durch den Eispanzer oberhalb des Wostoksees (nach Nicolle Rager-Fuller/NSF) mit den erhaltenen Bohrkernen **b** (mit Erlaubnis von Macmillan Publishers Ltd: Nature). (Gavaghan 2002)

Klimauntersuchungen eine ca. 3,6 km tiefe Bohrung durch den Gletscher vorangetrieben. Nachdem die Gefahr einer Kontamination des tiefer liegenden Sees realisiert worden war, wurde diese Bohrung im Jahre 1998 zunächst angehalten (Abb. 3.4).

Die Bohrungen wurden dann im Jahre 2011 wieder aufgenommen und der See im Jahre 2012 erstmals angebohrt.

Nach der Entdeckung des Wostoksees glaubte man zunächst, dass es sich hierbei um einen singulären, von der Umgebung weitgehend abgeschlossenen See handele. In den vergangenen Jahren hat sich jedoch gezeigt, dass es eine größere Anzahl von (allerdings kleineren) Seen unterhalb des antarktischen Eispanzers gibt. Des Weiteren stellte man fest, dass es offenbar auch Abflüsse gibt, die zumindest einige dieser Seen mit dem Meer verbinden (Abb. 3.5).

Neben den zuvor beschriebenen kalten wässrigen (und eisigen) Lebensräumen gibt es auch großflächige terrestrische Bereiche, die dauerhaft kalt sind. Hierbei sind insbesondere die sogenannten Permafrostböden von Interesse, die sich weiträumig in Sibirien, Grönland, Kanada und Alaska und in der Antarktis finden. Diese Permafrostböden

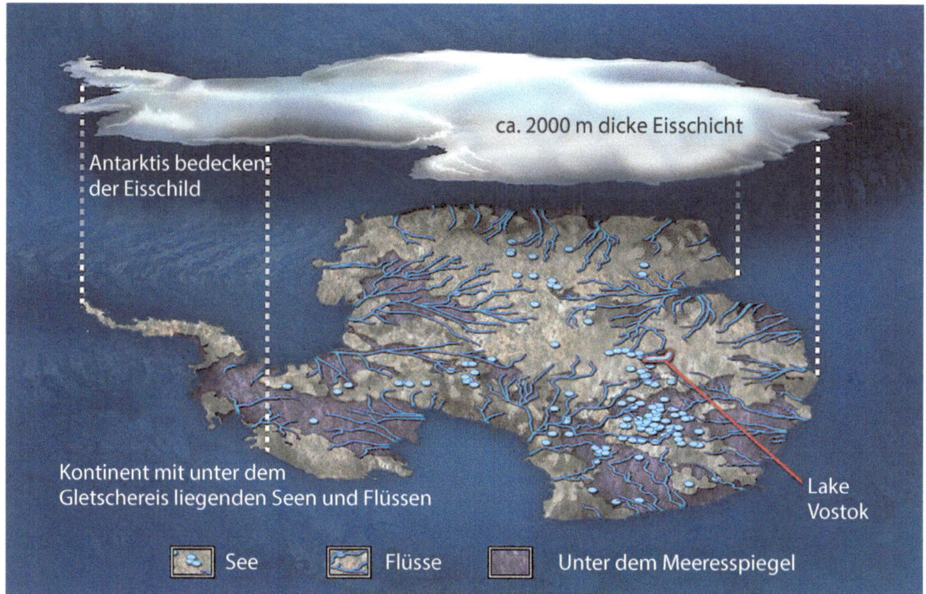

Abb. 3.5 Der Wostoksee als Bestandteil eines unter dem Eispanzer der Antarktis liegenden Seesystems. (Nach Zina Deretzky/NSF)

bedecken etwa 20 % der Landfläche der Erde und erstrecken sich stellenweise bis in 1000 m Tiefe (**□** Abb. 3.6).

Die Durchschnittstemperatur dieser Böden beträgt auf der Nordhalbkugel ca. −10 °C, in der Antarktis ca. −18 °C. Man nimmt an, dass viele dieser Böden seit 3–10 Mio. Jahren permanent gefroren sind. In einigen Permafrostböden (insbesondere in Sibirien) wurde flüssiges salzreiches Wasser gefunden (sogenannte Kryopegs, engl. *cryopegs*).

Einen weiteren extrem kalten Lebensraum stellen schneefreie felsbedeckte Gebiete in der Antarktis dar (z. B. das McMurdo-Trockental). Hier schwankt die Lufttemperatur im Winter zwischen −20 und −50 °C und liegt auch im Sommer meist nur bei −15 °C. Allerdings können sich die Gesteinsoberflächen kurzzeitig bis auf etwa 15 °C erwärmen. Außerdem treten im Sommer starke Temperaturschwankungen und extreme UV-Einstrahlungen auf. Weiterhin sind diese Gebiete extrem trocken, da sie jährlich weniger als 100 mm Wassereintrag erhalten, der primär als Schnee fällt und größtenteils wieder weggeweht wird oder sublimiert. Aufgrund dieser extremen Umweltbedingungen wird das McMurdo-Tal vielfach als terrestrisches Modell für die Verhältnisse auf dem Mars betrachtet (▶ Kap. 9).

3.2 Psychrophile Mikroorganismen

Kälte liebende Mikroorganismen werden in der wissenschaftlichen Literatur als psychrophil oder kryophil bezeichnet. Ursprünglich wurden alle Organismen, die noch bei Temperaturen von unter 5 °C zu wachsen vermögen, als psychrophil angesprochen. In den letzten Jahren hat sich eine etwas differenziertere Nomenklatur durchgesetzt und es werden nur Organismen als psychrophil eingeordnet, deren Wachstumsoptimum unter 15 °C und deren Wachstumsmaximum bei unter 20 °C liegt (**□** Tab. 2.1). Bei

3

◘ Abb. 3.6   Permafrostböden in der Arktis. (Aus Gilichinsky 2002 © Springer)

Temperaturen oberhalb ihres Temperaturmaximums werden diese Organismen vielfach schnell abgetötet, sodass man spezielle Vorkehrungen (z. B. Arbeiten in Kältekammern mit gekühlten Lösungen und Apparaturen) treffen muss, um ein reproduzierbares Wachstum der Organismen zu ermöglichen. Organismen mit der Fähigkeit, bei Temperaturen unter 5 °C zu wachsen, deren Wachstumsoptimum aber bei Temperaturen über 20 °C liegt, werden heutzutage meist als psychrotroph bezeichnet.

3.2.1 Mikrobiologische Untersuchungen in aquatischen Systemen

Wie Analysen der Primärproduzenten im Meereis gezeigt haben, spielen hier eukaryotische Organismen, insbesondere Diatomeen (z. B. *Fragilariopsis cylindrus*, *Nitzschia frigida*, *Melosira arctica*), Dinoflagellaten und Grünalgen eine wichtige Rolle. Auch für die Ausbildung des „Blutschnees" (◘ Abb. 3.2) sind primär eukaryotische Algen (häufig *Chlamydomonas nivalis*) verantwortlich (◘ Abb. 3.7). Dies deutet darauf hin, dass in

a

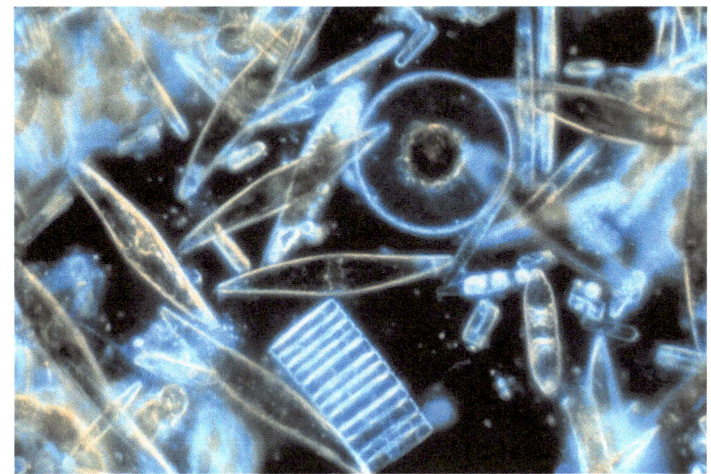

b

c

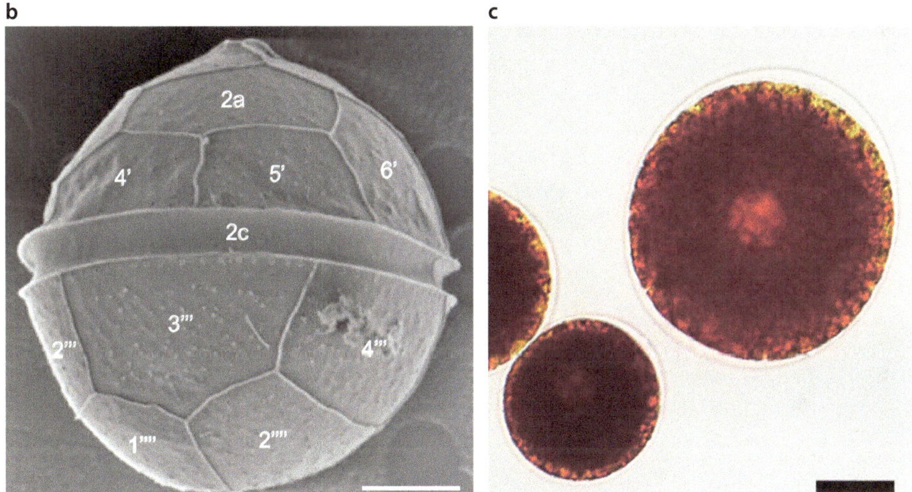

◘ Abb. 3.7   Typische eukaryotische Mikroorganismen aus Meereis und Gletscherschnee. **a** Meereis-Diatomeen (Gordon T. Taylor/NSF), **b** Dinoflagellat *Islandinium minutum* (im Rasterelektronenmikroskop, Balken 10 μm; aus Potvin et al. 2013, mit Genehmigung von John Wiley and Sons), **c** Schneealge (*Chlainomonas* sp.). (Im Lichtmikroskop, Balken 10 μm © FEMS 2016 Remias et al. (CC-BY 4.0))

kalten Lebensräumen (im Gegensatz zur Situation in heißen Lebensräumen) eukaryotische Mikroorganismen durchaus konkurrenzfähig sind.

In Bohrkernen aus Meereis finden sich auch vielfältige heterotrophe Bakterien. Hierbei handelt es sich insbesondere um verschiedene Proteobacteria, Firmicutes (Gram-positiv Bakterien) oder Mitglieder des Phylums Bacteroidetes (z. B. aus den Gattungen *Polaribacter, Psychroflexus* und *Flavobacterium*). Diese Gruppen sind typische marine Mikroorganismen, die zumeist eher psychotroph sind. Allerdings gibt es z. B. unter den γ-Proteobacteria einige Gattungen, die viele (oder sogar ausschließlich) psychrophile Vertreter umfassen (z. B. die Gattungen *Colwellia* und *Psychrobacter*). Zu der Gattung *Colwellia* gehört auch eines der am intensivsten untersuchten psychrophilen Bakterien – *Colwellia psychrerythraea* 34H.

Das Wachstumsoptimum dieses Stammes liegt bei 8 °C. In Kultur lassen sich mit diesem Stamm die höchsten Zellausbeuten bei −1 °C erzielen.

Die mikrobiologische Analysen der hoch salinen antarktischen Seen haben gezeigt, dass in dem nicht von Eis bedeckten und daher weitgehend aeroben Deep Lake eine extrem artenarme, von halophilen Archaeen dominierte Lebensgemeinschaft anzutreffen ist. Dagegen wurde in dem dauerhaft von Eis bedecktem anoxischen Lake Vida ein primär aus Bacteria (u. a. Proteobacteria, Firmicutes, Spirochaeta, Actinobacteria) bestehendes Ökosystem nachgewiesen.

Eine mikrobielle Analyse einer Wasserprobe aus dem Wostoksee ist derzeit noch nicht verfügbar. Allerdings wurde ein Bohrkern aus dem Gletschereis in ca. 3600 m Tiefe untersucht, von dem man annimmt, dass er aus gefrorenem Seewasser besteht (vgl. ◘ Abb. 3.4). Die mikrobielle Analyse zeigte, dass in der Probe lebensfähige Bakterien in einer Dichte von etwa 100 bis 1000 Zellen pro Milliliter vorhanden waren. Die isolierten Bakterien gehörten primär zu den α- und β-Proteobacteria sowie den Actinobacteria.

Kürzlich wurde erstmals eine direkte Analyse einer Wasserprobe aus einem unter dem Eisschild der Antarktis liegenden Süßwassersee beschrieben. Hierbei handelt es sich um den Subglacial Lake Whillans, der in der Westantarktis unter einer rund 800 m dicken Eisschicht liegt. Die mittlere Wassertemperatur in dem See beträgt ca. −0,5 °C und es wurden durchschnittlich $1,3 \times 10^5$ Zellen pro Milliliter Wasser gefunden. Die erhaltenen 16S-rDNA-Sequenzen ließen auf eine diverse Mikroflora schließen, in der β-Proteobacteria, Actinobacteria, Bacteriodetes und Verrumicrobia dominieren. Wahrscheinlich beruht die Primärproduktion in diesem See auf chemolithoautotrophen Stoffwechselwegen, die reduzierte Stickstoff-, Eisen- und Schwefelverbindungen als Energiequelle nutzen.

3.2.2 Mikrobiologische Untersuchungen an Permafrostböden

Überraschenderweise lassen sich in Permafrostböden zahlreiche Spuren mikrobiellen Lebens nachweisen: Aus diesen Böden können reproduzierbar lebensfähige aerobe und anaerobe Mikroorganismen isoliert werden (◘ Abb. 3.8). Bei direkter Zellzählung finden sich vielfach Zelldichten von 10^5 bis 10^8 Zellen pro Gramm Boden, allerdings sind hiervon meist nur weniger als 1 % zur Koloniebildung befähigt. Die kultivierbaren aeroben Bakterien setzen sich primär aus (γ-)Proteobacteria, Actinobacteria und Firmicutes zusammen. Erstaunlicherweise wurden auch lebensfähige Cyanobakterien gefunden. (Sibirische) Permafrostböden enthalten außerdem bis in große Tiefen lebensfähige methanogene Archaeen (ca. 10^7 Zellen/g Boden). Wie kürzlich veröffentlichte molekularökologische Untersuchungen gezeigt haben, sind neben den zuvor aufgeführten Phyla offenbar auch noch Vertreter der Phyla Chloroflexi und Acidobacteria in signifikanten Mengen in Permafrostböden vorhanden.

Im Hinblick auf das langfristige Bestehen vieler Permafrostböden (► Abschn. 3.1) wurde postuliert, dass es sich bei den aus diesen Böden isolierten Mikroorganismen um die ältesten lebensfähigen Lebewesen handeln könnte. Allerdings gerät diese Aussage durch das vielfach beobachtete Vorhandensein flüssigen Wassers (z. B. in Form von Kryopegs) in Zweifel, da in Gegenwart von flüssigem Wasser nicht auszuschließen ist, dass sich die gefundenen lebensfähigen Zellen in dem Zeitraum seit der Entstehung der Permafrostböden vermehren konnten.

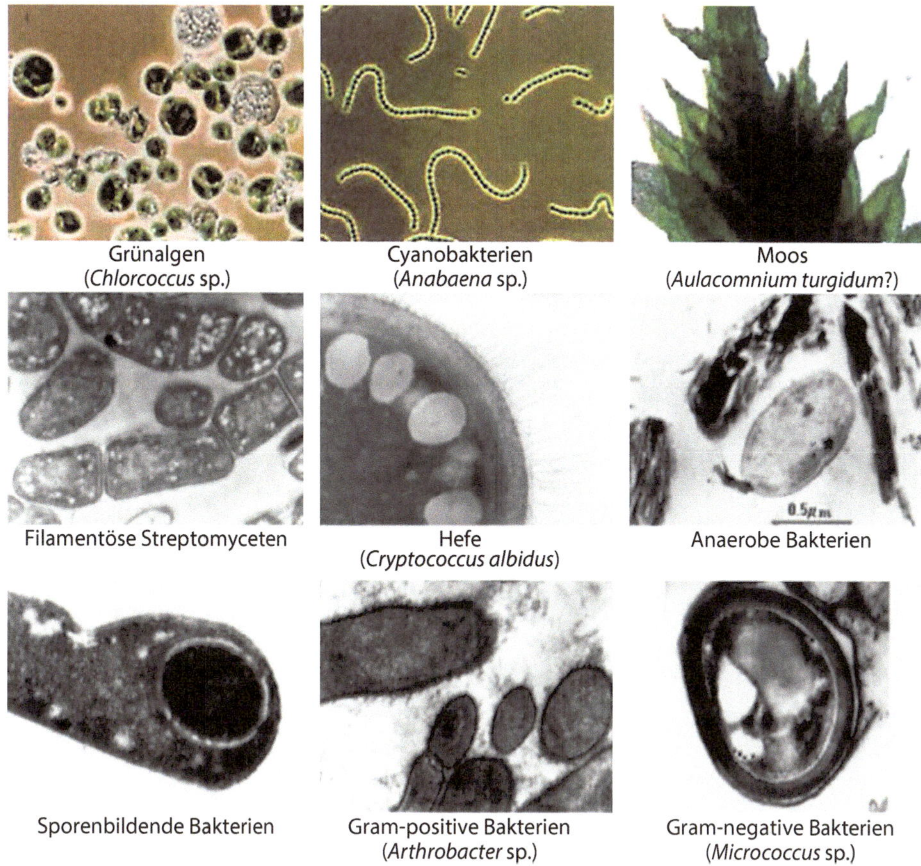

Grünalgen
(*Chlorococcus* sp.)

Cyanobakterien
(*Anabaena* sp.)

Moos
(*Aulacomnium turgidum?*)

Filamentöse Streptomyceten

Hefe
(*Cryptococcus albidus*)

Anaerobe Bakterien

Sporenbildende Bakterien

Gram-positive Bakterien
(*Arthrobacter* sp.)

Gram-negative Bakterien
(*Micrococcus* sp.)

▣ Abb. 3.8   Biodiversität in Permafrostböden. (Aus Gilichinsky 2002 © Springer)

3.2.3 Mikrobielles Leben in den Trockentälern der Antarktis

In den McMurdo-Trockentälern sind mit bloßem Auge keine Lebenszeichen festzustellen. Betrachtet man jedoch an geeigneten Standorten das Innere der Gesteine, so sind Spuren mikrobiellen Lebens zu entdecken. Diese kryptoendolithischen (also „im Fels verborgenen") Lebensgemeinschaften bestehen aus Grünalgen oder Cyanobakterien und Pilzen (▣ Abb. 3.9). Diese Organismen scheinen vielfach in einer symbiontischen Verbindung zu stehen und ähneln in ihrer Lebensweise Flechten. Wahrscheinlich handelt es sich hierbei um die am langsamsten wachsenden Lebensgemeinschaften auf der Erde.

In diesen Lebensgemeinschaften findet man häufig Cyanobakterien aus der Gattung *Chroococcidiopsis,* die in der Lage sind, unter lichtdurchlässigen Kieseln Photosynthese zu betreiben (▣ Abb. 3.10). Diese *Chroococcidiopsis*-Stämme zeichnen sich durch eine außergewöhnliche Toleranz gegenüber Austrocknung und Strahlung aus und dienen vielfach als Modellorganismen für die Überlebensfähigkeit von Mikroorganismen im Weltall (▶ Kap. 9).

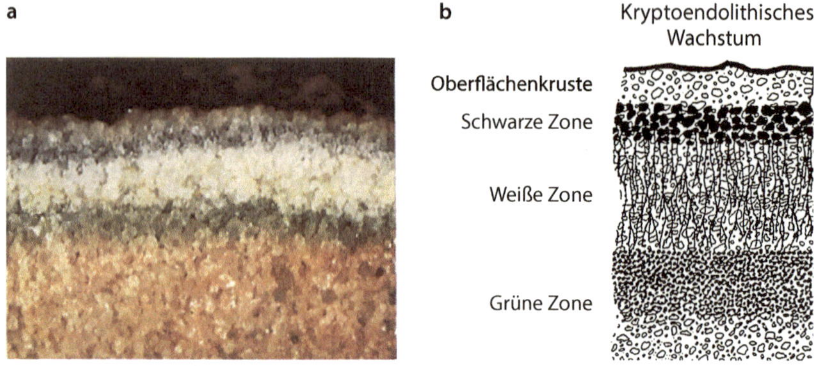

◘ **Abb. 3.9**   Kryptoendolithische Lebensgemeinschaften im Gestein antarktischer Kältewüsten. **a** Querschnitt durch die Oberfläche eines besiedelten Sandsteins (Aus Microbial Ecology, Nienow et al. 1988, mit Erlaubnis von Springer); **b** Schematische Darstellung der Organisation der Lebensgemeinschaft

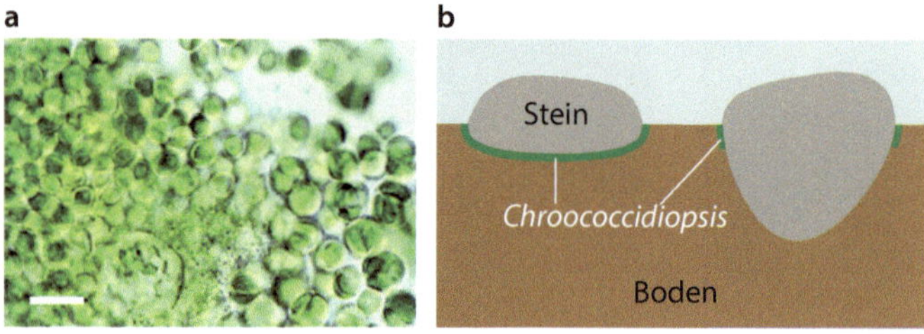

◘ **Abb. 3.10**   **a** Lichtmikroskopische Ansicht von Chroococcidiopsis sp. und **b** typische Wachstumsorte. (© NASA)

3.2.4 Gibt es eine Tiefsttemperatur für mikrobielles Leben?

Auch für die kälteliebenden Mikroorganismen stellt sich die Frage nach den Grenzen des Lebens. In diesem Zusammenhang wurden zunächst Laborexperimente durchgeführt, in denen artifiziell durch die Zugabe von Glycerin flüssige wässrige Phasen bei Temperaturen von unter 0 °C generiert wurden. Auf diese Weise konnte man zunächst für verschiedene *Bacillus*-Stämme ein Wachstum bei −5 °C und in späteren Untersuchungen für den aus Meereis erhaltenen Stamm *Psychromonas ingrahamii* ein Wachstum bei −12 °C nachweisen (◘ Abb. 3.11).

Mikrobielles Wachstum bei Temperaturen von unter 0 °C ist aber auch in weniger artifiziellen Systemen möglich. Dies wurde insbesondere durch das Studium der Kryopegs in Permafrostböden (s. o.) deutlich. So wurde ein *Psychrobacter*-Stamm aus einem Permafrostboden isoliert, der in einem Komplexmedium mit 10 % NaCl bei −10 °C zu wachsen vermag (◘ Abb. 3.12).

Für ein anderes Isolat aus einem Permafrostboden, *Planococcus halocryophilus* Or1, wurde sogar ein Wachstum bei −15 °C gezeigt. Die Beispiele zeigen, dass bei Temperaturen von −10 bis −15 °C zweifelsfrei bakterielles Wachstum stattfindet. Allerdings zeigen die Mikroorganismen extrem lange Verdoppelungszeiten von zehn bis 40 Tagen. Es stellt

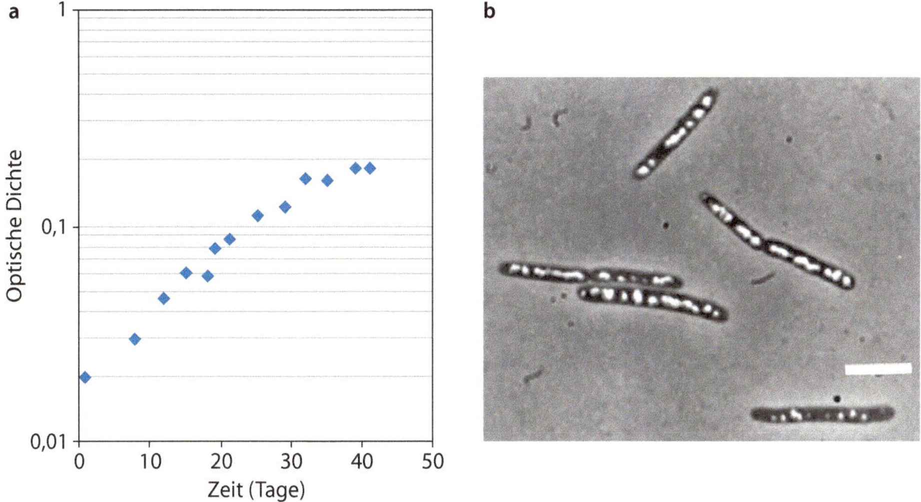

▣ Abb. 3.11 *Psychromonas ingrahamii.* **a** Wachstum in einem Glycerin enthaltenden Komplexmedium bei −12°C, **b** Lichtmikroskopische Aufnahme (Phasenkontrast), die hellen Strukturen sind Gasvakuolen, Balkenlänge 5 μm

▣ Abb. 3.12 Wachstum eines mikrobiellen Isolats („*Psychrobacter*-Isolat 5") aus sibirischen Permafrostböden bei −10 °C in einem verdünnten Komplexmedium (R2A) mit 10 % NaCl. Der Nachweis des bakteriellen Wachstums erfolgte über die Zunahme der optischen Dichte bei 600 nm (blaue Linie) und der Anzahl der gebildeten Kolonien auf einem festen Medium (rote Linie). (Nach Bakermans et al. 2003 mit Genehmigung von John Wiley and Sons)

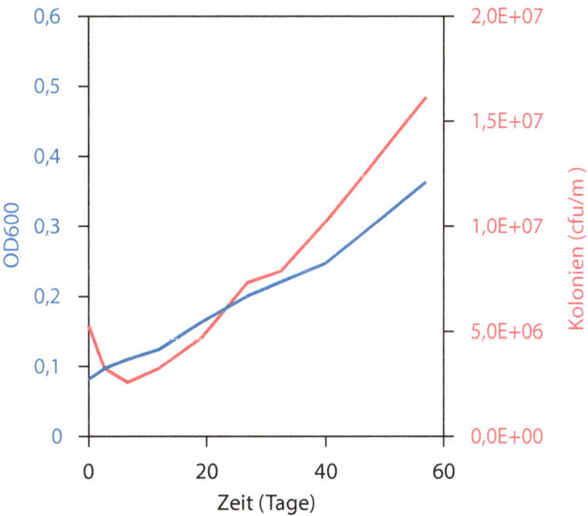

sich also die Frage, ob es eine Tiefsttemperatur des mikrobiellen Wachstums (oder Überlebens) gibt. In neueren Arbeiten wurden in verschiedenen Permafrostböden noch Spuren mikrobieller Stoffwechselprozesse bei Temperaturen niedriger als −30 °C beobachtet. Dies könnte möglicherweise mit der aus der Bodenkunde bekannten Beobachtung zusammenhängen, dass auch bei sehr tiefen Temperaturen das Wasser in der direkten Umgebung der Bodenpartikel keine echten Eisstrukturen ausbildet, sondern weiter beweglich („flüssig") bleibt. So wurde z. B. im Rahmen von experimentellen Arbeiten und auch durch Simulationen gezeigt, dass in bestimmten (feinkörnigen) Böden auch bei −10 °C noch ca. 2 % des

Wassers nicht gefroren vorliegen. Dies entspricht einem Film von weniger als 1 nm Dicke an nicht-gefrorenem Wasser um die Bodenpartikel. Es erscheint daher möglich, dass es letztlich keine wirkliche Temperatur-Untergrenze des Lebens gibt so lange noch Restspuren flüssigen Wassers vorhanden sind.

Das Vorkommen von flüssigem Wasser bei tiefen Temperaturen korreliert sowohl in aquatischen (z. B. im Meereis) als auch in terrestrischen (z. B. Permafrostböden) Lebensräumen mit einer Aufkonzentrierung gelöster Stoffe in dem verbleibenden Restwasser. Daher sind psychrophile Organismen in den meisten Fällen zumindest halotolerant.

3.3 Anpassungsmechanismen psychrophiler Mikroorganismen an ihre Lebensräume

Durch das Abkühlen einer Zelle werden verschiedene Zellfunktionen beeinträchtigt. So kommt es zu einer generellen Verringerung der metabolischen Umsatzraten, zur Verminderung der Membranflexibilität, zu einer Stabilisierung von Sekundärstrukturen in Nucleinsäuren, einer Erhöhung der negativen Überspiralisierung der DNA und der falschen Faltung von Proteinen. Außerdem kann die Bildung von Eiskristallen innerhalb und außerhalb der Zellen zu letalen Schädigungen der Zellmembranen führen.

3.3.1 Anpassung von Enzymen an tiefe Temperaturen

Die Temperaturoptima und Temperaturmaxima von Enzymen aus psychrophilen Mikroorganismen liegen vielfach bei tieferen Temperaturen als die isofunktioneller Enzyme aus mesophilen Organismen. Allerdings liegen die Temperaturoptima von Enzymen aus psychrophilen Organismen häufig im Bereich oberhalb von 20 °C und damit über den Temperaturoptima der jeweiligen Organismen (siehe ◘ Abb. 2.10).

Bei vergleichenden Strukturuntersuchungen an Enzymen aus thermophilen, mesophilen und psychrophilen Mikroorganismen zeigt sich eine deutliche Tendenz zu einer höheren Flexibilität kälteaktiver Enzyme. Diese erhöhte Beweglichkeit kann durch unterschiedliche Mechanismen erreicht werden. So zeichnen sich Proteine aus psychrophilen Organismen vielfach durch eine lockerere Packung der Aminosäuren im Inneren der Proteine und eine erhöhte Tendenz zur Ausbildung von Loop-Strukturen an den Enzymoberflächen aus. Des Weiteren werden in kälteadaptierten Enzymen im Allgemeinen auch weniger Wasserstoffbrücken und Ionenpaare zwischen Aminosäureresten gefunden (◘ Abb. 3.13).

In der Literatur finden sich Hinweise, dass für das Wachstum bei tiefen Temperaturen möglicherweise auch die Funktionsfähigkeit von Chaperon-Systemen bei tiefen Temperaturen von großer Bedeutung ist. Dies könnte man dahin gehend interpretieren, dass es bei tiefen Temperaturen vermehrt zur Falschfaltung von Proteinen kommt, die dann durch spezifisch an die Kälte adaptierte Chaperone (z. B. GroEL/GroES) korrigiert werden müssen.

3.3.2 Veränderungen der Membranstruktur bei tiefen Temperaturen

Die meisten Mikroorganismen reagieren auf eine Absenkung ihrer Kultivierungstemperaturen mit einer Veränderung der Zusammensetzung ihrer Membranen. In diesem

◘ Abb. 3.13 Typische Modifikationen von Proteinen aus psychrophilen Mikroorganismen. (Nach De Maayer et al. 2014, mit Genehmigung von John Wiley and Sons)

Zusammenhang wird vielfach der Begriff der „Homofluidität" gebraucht. Hierunter versteht man das (angenommene) Bestreben der Organismen, bei verschiedenen Wachstumstemperaturen eine ähnliche Flexibilität (und Durchlässigkeit) der Membranen zu erreichen. Bakerienzellen können auf verschiedenen Wegen die Flexibilität ihrer Membranen erhöhen. Den stärksten Effekt zeigt hierbei wahrscheinlich die Einführung von Doppelbindungen in die Acylseitenketten der Membranlipide. Allerdings können die meisten Bakterien nur einfach ungesättigte Fettsäuren synthetisieren. Auffälligerweise findet man jedoch insbesondere unter den psychrophilen und psychrotrophen Bakterien (primär bei den γ-Proteobacteria und Bacteroidetes) einige Arten, die auch mehrfach ungesättigte Fettsäuren (PUFAs, engl. *polyunsaturated fatty acids*) in ihre Membranen einbauen können. Hierbei werden von verschiedenen Arten Eicosapentaensäure (20:5 ω-3) (EPA), Docosahexaensäure (22:6 ω-3) (DHA) oder auch Arachidonsäure gebildet (◘ Abb. 3.14). Bei dieser Fähigkeit könnte es sich also um einen spezifischen Anpassungsmechanismus an das Leben unter kalten Bedingungen handeln. Neben der Einführung von Doppelbindungen kann die Membranfluidität auch durch den verstärkten Einbau kurzkettiger Fettsäuren in die Membranen erhöht werden. Des Weiteren kann die Membranfluidität auch durch den Einbau von iso-verzweigten (also eine Methylgruppe am „vorletzten" Kohlenstoffatom der Hauptkette tragenden) oder anteiso-verzweigten (also an der „drittletzten" Position methylierten) Fettsäuren beeinflusst werden (◘ Abb. 3.14).

Im Hinblick auf das Konzept der Homofluidität der Membranen ist zudem noch zu berücksichtigen, dass Mikroorganismen auch sehr schnellen Temperaturänderungen unterworfen sein können (z. B. wenn Darmbewohner den Darm verlassen). Unter diesen

Name	Struktur	Typ
Palmitinsäure		Gesättigt, unverzweigt
Stearinsäure		Gesättigt, unverzweigt
Palmitoleinsäure (cis-9-Hexadecensäure)		Einfach ungesättigt
Ölsäure (cis-9-Octadecensäure)		Einfach ungesättigt
Iso-Pentadecansäure		Iso-verzweigt
Anteiso-Pentadecansäure		Anteiso-verzweigt
Arachidonsäure (20:4 ω-6)		Mehrfach ungesättigt
Eicosapentaensäure (EPA) (20:5 ω-3)		Mehrfach ungesättigt
Docosahexaensäure (DHA) (22:6 ω-3)		Mehrfach ungesättigt

Abb. 3.14 Strukturen verschiedener biologisch relevanter gesättigter und ungesättigter Fettsäuren

Bedingungen kommt wahrscheinlich in den meisten Fällen der Einführung von Doppelbindungen durch Desaturasen eine entscheidende Bedeutung zu, da diese Enzyme auch bereits in die Membranen eingebaute Lipide modifizieren können. Dagegen spielen die anderen die Membranfluidität verändernden Prozesse primär bei der Neusynthese von Membranbestandteilen eine Rolle.

3.3.3 Kälteschock-Reaktion

Bei einer plötzlichen Abkühlung von Mikroorganismen kommt es (analog zur in ▶ Abschn. 2.3.1.2 beschriebenen Hitzeschock-Reaktion) zu einer Kälteschock-Reaktion. So bilden z. B. wachsende Zellen von *E. coli* nach einer plötzlichen Abkühlung von 37 °C auf 10 °C verstärkt (drei- bis 300-fach) 13 Proteine. Diese Proteine werden als Kälteschock-Proteine (Csp, *cold shock proteins*) bezeichnet und können unter Kälteschock-Bedingungen mehr als 10 % der neu gebildeten Proteine ausmachen. Die Synthese dieser Kälteschock-Proteine wird vielfach posttranskriptional auf der Stufe der mRNAs reguliert. So ist beispielsweise die mRNA, die für das mengenmäßig wichtigste Kälteschock-Protein von *E. coli* codiert (CspA), bei 10 °C nachweislich deutlich stabiler als bei 37 °C.

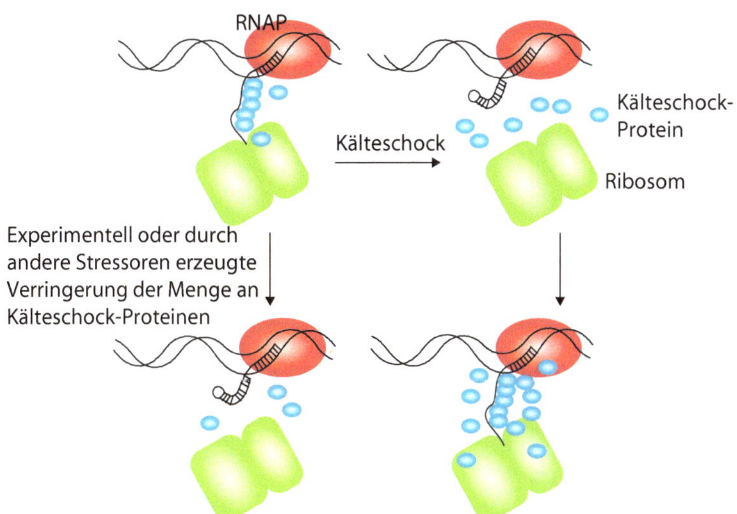

◧ Abb. 3.15   Vorgeschlagener Mechanismus für die Funktion von Kälteschock-Proteinen als „RNA-Chaperone". (Nach Trends in Biochemical Sciences, Graumann und Marahiel 1998, mit freundlicher Erlaubnis von Elsevier)

Die Fähigkeit dieser mRNA, als „Thermometer" zu dienen, hängt mit dem Vorhandensein eines langen, nicht translatierten Bereichs am 5′-Ende (5′-UTR, 5′-*untranslated region*) zusammen. Dieser Teil der mRNA bildet offenbar in Abhängigkeit von der Temperatur unterschiedliche Sekundärstrukturen aus, die dann die Stabilität der mRNA und Translation der codierenden Sequenz beeinflussen können.

Die exakte Funktion vieler Kälteschock-Proteine ist noch nicht abschließend geklärt. In vielen Aminosäuresequenzen von Kälteschock-Proteinen wurden aber Sequenzmotive gefunden, die eine Bindung an Nucleinsäuren ermöglichen. Daher wurde postuliert, dass (zumindest einige) Kälteschock-Proteine als „RNA-Chaperone" wirken, die einer erhöhten Tendenz von RNA-Molekülen zur Ausbildung von Sekundärstrukturen bei tiefen Temperaturen entgegenwirken (◧ Abb. 3.15). Hierdurch können die Kälteschock-Proteine dann die Transkription und Translation bei tiefen Temperaturen fördern.

3.3.4 Proteine mit der Fähigkeit, die Eisbildung zu beeinflussen

Die Abkühlung lebender Zellen auf Temperaturen unterhalb des Gefrierpunkts kann zu letalen Schädigungen der Zellen führen. Hierbei ist wahrscheinlich insbesondere die Bildung großer Eiskristalle innerhalb der Zellen problematisch, da diese die Zellstruktur zerstören können. Bildung und Größe von Eiskristallen innerhalb und außerhalb mikrobieller Zellen werden primär durch die Geschwindigkeit des Abkühlungsprozesses und die Ionenkonzentrationen innerhalb und außerhalb der Zellen bestimmt (◧ Abb. 3.16).

Lebende Organismen sind in der Lage, auf vielfältigen Wegen die Eiskristallbildung zu beeinflussen. Schon seit längerer Zeit ist bekannt, dass Bakterien die Schnee- und Eisbildung fördern können. Hierbei ist zu berücksichtigen, dass hochreines Wasser unter Laborbedingungen erst bei einer Temperatur von ca. −39 °C gefriert. Die durchweg in unserer Umgebung beobachtete Eisbildung bei Temperaturen nur wenig unter 0 °C

3

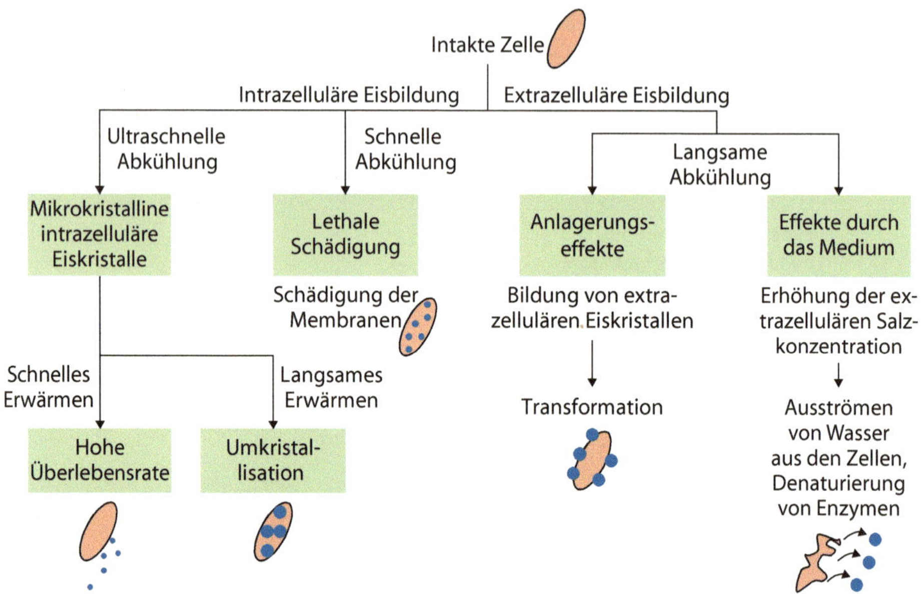

■ **Abb. 3.16**   Einfluss der Einfrier- und Auftau-Bedingungen bei der Schädigung von Zellen durch Kälte. (Nach Kawahara 2008, mit Erlaubnis von Springer)

beruht auf dem ubiquitären Vorhandensein von Kristallisationskeimen, die die Eisbildung anregen. So können Bakterien beim Erfrieren von (Nutz-)Pflanzen als Nucleationskerne wirken. In den letzten Jahren häufen sich die Hinweise, dass Bakterienzellen diese Funktion auch in anderen Bereichen, z. B. in Wolken, ausüben können. Die durch Bakterien induzierte Eisbildung auf Pflanzen ist aufgrund der großen kommerziellen Bedeutung dieses Prozesses intensiv untersucht worden. Wie sich dabei gezeigt hat, sind nur bestimmte Stämme vielfach weit verbreiteter Pflanzen-assoziierter Mikroorganismen zu einer Eiskristallbildung bei „hohen" Temperaturen (ca. −2 bis −5 °C) befähigt. Hierbei handelt es sich durchweg um Gram-negative Bakterien, z. B. aus den Gattungen *Pseudomonas, Erwinia* oder *Xanthomonas*. Die Fähigkeit bestimmter Bakterienstämme, bei vergleichsweise „hohen Temperaturen" eine Eiskristallbildung im umgebenden Medium zu induzieren, lässt sich auch im Laborexperiment nachweisen (■ Abb. 3.17).

Die Beschleunigung der Eiskristallbildung durch diese Stämme wird als „Eisnucleationsaktivität" (INA, *ice nucleating activity*) bezeichnet und korreliert mit dem Vorhandensein bestimmter Proteine (INP, *ice nucleating proteins*) in den äußeren Membranen der Zellen. Die INPs zeichnen sich durch eine außergewöhnliche Struktur aus. Es handelt sich um sehr große Proteine, die sich typischerweise aus mehr als 1000 Aminosäureresten zusammensetzen. Der größte Teil dieser Proteine besteht aus mehr oder weniger perfekten Wiederholungen bestimmter Aminosäuresequenzen (■ Abb. 3.18). Aufgrund der Größe dieser Proteine und ihrer Bindung an die äußeren Membranen liegen bis heute keine experimentell bestimmten Kristallstrukturen für INPs vor. Wahrscheinlich können diese Proteine aufgrund von Strukturähnlichkeiten mit Eiskristallen als hocheffiziente Kristallisationskeime bei der Eisbildung wirken.

Neben Proteinen, die die Eiskristallbildung fördern, gibt es auch Proteine, die in der Lage sind, die Bildung von (größeren) Eiskristallen zu unterdrücken. Diese Proteine

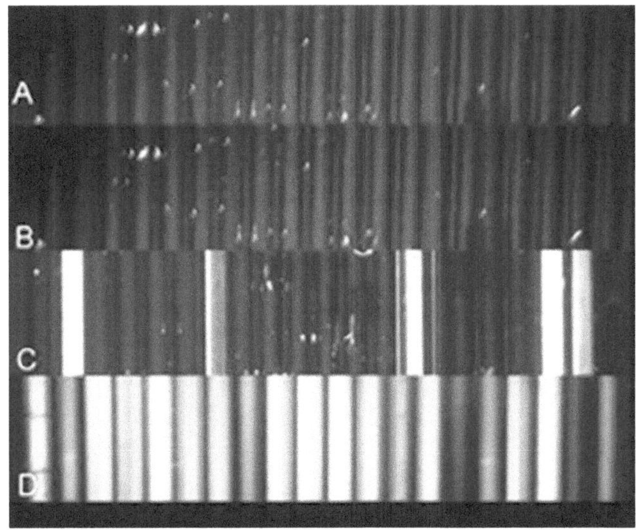

▣ Abb. 3.17   Gefrierfördernde Eigenschaften von *Pseudomonas borealis*. Die einzelnen Kapillarröhrchen enthielten definierte Mengen unterschiedlicher *P. borealis*-Stämme und wurden auf −1 °C (A), −2 °C (B), −3 °C (C) und −4 °C (D) abgekühlt. Die Eisbildung in den Kapillaren zeigt sich durch die ausgeprägte Lichtbrechung. (Aus Wilson et al. 2006, mit Genehmigung von John Wiley and Sons)

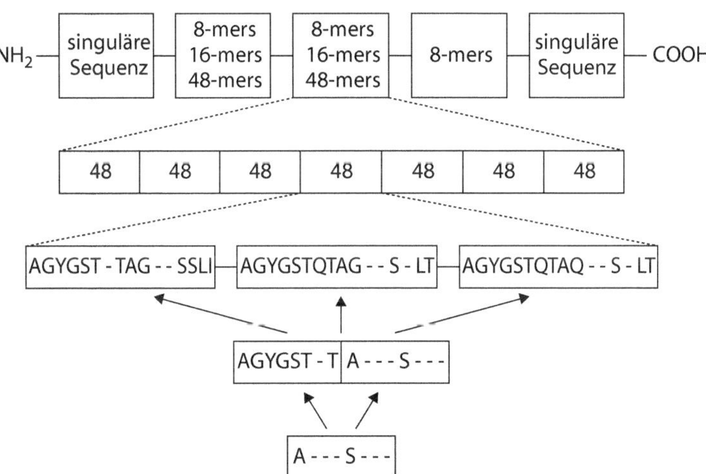

▣ Abb. 3.18   Schematische Darstellung zum Aufbau von die Eisbildung fördernden Proteinen (INPs *ice nucleating proteins*) 8-mers, 16-mers, 48-mers konservierte Muster aus 8, 16 bzw. 48 Aminosäureresten (Aus Trends in Biochemical Sciences. Wolber und Warren 1989, mit Erlaubnis von Elsevier)

werden als Antigefrierproteine (AFP, *antifreeze proteins*) oder Gefrier- oder Frostschutzproteine bezeichnet (▣ Abb. 3.19).

AFPs wurden ursprünglich in Meeresfischen aus sehr kalten Gewässern entdeckt. Hier verhindern sie das Gefrieren des Bluts bei Umgebungstemperaturen von ca. −2 °C. In späteren Untersuchungen wurden AFPs auch bei Insekten, Pflanzen und Bakterien gefunden. In Labor-Untersuchungen kann man den Einfluss von AFPs durch Modifikationen in der

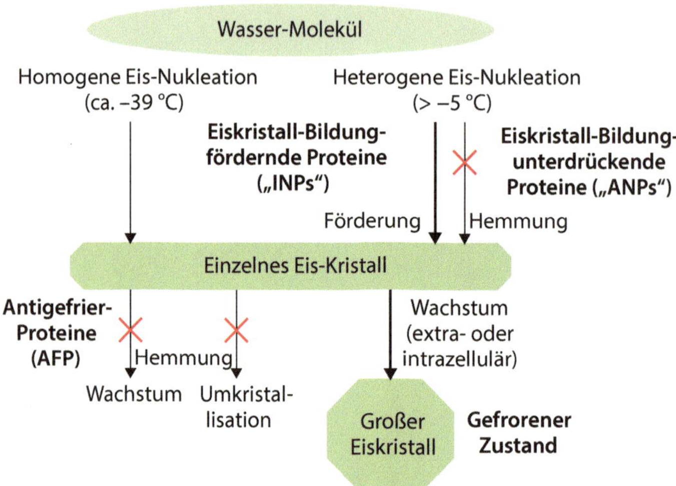

◘ Abb. 3.19 Wirkung verschiedener die Eiskristallbildung beeinflussender Proteine. (Nach Kawahara 2008, mit Erlaubnis von Springer)

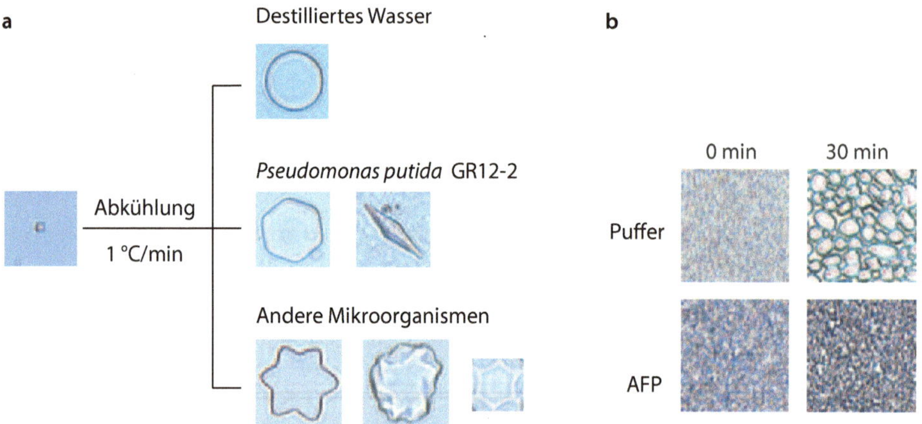

◘ Abb. 3.20 Einfluss von Frostschutzproteinen (AFPs) auf die Bildung von Eiskristallen. **a** Morphologie der Eiskristalle, **b** Inhibition der Rekristallisation der Eiskristalle (Nach Kawahara 2008, mit Erlaubnis von Springer)

Form und Größe der beim Frieren wässriger Lösungen entstehenden Eiskristalle nachweisen (◘ Abb. 3.20).

Die Bindung dieser Proteine an die wachsenden Eiskristalle führt zu einer Verminderung der Gefriertemperatur unter die Schmelztemperatur („thermische Hysteresis"). Offenbar können sich diese Proteine spezifisch an verschiedene Achsen wachsender Eiskristalle anheften und hierdurch sowohl Größe als auch Form der Eiskristalle beeinflussen (◘ Abb. 3.21).

Die Strukturen zahlreicher AFPs wurden in den letzten Jahren aufgeklärt. Hierbei fand man eine große Anzahl unterschiedlicher Faltungsmotive. Die Strukturen weisen häufig hochrepetitive Sequenzmotive und sehr gleichmäßige β-helicale Bereiche auf.

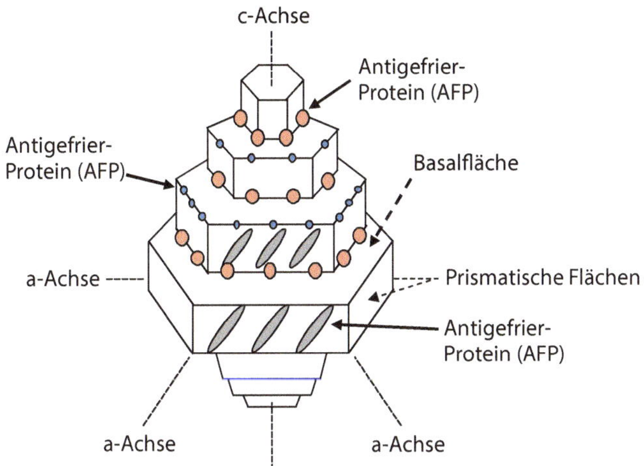

◘ **Abb. 3.21**   Bindungsstellen verschiedener Frostschutzproteine an der Oberfläche von Eiskristallen. (Nach Kawahara 2008, mit Erlaubnis von Springer)

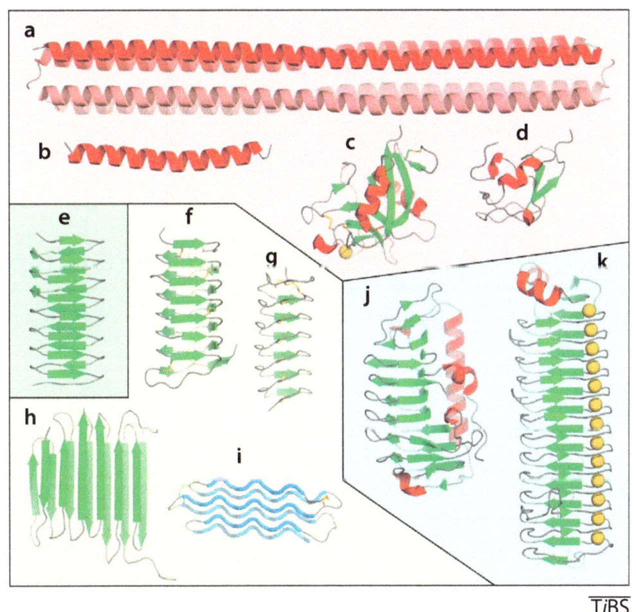

◘ **Abb. 3.22**   Strukturen eisbindender Proteine. Frostschutzproteine (AFPs) aus Fischen (**a–d**), Pflanzen (**e**), Insekten (**f–i**) und Mikroorganismen (**j,k**), rot: α-helicale Bereiche; grün: β-Faltblätter; blau: Polyproline; grau: Knäuelstrukturen; gold: Ca^{2+}-Ionen. (Aus Trends in Biochemical Sciences. Davies 2014, mit Erlaubnis von Elsevier)

Diese Strukturmotive führen dann vielfach zu einer gleichmäßigen räumlichen Anordnung von Hydroxylgruppen in den AFPs (◘ Abb. 3.22). Dieses räumliche Muster an Hydroxylgruppen ist (mehr oder weniger direkt) für die irreversible Bindung dieser Proteine an die wachsenden Eiskristalle verantwortlich. Durch die Bindung der AFPs an die

Eiskristalle werden dann eher hydrophobe Bereiche der AFPs an der Oberfläche der Eiskristalle exponiert, was das weitere Wachstum der Eiskristalle einschränkt.

3.3.5 Mögliche Bedeutung von Polyhydroxyverbindungen für das Überleben von psychrophilen und psychrotoleranten Organismen bei kalten Temperaturen

Neben den in ▶ Abschn. 3.3.1 bis 3.3.4 beschriebenen Mechanismen unterstützen möglicherweise noch weitere Faktoren das Funktionieren und Überleben von Mikroorganismen bei tiefen Temperaturen. So wurde mehrfach vorgeschlagen, dass die Fähigkeit zur Synthese (oder zumindest Akkumulation) von niedermolekularen Verbindungen (z. B. Alkoholen oder Zuckern) bei verschiedenen Mikroorganismen zum Überleben bei tiefen Temperaturen beiträgt. Beispielsweise wurde für *E. coli* gezeigt, dass Zellen mit der Fähigkeit zur Synthese des Disaccharids Trehalose (1-α-Glucopyranosyl-1-α-glucopyranosid) bei 4 °C eine deutlich höhere Überlebensrate aufweisen als Zellen, die diese Fähigkeit verloren haben. Auch bei der Hefe *Saccharomyces cerevisiae* scheint die Fähigkeit zur Synthese von Trehalose (und auch Glycerin) wichtig für das Überleben bei kalten Temperaturen zu sein.

Für das Überleben von Mikroorganismen im Meereis scheint auch die Fähigkeit zur Synthese von extrazellulären Polysacchariden von Bedeutung zu sein. Die genaue Funktion dieser Polymere ist noch nicht geklärt. Einerseits wurde vorgeschlagen, dass sie mit den wachsenden Eiskristallen um freie Wassermoleküle konkurrieren und den Gefrierpunkt des Seewassers herabsetzen. Andererseits wurde auch das Modell entwickelt, dass extrazelluläre Polysaccharide im Meereis feine „Wasserkanäle" stabilisieren können.

3.4 Genom-Sequenzierung von psychrophilen Bakterien

In den letzten Jahren wurden die Genome verschiedener psychrophiler Bakterien sequenziert und analysiert. Hierbei hat man aerobe heterotrophe Bakterien, wie das γ-Proteobacterium *Colwellia psychrerythraea* 34H und das zum Phylum Bacteroidetes gehörende Bakterium *Psychroflexus torquis,* aber auch den zu den δ-Proteobacteria gehörenden anaeroben Sulfat-Reduzierer *Desulfotalea psychrophila* einer eingehenden Analyse unterzogen. Bei diesen Sequenzanalysen wurden primär die genetischen Grundlagen für die zuvor gefundenen physiologischen Adaptations-Mechanismen aufgeklärt. So wurden insbesondere verschiedene an der Synthese von Exopolysacchariden (EPS) und mehrfach ungesättigten Fettsäuren (PUFAs) beteiligte Gene identifiziert. Durch weiterführende Proteomanalysen konnte für *P. torquis* gezeigt werden, dass unter kalten Wachstumsbedingungen die an der Synthese von EPS und PUFAs beteiligten Enzyme verhältnismäßig stark gebildet wurden. Weiterhin fand man Hinweise darauf, dass eine Reihe von für den psychrophilen Lebensstil wichtigen Genen durch horizontalen Gentransfer übertragen werden können.

3.5 Anwendungsmöglichkeiten kälteliebender Mikroorganismen

Insbesondere für Enzyme, die bei tiefen Temperaturen wirksam sind, ergeben sich zahlreiche Anwendungsmöglichkeiten. So können an die Kälte angepasste Proteasen und Lipasen in Waschmitteln eingesetzt werden, die spezifisch bei Waschprozessen bei Raumtemperatur Verwendung finden. Ein weiterer wichtiger Anwendungsbereich besteht in der Lebensmitteltechnologie. Hier bietet sich die Durchführung enzymatischer Prozesse bei tiefen Temperaturen an, um Kontaminationen durch möglicherweise pathogene Mikroorganismen zu vermindern. Weiterhin sind auf dem Lebensmittelsektor Prozessführungen bei tiefen Temperaturen wichtig, weil unter kalten Bedingungen die Konsistenz und der Geschmack von Lebensmitteln in den meisten Fällen nicht oder nur geringfügig beeinflusst werden. Als typisches Anwendungsbeispiel sei hier zunächst die Produktion von lactosefreier Milch und Milchprodukten mittels Spaltung der Lactose zu Glucose und Galactose durch β-Galactosidasen genannt. Hierbei muss die Hydrolyse der Lactose bei möglichst niedrigen Temperaturen erfolgen, um keine unerwünschten Geschmacks-Veränderungen der Milch zu verursachen. Eine Reihe weiterer kommerziell relevanter Prozesse ist in ◼ Tab. 3.1 aufgeführt.

Die bereits mehrfach erwähnte größere Flexibilität der Proteine aus kälteadaptierten Mikroorganismen führt vielfach auch zu einer höheren Sensitivität dieser Proteine gegenüber leicht erhöhten Temperaturen. Daher werden viele Enzyme aus psychrophilen Organismen bereits bei „mittleren" Temperaturen inaktiviert. Obgleich dies zunächst nachteilig wirkt, eröffnen sich hierdurch zahlreiche Anwendungsmöglichkeiten. So kann

◼ **Tab. 3.1** Industrielle Anwendung von Enzymen bei niedrigen Temperaturen. (Nach Margesin und Schinner 1999)

Industriebereich (Anwendung)	Enzyme	Vorteile
Waschmittelindustrie	Proteasen, Lipasen, Cellulasen etc	Waschen bei niedrigen Temperaturen
Lebensmittelindustrie		
Veränderung von Inhaltsstoffen	Galactosidasen, Lipasen	Keine weiteren Veränderungen der Lebensmittel
Verbesserung von Geruch und Geschmack	Proteasen, Lipasen etc.	Keine weiteren Veränderungen der Lebensmittel
Klärung von Fruchtsäften	Pectinasen, Cellulasen	Erhalt des Aromas
Konservierung	Lysozym, Glucose-Oxidase	Steigerung der Haltbarkeit
Chemische Industrie		
Enzymatische Synthesen	Lipasen, Nitril-Hydratasen	Biotransformation flüchtiger und wärmeempfindlicher Substanzen
Biotechnologie		
Herstellung von Protoplasten	Zellwände abbauende Enzyme	Hohe Überlebensrate
Modifikation von Nucleinsäuren	Phosphatasen, Uracil-DNA-Glykosylasen	Vollständige Hitzeinaktivierung der Enzyme

man enzymatische Prozesse einfach dadurch abbrechen, dass man die Reaktionsgemische nur leicht erwärmt. Dies ist einerseits wieder für die Lebensmittelindustrie interessant, kann aber z. B. auch in der Molekularbiologie relevant sein (z. B. im Rahmen von Klonierungs-Experimenten beim Einsatz Temperatur-empfindlicher Phosphatasen zur Dephosphorylierung von DNA).

Wie bereits erwähnt, akkumulieren verschiedene (insbesondere marine) psychrophile Bakterien (z. B. aus den Gattungen *Shewanella* und *Colwellia*) in ihren Membranen mehrfach ungesättigte Fettsäuren (PUFAs). Diese mehrfach ungesättigten Fettsäuren (◙ Abb. 3.14) sind interessante Produkte für die Biotechnologie, da sie von Säugetieren nicht synthetisiert werden können („essenzielle Fettsäuren"), aber wichtige Vorstufen für die Synthese verschiedener Gewebshormone (z. B. Eicosanoide) darstellen. Hier ist z. B. die Herstellung der γ-Linolensäure (18:3 ω-6) oder der Arachidonsäure (20:4 ω-6) kommerziell interessant. (Das Kürzel 20:4 ω-6 bedeutet hier, dass die Arachidonsäure aus 20 Kohlenstoffatomen besteht, vier Doppelbindungen enthält und dass die „erste" Doppelbindung an der sechsten C-C-Bindung an der von der Carbonsäure „abgewandten" Seite der Fettsäure lokalisiert ist.)

Weitere Anwendungsmöglichkeiten für psychrophile Organismen (bzw. ihre Gene) bestehen bei der Konstruktion von genetisch veränderten, an Kälte angepassten Tieren und Pflanzen. So wurde gezeigt, dass sich durch die Expression einer Fettsäure-Desaturase aus einem Cyanobakterium die Kältetoleranz von Tabakpflanzen erhöhen lässt.

Eine weitere interessante Anwendung pychrophiler Organismen stellt der Einsatz der bakteriellen Fähigkeit zur Eisnucleation in Schneekanonen dar. Hierbei macht man sich für ein kommerzielles Produkt („Snomax") die Fähigkeit von Eisnucleationsproteinen (INPs) zunutze, bei vergleichsweise hohen Temperaturen die Bildung von Eiskristallen zu fördern. Interessanterweise hat sich gezeigt, dass auch abgetötete Bakterienzellen die Fähigkeit behalten, als Nucleationskerne bei der Eisbildung zu wirken (wie zuvor beschrieben sind die relevanten Proteine in den äußeren Membranen lokalisiert). Durch den Einsatz dieser abgetöteten Bakterien kann der Energieverbrauch für die Abkühlung der Schneekanonen deutlich reduziert werden.

❓ Fragen

- Nennen Sie einige typische Lebensräume von psychrophilen Mikroorganismen.
- Nennen Sie Beispiele für Mikroorganismengruppen, die im Meereis und in Permafrostböden vorkommen.
- Was sind kryptoendolithische Lebensgemeinschaften?
- Bis zu welchen Temperaturen hat man Hinweise auf das Wachstum von mikrobiellen Reinkulturen und auf mikrobielle Stoffwechsel-Leistungen in natürlichen Biotopen gefunden?
- Welche Faktoren limitieren das mikrobielle Wachstum bei tiefen Temperaturen?
- Wie erklärt man sich die Fähigkeit von Enzymen aus psychrophilen Mikroorganismen, bei tiefen Temperaturen zu wirken?
- Welche Besonderheiten wiesen die Membranen vieler psychrophiler Bakterien auf?
- Was versteht man unter der Kälteschock-Reaktion?
- Welche Typen von Proteinen gibt es, die mit Eiskristallen interagieren?
- Wo kommen *ice nucleating proteins* vor und welche strukturellen Besonderheiten weisen sie auf?
- Wo kommen Frostschutzproteine vor und wie wirken sie?
- Welche kommerziellen Anwendungsmöglichkeiten gibt es für psychrophile Mikroorganismen und ihre Proteine?

Literatur

Bae E, Phillips GN (2004) Structures and analysis of highly homologous psychrophilic, mesophilic, and thermophilic adenylate kinases. J Biol Chem 279:28202–28208

Bakermans C, Skidmore M (2011) Microbial respiration in ice at subzero temperatures (−4 °C to −33 °C). Environ Microbiol Rep 3:774–782

Bakermans C, Tsapin AI, Souza-Egipsy V, DA Gilichinsky, Nealson KH (2003) Reproduction and metabolism at −10 °C of bacteria isolated from Sibirian permafrost. Environ Microbiol 5:321–326

Billi D, Baqué M, Smith HD, McKay CP (2013) Cyanobacteria from extreme deserts to space. Adv Microbiol 3:80–86

Bore EK, Apostel C, Halicki S, Kuzyakov Y, Dippold MA (2017) Microbial metabolism in soil at subzero temperatures: adaptation mechanisms revealed by position-specific ^{13}C labeling. Front Microbiol 8:Article 946

Bowman JP (2008) Genomic analysis of psychrophilic prokaryotes. In: Margesin R, Schinner F, Marx J C, Gerday C (Hrsg) Psychrophiles – from biodiversity to biotechnology. Springer, Berlin, S 265–284

Breezee J, Cady N, Staley JT (2004) Subfreezing growth of the sea ice bacterium "*Psychromonas ingrahamii*". Microbial Ecol 47:300–304

Cavicchioli R, Diddiqui KS, Andrews D, Sowers KR (2002) Low-temperature extremophiles and their applications. Curr Opin Biotechnol 13:253–261

Christner BC (2010) Bioprospecting for microbial products that effect ice crystal formation and growth. Appl Microbiol Biotechnol 85:481–489

Christner BC, Cai R, Morris CE, McCarter KS, Foreman CM, Skidmore ML, Montross SN, Sands DC (2008) Geographic, seasonal, and precipitation chemistry influence on the abundance and activity of biological ice nucleators in rain and snow. Proc Natl Acad Sci USA 105:18854–18859

Christner BC, Priscu JC, Achberger AM, Barbante C, Carter SP, Christianson K et al (2014) A microbial ecosystem beneath the West Antarctic ice sheet. Nature 512:310–313

Cowan DA, Casanueva A, Stafford W (2007) Ecology and biodiversity of cold-adapted microorganisms. In: Gerday C, Glansdorff N (Hrsg) Physiology and biochemistry of extremophiles. ASM Press, Washington, DC

Davies PL (2014) Ice-binding proteins: a remarkable diversity of structures for stopping and starting ice growth. Trends Biochem Sci 39:548–555

De Maayer P, Anderson D, Cary C, Cowan DA (2014) Some like it cold: understanding the survival strategies of psychrophiles. EMBO Rep 15:508–516

DeMaere MZ, Williams TJ, Allen MA, Brown MV, Gibson JAE, Rich J et al (2013) High level of intergenera gene exchange shapes the evolution of haloarchaea in an isolated Antarctic lake. Proc Natl Acad Sci 110:16939–16944

De la Torre JR, Goebel BM, Friedmann EI, Pace NR (2003) Microbial diversity of cryptoendolithic communities from the McMurdo dry valleys, Antarctica. Appl Environ Microbiol 69:3858–3867

Deming JW (2007) Life in ice formations at very cold temperatures. In: Gerday C, Glansdorff N (Hrsg) Physiology and biochemistry of extremophiles. ASM Press, Washington DC

Feng S, Powell SM, Wilson R, Bowman JP (2014) Extensive gene acquisition in the extremely psychrophilic bacterial species *Psychroflexus torquis* and the link to sea-ice ecosystem specialism. Genome Biol Evol 6:133–148

Ferrer M, Chernikova TN, Yakimov MM, Golyshin PN, Timmis KN (2003) Chaperonins govern growth of *Escherichia coli* at low temperatures. Nature Biotechnol 21:1266–1267

Friedmann EI (1982) Endolithic microorganisms in the Antarctic cold desert. Science 215:1045–1053

Gavaghan H (2002) Life in the deep freeze. Nature 415:828–830

Gerday C, Aittaleb M, Bentahir M, Chessa J-P, Claverie P, Collins T et al (2000) Cold-adapted enzymes: from fundamentals to biotechnology. TIBTECH 18:103–107

Gilichinsky D (2002) Permafrost model of extraterrestrial habitat. In: Horneck G, Baumstark-Khan C (Hrsg) Astrobiology: the quest for the conditions of life. Springer, Berlin

Gilichinsky D, Rivkina E, Shcherbakova V, Laurinavichuis K, Tiedje J (2003) Supercooled water brines within permafrost – an unknown ecological niche for microorganisms: a model for astrobiology. Astrobiology 3:331–341

Gilichinsky D, Rivkina E, Bakermans C, Shcherbakova V, Petrovskaya L, Ozerskaya S et al (2004) Biodiversity of cryopegs in permafrost. FEMS Microbiol Ecol 53:117–128

Goldstein J, Pollitt NS, Inouye M (1990) Major cold shock protein of *Escherichia coli*. Proc Natl Acad Sci USA 87:283–287

Graumann PL, Marahiel MA (1998) A superfamily of proteins that contain the cold-shock domain. TIBS 23:286–290

Hanada Y, Nishimiya Y, Miura A, Tsuda S, Kondo H (2014) Hyperactive antifreeze protein from an Antarctic sea ice bacterium *Colwellia* sp. has a compound ice-binding site without repetitive sequences. FEBS J 281:3576–3590

Hultman J, Waldrop MP, Mackelprang R, David MM, McFarland J, Blazewicz SJ et al (2015) Multi-omics of permafrost, active layer and thermokarst bog soil microbiomes. Nature 521:208–212

Ishizaki-Nishizawa O, Fujii T, Azuma M, Sekiguchi K, Murata N, Ohtani T, Toguri T (1996) Low-temperature resistance of higher plants is significantly enhanced by a nonspecific cyanobacterial desaturase. Nature Biotechnol 14:1003–1006

Jiang W, Fang L, Inouye M (1996) The role of the 5′-end untranslated region of the mRNA for CspA, the major cold-shock protein of *Escherichia coli*, in cold-shock adaptation. J Bacteriol 178:4919–4925

Johnston CG, Vestal JR (1991) Photosynthetic carbon incorporation and turnover in Antarctic cryptoendolithic microbial communities: are they the slowest-growing communities on earth? Appl Environ Microbiol 57:2308–2311

Junge K, Eicken H, Swanson BD, Deming JW (2006) Bacterial incorporation of leucine into protein down to −20 °C with evidence for potential activity in sub-eutectic saline ice formations. Cryobiol 52:417–429

Kandror O, DeLeon A, Goldberg AL (2002) Trehalose synthesis is induced upon exposure of *Escherichia coli* to cold and is essential for viability at low temperatures. Proc Natl Acad Sci USA 99:9727–9732

Kawahara H (2002) The structures and functions of ice crystal-controlling proteins from bacteria. J Biosci Bioeng 94:492–496

Kawahara H (2008) Cryoprotectants and ice-binding proteins. In: Margesin R, Schinner F, Marx J-C, Gerday C (Hrsg) Psychrophiles – from biodiversity to biotechnology. Springer, Berlin, S 229–246

Krembs C, Deming JW (2008) The role of exopolymers in microbial adaptation to sea ice. In: Margesin R, Schinner F, Marx J-C, Gerday C (Hrsg) Psychrophiles – from biodiversity to biotechnology. Springer, Berlin, S. 247–264

Larkin M, Stokes JL (1968) Growth of psychrophilic microphilic microorganisms at subzero temperatures. Can J Microbiol 14:97–101

Lorv JSH, Rose DR, Glick BR (2014) Bacterial ice crystal controlling proteins. Scientifica. ▶ https://doi.org/10.1155/2014/976895

Margesin R, Miteva V (2011) Diversity and ecology of psychrophilic microorganisms. Res Microbiol 162:346–361

Margesin R, Schinner F (1999) Cold-adapted organisms. Ecology, physiology, enzymology and molecular biology. Springer, Berlin

Methé BA, Nelson KE, Deming JW, Momen B, Melamud E, Zhang X et al (2005) The psychrophilic lifestyle as revealed by the genome sequence of *Colwellia psychrerythraea* 34H through genomic and proteomic analyses. Proc Natl Acad Sci USA 102:10913–10918

Murray AE, Kenig F, Fritsen CH, McKay CP, Cawley KM, Edwards R et al (2012) Microbial life at −13 °C in the brine of an ice-sealed Antarctic lake. Proc Natl Acad Sci USA 109:20626–20631

Mykytczuk NCS, Foote SJ, Omelon CR, Southam G, Greer CW, Whyte LG (2013) Bacterial growth at −15 °C; molecular insights from the permafrost bacterium *Planococcus halocryophilus* Or1. ISME J 7:1211–1226

Nienow JA, McMay CP, Friedman EI (1988) The cryptoendolithic microbial environment in the Ross Desert of Antarctica: mathematical models of the thermal regime. Microb Ecol 16:253–270

Nunn BL, Slattery Cameron KA, Timmins-Schiffman E, Junge K (2015) Proteomics of *Colwellia psychrerythraea* at subzero temperatures – a life with limited movement, flexible membranes and vital DNA repair. Environ Microbiol 17:2319–2335

Onofri S, Barreca D, Selbmann L, Isola D, Rabbow E, Horneck G, de Vera JPP, Hatton J, Zucconi L (2008) Resistance of Antarctic black fungi and cryptoendolithic communities to simulated space and Martian conditions. Stud Mycol 61:99–109

Phadtare S, Severinov K (2010) RNA remodeling and gene regulation by cold-shock proteins. RNA Biol 7:788–795

Potvin E, Rochon A, Lovejoy C (2013) Cyst-theca relationship of the arctic dinoflagellate cyst *Islandinium minutum* (Dinophyceae) and phylogenetic position based on SSU rDNA and LSU rDNA. J Phycol 49:848–866

Priscu JC, Adams EE, Lyons WB, Voytek MA, Mogk DW, Brown RL et al (1999) Geomicrobiology of subglacial ice above Lake Vostok, Antarctica. Science 286:2141–2147

Rabus R, Ruepp A, Frickey T, Rattei T, Fartmann B, Stark M et al (2004) The genome of *Desulfotalea psychrophila*, a sulfate-reducing bacterium from permanently cold Arctic sediments. Environ Microbiol 6:887–902

Remias D, Pichrtová M, Pangratz M, Lütz C, Holzinger A (2016) Ecophysiology, secondary pigments and ultrastructure of *Chlainomonas* sp. (Chlorophyta) from the European Alps compared with *Chlamydomonas nivalis* forming red snow. FEMS Microbiol Ecol 92, fiw030

Rivkina EM, Friedmann EI, McKay CP, Gilichinsky DA (2000) Metabolic activity of permafrost bacteria below the freezing point. Appl Environ Microbiol 66:3230–3233

Russell NJ, Hamamoto T (1998) Psychrophiles. In: Horikoshi K, Grant WD (Hrsg) Extremophiles: microbial life in extreme environments. Wiley-Liss, New York, S 25–45

Russell NJ, Nichols DS (1999) Polyunsaturated fatty acids in marine bacteria – a dogma rewritten. Microbiol 145:767–779

Steven B, Léveillé R, Pollard WH, Whyte LG (2006) Microbial ecology and biodiversity in permafrost. Extremophiles 10:259–267

Wada H, Gombos Z, Murata N (1990) Enhancement of chilling tolerance of a cyanobacterium by genetic manipulation of fatty acid desaturation. Nature 347:200–203

Wilson SL, Kelley DL, Walker VK (2006) Ice-active characteristics of soil bacteria selected by ice-affinity. Environ Microbiol 8:1816–1824

Wolber P, Warren G (1989) Bacterial ice-nucleation proteins. TIBS 14:179–182

Piezophile

© Springer-Verlag GmbH Deutschland 2017
A. Stolz, *Extremophile Mikroorganismen*,
https://doi.org/10.1007/978-3-662-55595-8_4

4

4.1 Vorkommen von Lebensräumen mit hohen Drücken

In der Biologie ist primär der durch Wasser ausgeübte hydrostatische Druck von Bedeutung. Dieser variiert im Meer zwischen dem Atmosphärendruck von 0,101 MPa (= 1 atm = 1,013 bar) an der Meeresoberfläche und etwa 110 MPa ($\sim$ 1100 atm $\sim$ 1100 bar) im „Challenger-Tief" des Marianengrabens, der tiefsten Stelle der Ozeane der Erde. Der hydrostatische Druck nimmt also bei 100 m Wassertiefe um ca. 1 MPa zu. Im marinen Bereich spricht man vielfach von einer „tiefen Biosphäre", die bei einer Meerestiefe von 1000 m beginnt, also bei einem hydrostatischen Druck von ca. 10 MPa (◘ Abb. 4.1). Die Ozeane haben eine durchschnittliche Tiefe von rund 3800 m, dies entspricht also einem durchschnittlichen hydrostatischen Druck von 38 MPa. Nur im Bereich von Tiefseegräben finden sich deutlich tiefere Bereiche (6000 m und tiefer). Diese „hadalen" Bereiche machen aber nur etwa 2 % des Meeresvolumens aus.

Der Druck nimmt auch in den Gesteinen der Erdkruste mit steigender Tiefe zu und man rechnet hier sogar mit einer etwa zwei- bis dreifach stärkeren Druckzunahme pro Tiefeneinheit (◘ Abb. 4.1). Innerhalb der Erdkruste korreliert die Druckzunahme mit einer Temperatursteigerung von etwa 25–30 °C pro 1000 m. Legt man das derzeit bekannte Temperaturmaximum mikrobiellen Lebens (122 °C, s. ▶ Abschn. 2.2.3) zugrunde, könnte es bis in Tiefen von ca. 5000 m auch innerhalb der Erdkruste mikrobielles Leben geben. Dieses wäre dann in etwa Drücken ausgesetzt, wie sie auch in tiefen Meeresgräben auftreten.

Die große flächenmäßige Ausdehnung sowie die Tiefe der Ozeane (und auch die Verhältnisse im Untergrund des Festlands) machen deutlich, dass „Überdruckbiotope" räumlich den größten Anteil an der Biosphäre einnehmen.

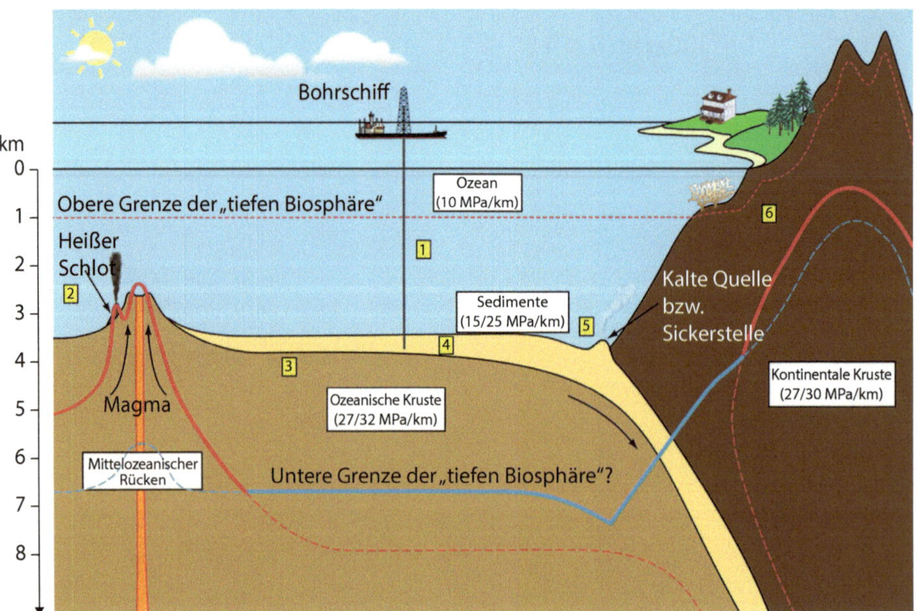

◘ **Abb. 4.1**   Schematische Darstellung der oberen Bereiche der Erdkruste. (Verändert nach Oger und Jebbar 2010, © Elsevier Masson SAS. All rights reserved.)

4.2   Piezotolerante und piezophile Mikroorganismen

Typische Mikroorganismen aus unserer Umwelt stellen bei Drücken von ca. 40–50 MPa zumeist das Wachstum ein. Dies korreliert in etwa mit dem „durchschnittlichen hydrostatischen Druck" in den Ozeanen. Daher werden Lebensräume mit Drücken von mehr als 40 MPa in der Regel als extrem betrachtet. Hierzu gehören neben den tieferen Bereichen der Ozeane auch einige Seen unter dem Eisschild der Antarktis, aber auch die noch wenig erforschten Bereiche in tieferen Schichten der Erdkruste.

Organismen, die bei Drücken oberhalb des Atmosphärendrucks eine höhere Wachstumsrate aufweisen als bei Atmosphärendruck, werden heutzutage meist als piezophil bezeichnet. Dieser Begriff hat den früher häufig verwendeten Ausdruck barophil weitgehend verdrängt, da die griechische Wurzel „baro-" die Hauptbedeutung „Gewicht" besitzt, während das griechische Präfix „piezo-" „Druck" bedeutet. Hierbei kann man zwischen moderat piezophilen Organismen unterscheiden, die ein optimales Wachstum bei hydrostatischen Drücken (P_{opt}) zwischen 0,1 und 30 MPa zeigen, und „Hyperpiezophilen", die am besten bei Drücken über 60 MPa wachsen und vielfach aus Tiefseegräben isoliert werden. Als obligat piezophil bezeichnet man Organismen, die nur bei Drücken oberhalb des Atmosphärendrucks zu wachsen vermögen. Analog werden Organismen, die bei Atmosphärendruck die höchsten Wachstumsraten zeigen, aber auch bei über 50 MPa Druck noch zu wachsen vermögen, als piezotolerant kategorisiert (◻ Abb. 4.2).

Das erste piezophile Bakterium (*Psychromonas* CNPT-3) wurde erst 1979 und das erste obligat piezophile Bakterium (*Colwellia* sp. MT41) erst 1981 beschrieben. Der letztgenannte Organismus wächst optimal bei ca. 70 MPa und 2 °C. Seither sind einige weitere piezophile Organismen isoliert worden. In den meisten Fällen handelt es sich hierbei um Mitglieder der γ-Untergruppe der Proteobacteria (insbesondere um Vertreter der Gattungen *Shewanella*, *Psychromonas*, *Colwellia*, *Photobacterium* oder *Moritella*). Das γ-Proteobakterium *Photobacterium profundum* SS9 dient vielfach als piezophiler Modellorganismus. Dieses Bakterium wurde ursprünglich aus rund 2500 m Tiefe isoliert und wächst optimal bei 28 MPa, aber auch bei Atmosphärendruck und bis zu einem

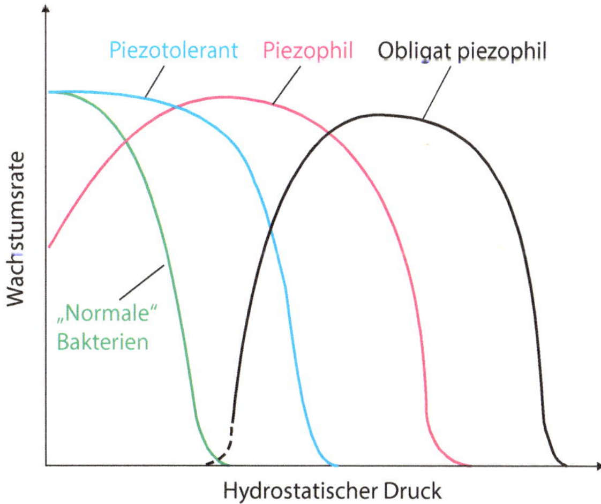

◻ **Abb. 4.2**   Schematische Darstellung des Wachstums verschiedener Organismengruppen in Abhängigkeit vom Druck. (nach Nogi 2008, mit Erlaubnis von Springer)

Druck von 90 MPa. (Außerdem wurde der Mikroorganismus aus vergleichsweise warmen Tiefengewässern isoliert und benötigt daher keine spezifischen Kultivierungsbedingungen unter Verwendung gekühlter Medien wie echte psychrophile Organismen.)

Außer den zuvor aufgeführten γ-Proteobakterien wurden auch einige piezophile α- und δ-Proteobacteria gefunden. Des Weiteren wurden einige piezophile Archaea beschrieben. Hierbei handelt es sich sowohl um Vertreter der Euryarchaeota, z. B. aus den Gattungen *Thermococcus*, *Pyrococcus* und *Methanocaldococcus,* als auch der Crenarchaeota.

Der Großteil der bekannten piezophilen Bacteria wurde aus dem Freiwasser oder Sedimenten der Tiefsee isoliert. Im Allgemeinen handelt es sich dabei um „Psychropiezophile", die also sowohl an die Kälte als auch an hohe Drücke adaptiert sind. Dagegen wurden viele piezophile Archaea aus heißen submarinen „Vent-Systemen" isoliert und verbinden daher vielfach eine Präferenz für hohe Temperaturen und hohe Drücke („Hyperthermopiezophile").

Auch in den tiefsten Meeresgebieten ist Leben möglich. So fand man in Sedimenten aus dem „Challenger-Tief" des Marianengrabens 10^4 bis 10^5 lebensfähige Zellen pro Gramm Sediment. Bei diesen Untersuchungen wurden einige obligat piezophile Bakterien isoliert, z. B. *Shewanella benthica* und *Moritella yayanosii*. In diesen Tiefen können auch verschiedene (mehrzellige) Eukarya existieren, so wurden bei Beprobungen und den wenigen durchgeführten Tauchgängen u. a. Foraminiferen, Flohkrebse (Amphipoda) und Seegurken (Holothuria) nachgewiesen (◘ Abb. 4.3). Im Gegensatz hierzu wurden Fische bis heute nur bis in Tiefen bis ca. 8400 m gefunden.

Auch in der Wassersäule des Marianengrabens finden sich in Tiefen bis zu 10 km noch mehr als 10^3 (prokaryotische) Zellen pro Milliliter Wasser. Molekularökologische Studien deuten darauf hin, dass in Tiefen von 6000–10.000 m Mitglieder der Thaumarchaeota, γ-Proteobacteria, Bacteroidetes, Planctomycetes und des Phylums „Fibrobacteres/Acidobacteria" („SAR406") vorherrschen.

Auch die Ergebnisse von Tiefbohrungen in Gesteinen deuten auf eine nur geringe Empfindlichkeit des mikrobiellen Lebens gegenüber erhöhten Drücken hin. So wurden aus Bergwerken und Tiefbohrungen in Tiefen von bis zu 3000 m reproduzierbar Mikroorganismen isoliert.

◘ **Abb. 4.3** Fotografische Aufnahme des Meeresbodens im „Challenger-Tief" des Marianengrabens in 10.900 m Tiefe. Im Bild ist ein Flohkrebs (*Hirondellea gigas*, Amphipoda) zu sehen. (Mit Erlaubnis von Macmillan Publishers Ltd: Nature Geoscience, Glud et al. 2013)

Mikroorganismen sind sogar in der Lage, hydrostatische Drücke von mehr als 110 MPa auszuhalten. So wurde für das γ-Proteobacterium *Colwellia* sp. MT41 und das Archaeon *Pyrococcus yayanosii* CH1 gezeigt, dass diese Organismen noch bei Drücken von 130–150 MPa wachsen können. Bakterielle Sporen (z. B. von *Bacillus subtilis*) behalten sogar noch ihre Lebensfähigkeit, nachdem sie für mehrere Stunden Drücken von 500 MPa ausgesetzt worden sind.

4.3 Anpassungsmechanismen piezotoleranter und piezophiler Mikroorganismen an ihre Lebensräume

4.3.1 Grundlegende Aspekte des Einflusses von erhöhten hydrostatischen Drücken auf essenzielle Lebensfunktionen

Die experimentelle Erforschung piezotoleranter und piezophiler Organismen wird stark durch die dafür benötigten speziellen technischen Gerätschaften eingeschränkt, die eine Kultivierung und Beprobung von mikrobiellen Kulturen unter Hochdruckbedingungen ermöglichen. Daher liegen bis heute nur vergleichsweise wenige Informationen über die Anpassungsmechanismen von Organismen gegenüber hohen Drücken vor. Grundsätzlich führt ein Anstieg des äußeren Drucks primär zu einer Volumenreduktion der Zellen, kann aber auch das Gleichgewicht chemischer und biologischer Reaktionen beeinflussen. Hierbei werden dann insbesondere solche Reaktionen von veränderten Druckverhältnissen beeinflusst, bei denen große Unterschiede zwischen den Volumina der beteiligten Substrate und Produkte bestehen (Prinzip von Le Chatelier).

Es ist bis heute nicht gelungen, steigende Drücke mit einer spezifischen Schädigung einzelner Zellbestandteile zu korrelieren. Im Allgemeinen geht man aber davon aus, dass insbesondere die Zellmembranen empfindlich gegenüber hohen hydrostatischen Drücken sind. Hierbei kommt es (ähnlich wie bei der Abkühlung) zu einer Verringerung der Membranfluidität, die den Stofftransport limitiert.

Hydrostatische Drücke im relevanten Bereich (< 120 MPa) sind in der Regel zu schwach, um die Primär-, Sekundär- oder Tertiärstruktur von Proteinen zu beeinflussen. Sie beeinflussen aber die Quartärstruktur (Interaktionen zwischen Proteinuntereinheiten) und andere schwache Wechselwirkungen innerhalb und zwischen Proteinen. So ist bei Druckerhöhungen vielfach eine Desintegration von Flagellen und eine Dissoziation der Ribosomen in die großen und kleinen Untereinheiten zu beobachten. Durch Druckerhöhung sollte auch die Doppelstrangstruktur der DNA stabilisiert werden. Hierdurch werden alle Prozesse behindert, die einzelsträngige DNA-Bereiche erfordern, z. B. die DNA-Replikation und Transkription (◘ Abb. 4.4).

4.3.2 Einfluss von erhöhten hydrostatischen Drücken auf *Escherichia coli*

Man hat vielfach versucht, die theoretischen Überlegungen zur Auswirkung hoher Drücke auf mikrobielle Zellen mithilfe von Untersuchungen zum Verhalten von *E. coli* bei einer Erhöhung des hydrostatischen Drucks experimentell zu verifizieren. *E. coli* zeigt die höchsten Wachstumsraten bei Atmosphärendruck, wächst aber noch bei hydrostatischen

4

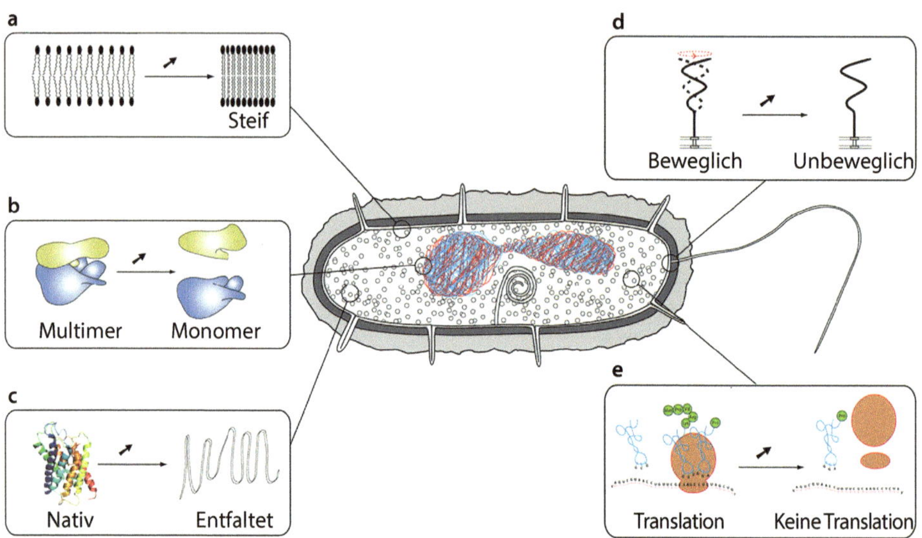

◘ **Abb. 4.4**   Schematische Darstellung des Effekts von hydrostatischem Druck auf zelluläre Komponenten. **a** Lipide in Membranen, **b** multimere Proteine, **c** Proteinstruktur, **d** zelluläre Beweglichkeit, **e** Proteintranslation durch Ribosomen. (Verändert nach Oger und Jebbar 2010)

Drücken bis zu ca. 50 MPa und verliert erst bei etwa 200 MPa seine Lebensfähigkeit. Setzt man die Zellen von *E. coli* hydrostatischen Drücken von mehr als 10 MPa aus, so verlieren sie ihre Beweglichkeit (dies ist vielfach verbunden mit einem Verlust der Flagellen). Bei einer weiteren Druckerhöhung beobachtet man eine Vergrößerung der Zellen und die Ausbildung von Filamenten. Bei Drücken von 30–50 MPa bildet *E. coli* verstärkt sowohl Hitzeschock- als auch Kälteschock-Proteine. Bei einer weiteren Erhöhung des Drucks kommt zunächst die DNA-Synthese, gefolgt von der Protein-Synthese und der RNA-Synthese zum Erliegen (◘ Tab. 4.1). Wird der Druck bis in die Nähe des letalen Bereichs erhöht, so werden verstärkt „Stress-Sigma-Faktoren" gebildet. Diese regulieren die

◘ **Tab. 4.1**   Druckempfindliche Prozesse bei *E. coli* (modifiziert nach Mota et al. 2013)

Prozess	Kritischer Druck, bei dem der Prozess zum Erliegen kommt (MPa)
Beweglichkeit	10
Substrattransport	26
Zellteilung	20–50
Wachstum	50
DNA-Replikation	50
Translation	60
Transkription	77
Lebensfähigkeit	200

Expression von Genen, die für Enzyme codieren, welche an der DNA-Reparatur („SOS-Antwort") und am Schutz vor oxidativen Stress beteiligt sind (Tab. 4.1).

Wie eine systematische vergleichende Studie mit *E. coli*-Deletionsmutanten ergab, müssen für das Wachstum bei einem Druck von 40 MPa (im Vergleich zum Wachstum bei Atmosphärendruck) spezifisch neun Gene vorhanden sein. Diese codieren für Proteine, die an der DNA-Replikation *(holC, dnaT, priA)*, an der Zellteilung *(dedD)*, an der Struktur des Cytoskeletts *(rodZ)*, an der Physiologie der äußeren Zellhülle *(tolB, rffT)*, am Proteinexport *(tatC)* und am Schwefelstoffwechsel *(iscS)* beteiligt sind. Diese Befunde bestätigen die These, dass bei erhöhten hydrostatischen Drücken insbesondere Prozesse der Zellteilung und DNA-Replikation kritisch sind.

4.3.3 Anpassungsmechanismen psychrophiler Mikroorganismen

Die anfangs beschriebenen grundlegenden Überlegungen und die experimentell mit *E. coli* erhaltenen Ergebnisse deuten darauf hin, dass piezophile und piezotolerante Organismen eine Reihe von Anpassungsmechanismen aufweisen müssen, um bei erhöhten Drücken wachsen zu können. Andererseits zeigen das Vorkommen (obligat) piezophiler Bakterien in verschiedenen Gattungen typischer mariner γ-Proteobacteria und die Fähigkeit „piezosensitiver Oberflächen-Organismen" noch bei höheren Drücken ($\sim$ 30 MPa) zu wachsen, dass die Anpassung an erhöhte Drücke (zumindest für Mikroorganismen) offenbar nicht besonders problematisch ist.

Bis heute liegen nur wenige Untersuchungen mit piezophilen Mikroorganismen vor, in denen man versucht hat, die genetischen Grundlagen für die Anpassung dieser Organismen an ihren Lebensraum aufzuklären Für *Photobacterium profundum* SS9 wurden experimentell piezosensitive Mutanten erzeugt, die noch bei Atmosphärendruck, aber nicht bei 45 MPa wachsen konnten. Hierbei wurden Mutanten in Genen für die DNA-Reparatur *(recD)* und für die Initiation der DNA-Replikation (Homologe von *diaA* und *rctB*) identifiziert. Außerdem wurden bei diesen Screens Mutanten in einem *rpoE*-ähnlichen Gen als piezosensitiv erkannt. RpoE fungiert bei *E. coli* als „extracytoplasmatischer" Sigma-Faktor. Möglicherweise könnte dieser Befund also andeuten, dass unter „Hochdruck-Bedingungen" die Rückfaltung und Reaktivierung von periplasmatischen Proteinen wichtig für piezophile und piezotolerante Oraganismen sind.

Für das Überleben bei hohen Drücken ist offenbar insbesondere auch ein hoher Anteil an ungesättigten Lipiden in den Zellmembranen von Bedeutung. So konnte für marine Organismen eine positive Korrelation beobachtet werden zwischen dem Anteil von einfach sowie mehrfach ungesättigten Fettsäuren in den Membranen und der Tiefe, aus der die Organismen isoliert worden waren. Für den Modellorganismus *Photobacterium profundum* SS9 wurde gezeigt, dass bei einem Druck von 28 MPa Mutanten mit einer eingeschränkten Fähigkeit zur Bildung von einfach ungesättigten Fettsäuren gegenüber dem Wildtyp deutlich langsamer wuchsen. Dies bestätigt die Annahme, dass piezophile (und wahrscheinlich auch piezotolerante) Bakterien (ähnlich wie die zuvor beschriebenen psychrophilen Bacteria) eine ausreichende Fluidität ihrer Membranen zum Wachstum benötigen.

Auch für einige membrangebundene Strukturen konnte man eine spezifische Bildung in Abhängigkeit vom Druck nachweisen. So findet man bei *Photobacterium profundum* SS9 nach Wachstum unter hohen hydrostatischen Drücken ein spezifisches Porin (OmpH) in der äußeren Membran, das wahrscheinlich die Aufnahme von gelösten Stoffen durch die äußeren Membran bei hohen hydrostatischen Drücken erleichtert. Außerdem bildet dieser Organismus beim Wachstum unter hohem Druck andere Flagellen als bei Wachstum unter Atmosphärendruck. Auch bei vergleichenden Untersuchungen mit (schwach) piezophilen und obligat piezophilen *Shewanella*-Stämmen zeigte sich, dass bei hohen Drücken offenbar spezifisch Gene exprimiert werden, die für Bestandteile einer modifizierten Atmungskette codieren.

4.4 Genomstudien an piezophilen Mikroorganismen

In den letzten Jahren wurden die Genomsequenzen verschiedener piezophiler und piezotoleranter Prokaryoten bestimmt und analysiert. Hierbei wurden sowohl γ-Proteobacteria (z. B. verschiedene *Photobacterium profundum*- und *Shewanella*-Stämme), δ-Proteobacteria (z. B. *Desulfovibrio piezophilus*) und Euryarchaeota (z. B. *Thermococcus barophilus*) analysiert.

Wie vergleichende Genomuntersuchungen an piezosensitiven und piezophilen Vertretern der Gattungen *Photobacterium, Shewanella* und *Pyrococcus* zeigten, fehlt in den piezophilen Stämmen offenbar eine Reihe von Genen. Hierbei war insbesondere das Fehlen einiger DNA-Reparatursysteme auffallend. Außerdem verfügen zahlreiche Tiefsee-Mikroorganismen über die Fähigkeit zum Abbau komplexer organischer Polymere, während die Fähigkeit zum Abbau einfacher organischer Verbindungen vielfach offenbar nur rudimentär vorhanden war.

Vergleichende Transkriptom- und Proteom-Studien mit *Photobacterium profundum* und *Shewanella*-Stämmen nach Anzucht unter verschiedenen Druckverhältnissen haben gezeigt, dass in Abhängigkeit vom Druck jeweils mehrere Hundert Gene differenziell exprimiert werden. Für *Photobacterium profundum* SS9 ergab sich überraschenderweise, dass der Stamm bei Atmosphärendruck zahlreiche für Chaperone und für die DNA-Reparatur codierende Gene verstärkt synthetisiert. Offenbar handelt es sich also bei diesem Organismus um einen echten Piezophilen, für den das Wachstum unter Atmosphärendruck Stress bedeutet.

Die vergleichenden Genom-, Transkriptom- und Proteom-Studien erlauben es bis heute nicht, spezifische „Signaturen" piezophiler Organismen zu identifizieren. Es wurde daher vorgeschlagen, dass sich piezophile und piezotolerante Mikroorganismen vielleicht nur durch ein „Fein-Tuning" der Genexpression auszeichnen. Bei dieser Betrachtungsweise steht eine Kompensation der durch Überdruckbedingungen verlangsamten biologischen Aktivitäten im Fokus. Man geht davon aus, dass einige Enzyme und Transportproteine durch hohe Drücke besonders stark beeinträchtigt werden und dass die Zellen dies durch eine verstärkte Bildung dieser Zellkomponenten kompensieren können. Hier sind insbesondere Enzyme relevant, die an der Synthese von ungesättigten Fettsäuren und Chaperonen beteiligt sind. Dies könnte auch eine Erklärung für die vielfach beobachtete verstärkte Bildung von Transportproteinen oder einzelnen metabolischen Enzymen sein.

4.5 Anwendungsaspekte

Der technische Einsatz von Hochdrucktechnologien im Bereich der Biologie beschränkt sich weitgehend auf die Lebensmitteltechnologie. Es besteht ein steigendes Interesse an der Verwendung von Hochdrucksystemen (bis zu ca. 600 MPa) zur Pasteurisierung von

Lebensmitteln. Hier bietet die Verwendung von Hochdruck gegenüber den etablierten thermischen Verfahren den Vorteil, dass die Hochdruckbehandlung nur zu geringeren Veränderungen in der Struktur und im Geschmack der Lebensmittel führt. Eine weitere Anwendungsmöglichkeit von Hochdrucksystemen besteht darin, biotechnologisch erzeugte, falsch gefaltete Proteine (wie sie z. B. in Form von *inclusion bodies* vorliegen können) durch Überdruck wieder zu dissoziieren und einer anschließenden korrekten Faltung zuzuführen.

Im Labormaßstab wurden auch bereits Systeme etabliert, in denen durch die Erhöhung des Drucks in Fermentationssystemen die Produktzusammensetzung beeinflusst werden konnte.

Es wurde bereits darauf hingewiesen, dass die Faktoren Druck und Kälte beide zu einer Reduktion in der Membranfluidität führen. Daher zeichnen sich die aus großen Tiefen isolierten „psychropiezophilen" Bakterien vielfach durch einen besonders hohen Gehalt an ungesättigten Fettsäuren in ihren Membranen aus. Somit sind diese Organismen als mögliche Produzenten biotechnologisch interessanter (mehrfach) ungesättigter Fettsäuren von großem Interesse (▶Abschn. 3.5).

❓ Fragen

- Wie viel bar bzw. MPa entsprechen in etwa der Druckangabe 1 atm?
- Welche hydrostatischen Drücke werden in den tiefsten Meeresgräben erreicht?
- Was versteht man unter der „hadalen Zone"?
- Wie unterscheidet man piezophile von piezotoleranten Organismen?
- Zu welcher Mikroorganismengruppe gehören die meisten derzeit bekannten piezophilen Organismen?
- Gibt es auf dem Boden des Marianengrabens mehrzellige Tiere?
- Bis zu welchem hydrostatischen Druck in etwa kann *E. coli* noch wachsen?
- Auf welche zellulären Strukturen wirken erhöhte hydrostatische Drücke primär?
- Welche hydrostatischen Drücke müssen zur Pasteurisierung von Lebensmitteln angewandt werden?

Literatur

Abe F (2007) Exploration of the effects of high hydrostatic pressure on microbial growth, physiology and survival: perspectives from piezophysiology. Biosci Biotechnol Biochem 71:2347–2357

Aertsen A, Meersman F, Hendrickx MEG, Vogel RF, Michiels CW (2009) Biotechnology under high pressure: applications and implications. Trends Biotechnol 27:434–441

Allen EE, Bartlett DH (2000) FabF is required for piezoregulation of *cis*-vaccenic acid levels and piezophilic growth of the deep-sea bacterium *Photobacterium profundum* strain SS9. J Bacteriol 182:1264–1271

Bartlett DH, Lauro FM, Eloe EA (2007) Microbial adaptation to high pressure. In: Gerday C, Glansdorff N (Hrsg) Physiology and biochemistry of extremophiles. ASM Press, Washington DC, S 333–348

Bartlett D, Wright M, Yayanos AA, Silverman M (1989) Isolation of a gene regulated by hydrostatic pressure in a deep-sea bacterium. Nature 342:572–574

Black SL, Dawson A, Ward FB, Allen RJ (2013) Genes required for growth at high hydrostatic pressure in *Escherichia coli* K-12 identified by genome-wide screening. PLoS ONE 8:e73995

DeLong EF, Yayanos AA (1985) Adaptation of the membrane lipids of a deep-sea bacterium to changes in hydrostatic pressure. Science 228:1101–1102

DeLong EF, Yayanos AA (1986) Biochemical function and ecological significance of novel bacterial lipids in deep-sea prokaryotes. Appl Environ Microbiol 51:730–737

El-Hajj ZW, Allcock D, Tryfona T, Lauro FM, Sawyer L, Bartlett DH, Ferguson GP (2010) Insights into piezophily from genetic studies on the deep-sea bacterium, *Photobacterium profundum* SS9. Ann NY Acad Sci 1189:143–148

Eloe EA, Lauro FM, Vogel RF, Bartlett DH (2008) The deep-sea bacterium *Photobacterium profundum* SS9 utilizes separate flagellar systems for swimming and swarming under high-pressure conditions. Appl Environ Microbiol 74:6298–6305

Glud RN, Wenzhöfer F, Middelboe M, Oguri K, Turnewitsch R, Canfield DE, Kitazato H (2013) High rates of microbial carbon turnover in sediments in the deepest oceanic trench on Earth. Nat Geosci 6:284–288

Inagaki F, Hinrichs K-U, Kubo Y, Bowles MW, Heuer VB, Hong W-L et al (2015) Exploring deep microbial life in coal-bearing sediment down to ~2.5 km below the ocean floor. Science 349:420–424

Jannasch HW, Taylor CD (1984) Deep-sea microbiology. Ann Rev Microbiol 38:487–514

Kato C, Li L, Nogi Y, Nakamura Y, Tamaoka J, Horikoshi K (1998) Extremely barophilic bacteria isolated from the Mariana Trench, Challenger Deep, at a depth of 11,000 m. Appl Environ Microbiol 64:1510–1513

Lauro FM, Bertoloni G, Obraztsova A, Kato C, Tebo BM, Bartlett DH (2004) Pressure effects on *Clostridium* strains isolated from cold deep-sea environment. Extremophiles 8:169–173

Lauro FM, Tran K, Vezzi A, Vitulo N, Valle G, Bartlett DH (2008) Large-scale transposon mutagenesis of *Photobacterium profundum* SS9 reveals new genetic loci important for growth a low temperature and high pressure. J Bacteriol 190:1699–1709

León-Zayas R, Novotny M, Podell S, Shepard CM, Berkenpas E, Nikolenko S, Pevzner P, Lasken RS, Bartlett DH (2015) Single cells within the Puerto Rico Trench suggest hadal adaptation of microbial lineages. Appl Environ Microbiol 81:8265–8276

Marietou A, Nguyen ATT, Allen EA, Bartlett DH (2015) Adaptive laboratory evolution of *Escherichia coli* K-12 MG1655 for growth at high hydrostatic pressure. Front Microbiol 5:749

Masanari M, Wakai S, Ishida M, Kato C, Sambongi Y (2014) Correlation between the optimal growth pressure of four *Shewanella* species and the stabilities of their cytochromes c_5. Extremophiles 18:617–627

Mota MJ, Lopes RP, Delgadillo I, Saraiva JA (2013) Microorganisms under high pressure – adaptation, growth and biotechnological potential. Biotechnol Adv 31:1426–1434

Nogi Y (2008) Bacteria in the deep sea: Psychropiezophiles. In: Margesin R, Schinner F, Marx J-C, Gerday C (Hrsg) Psychrophiles – From Biodiversity to Biotechnology. Springer, Berlin, S 73–82

Nunoura T, Takaki Y, Hirai M, Shimamura S, Makabe A, Koide O (2015) Hadal biosphere: insight into the microbial ecosystem in the deepest ocean on Earth. Proc Natl Acad Sci USA 112:E1230–E1236

Oger PM, Jebbar M (2010) The many ways of coping with pressure. Res Microbiol 161:799–809

Pathom-Aree W, Stach JEM, Ward AC, Horikoshi K, Bull AT, Goodfellow M (2006) Diversity of actinomycetes isolated from Challenger Deep sediment (10,898 m) from the Mariana Trench. Extremophiles 10:181–189

Pradel N, Ji B, Gimenez G, Talla E, Lenoble P, Garel M et al (2013) The first genomic and proteomic characterization of a deep-sea sulfate reducer: insights into the piezophilic lifestyle of *Desulfovibrio piezophilus*. PLoS ONE 8:e55130

Prieur D, Marteinsson VT (1998) Prokaryotes living under elevated hydrostatic pressure. Adv Biochem Eng Biotechnol 61:23–35

Reineke K, Mathys A, Knorr D (2011) The impact of high pressure and temperature on bacterial spores: inactivation mechanisms of *Bacillus subtilis* above 500 MPa. J Food Sci 76:M189–M197

Salas EC, Bhartia R, Anderson L, Hug WF, Reid RD, Iturrino G, Edwards KJ (2015) *In situ* detection of microbial life in the deep biosphere in igneous ocean crust. Front Microbiol 6:1260

Vannier P, Michoud G, Oger P, Marteinsson VP, Jebbar M (2015) Genome expression of *Thermococcus barophilus* and *Thermococcus kodakarensis* in response to different hydrostatic pressure conditions. Res Microbiol 166:717–725

Vezzi A, Campanaro S, D'Angelo M, Simonato F, Vitulo N, Lauro FM et al (2005) Life at depth: *Photobacterium profundum* genome sequence and expression analysis. Science 307:1459–1461

Yancey PH, Gerringer ME, Drazen JC, Rowden AA, Jamieson A (2014) Marine fish may be biochemically constrained from inhabiting the deepest ocean depths. Proc Natl Acad Sci USA 111:4461–4465

Yayanos AA (1998) Emperical and theoretical aspects of life at high pressure in the deep sea. In: Horikoshi K, Grant WD (Hrsg) Extremophiles – Microbial Life in extreme environments. Wiley-Liss, S 47–92

Literatur

Yayanos AA, Dietz AS (1982) Death of a hadal deep-sea bacterium after decompression. Science 220:497–498

Yayanos AA, Dietz AS, van Boxtel R (1979) Isolation of a deep-sea barophilic bacterium and some of its growth characteristics. Science 205:808–810

Yayanos AA, Dietz AS, van Boxtel R (1981) Obligately barophilic bacterium from the Mariana Trench. Proc Natl Acad Sci USA 78:5212–5215

Zhang Y, Li X, Bartlett DH, Xiao X (2015) Current developments in marine microbiology: high-pressure biotechnology and the genetic engineering of piezophiles. Curr Opin Biotechnol 33:157–164

Acidophile

© Springer-Verlag GmbH Deutschland 2017
A. Stolz, *Extremophile Mikroorganismen*,
https://doi.org/10.1007/978-3-662-55595-8_5

5.1 Vorkommen saurer Lebensräume

Es gibt zahlreiche Beispiele für das Vorkommen saurer Biotope in unserer Umwelt. Hierbei kann man zwischen Bereichen unterscheiden, die primär durch organische oder durch mineralische Säuren beeinflusst werden. Als organische Säuren fungieren einerseits Huminsäuren, die für die großflächige Ansäuerung von Waldböden oder Mooren verantwortlich sind. Diese komplexen organischen Säuren entstehen bei der partiellen Oxidation organischen Materials in Böden. Andererseits können aber auch vergleichsweise kleine Bereiche in der Umwelt durch organische Säuren wie Essigsäure, Milchsäure oder Citronensäure angesäuert werden. Diese Säuren werden als Produkte des pflanzlichen oder mikrobiellen Stoffwechsels gebildet. Es handelt sich weitgehend um schwache Säuren, die nur zu einer vergleichsweise geringen Ansäuerung (~> pH 4) der Umgebung führen.

Es gibt in der Natur aber auch Bereiche mit deutlich niedrigeren pH-Werten. Hierbei handelt es sich fast ausschließlich um Gebiete, in denen durch biotische oder abiotische Faktoren aus reduzierten Schwefelverbindungen in Gegenwart von Sauerstoff Schwefelsäure gebildet wird. Dadurch ergeben sich vielfach pH-Werte unter 2 (und sogar „negative pH-Werte"). Die für diese Prozesse verantwortlichen reduzierten Schwefelverbindungen stammen größtenteils aus zwei Quellen. Zum einen gelangen durch vulkanische Aktivitäten Schwefelwasserstoff, Sulfide und/oder elementarer Schwefel an die Erdoberfläche und werden hier in Gegenwart des Luftsauerstoffs oxidiert. Derartige Solfataren stellen also vielfach heiße Lebensräume dar und werden bereits seit vielen Jahren von Mikrobiologen untersucht (z. B. im Yellowstone-Nationalpark in den USA). Eine weitere bedeutende Schwefelquelle für die genannten Prozesse stellen mineralische Sulfide (insbesondere Eisensulfide wie etwa Pyrit) dar. Auch bei der Oxidation derartiger Erze kann es zur Ausbildung extrem saurer Bereiche kommen. Die Säurebildung in diesen Biotopen lässt sich gemäß folgender Gleichung darstellen:

$$4FeS_2 + 15O_2 + 2H_2O \rightarrow 2Fe_2(SO_4)_3 + 2H_2SO_4$$

Als typische Beispiele sind hier saure Minenabwässer (engl. *acid mine drainage*, AMD) zu nennen, die vielfach ein großes Umweltproblem darstellen. Ähnlich saure Gewässer gibt es aber auch in stärker naturbelassenen Gebieten, wie z. B. dem Rio Tinto in Südspanien, der auf einer Länge von rund 100 km pH-Werte zwischen 1,5 und 3,1 aufweist (❏ Abb. 5.1).

Eine Sonderstellung unter den sauren aquatischen Lebensräumen nehmen saure Salzseen ein, die pH-Werte zwischen 1,5 und 3 aufweisen, und nur an wenigen Orten auf der Erde (insbesondere im Süden Westaustraliens) gefunden werden (s. ▶ Kap. 7). Auch bei diesen Seen beruht die Säurebildung wahrscheinlich auf der Oxidation reduzierter Schwefelverbindungen.

In diesem Kontext bilden die Mägen vieler Wirbeltiere eine gewisse Ausnahme, denn die in diesen Verdauungssystemen herrschenden, mitunter stark sauren Bedingungen werden durch Salzsäure hervorgerufen. Diesen extrem sauren Bereich des Körpers müssen alle Mikroorganismen, die im Darm leben, zumindest bei der initialen Besiedlung des Körperinneren durchqueren. Dies lässt darauf schließen, dass die Fähigkeit, saure Bedingungen kurzfristig zu überdauern, auch als Pathogenitätsfaktor eine große Bedeutung hat (zumindest bei mit der Nahrung übertragenen Krankheitserregern).

Aufgrund der Vielfalt an leicht sauren Lebensräumen hat es sich eingebürgert, von acidophilen (also „säureliebenden") Organismen zu sprechen, wenn diese bei pH-Werten

○ Abb. 5.1 Beispiele für das Vorkommen extrem saurer Lebensräume. **a** Richmond Mine, Iron Mountain, Kalifornien (US Geological Survey), **b** Yellow Boy (saure, eisenhaltige Minenabwässer) (D. Hardesty, USGS Columbia Environmental Research Center), **c** Rio Tinto. (Wikipedia, Riotinto 2006)

unter pH 5 am schnellsten wachsen können. Dagegen wird der Begriff der Acidotoleranz von verschiedenen Forschungsrichtungen nicht immer einheitlich verwendet. So spricht man einerseits von acidotoleranten Organismen, wenn diese noch bei pH-Werten unter 5 wachsen können, andererseits wird vielfach auch die Fähigkeit, stark saure Bedingungen (z. B. im Magen) zu überleben (auch ohne Wachstum), mit dem Begriff Acidotoleranz (manchmal auch „Säureresistenz") belegt.

5.2 Acidophile und acidotolerante Mikroorganismen

Wie bereits zuvor erwähnt, sind extrem saure Biotope vielfach in Bereichen mit ausgeprägter vulkanischer Aktivität zu finden. Es überrascht daher nicht, dass auch die ersten systematischen Untersuchungen zur Säuretoleranz verschiedener Organismengruppen im Yellowstone-Nationalpark durchgeführt wurden. Im Rahmen dieser Untersuchungen ermittelte die Arbeitsgruppe von Thomas Brock zunächst primär deskriptiv einen Zusammenhang zwischen dem Vorkommen bestimmter Organismengruppen und dem pH-Wert der Umgebung und konnten hierbei zeigen, dass mehrzellige Organismen immerhin noch bis zu Werten von ca. pH 2 zu existieren vermögen. Für Fische lag die

Grenze bei diesen Untersuchungen bei etwa pH 4 und für Pflanzen (z. B. Torfmoose, *Sphagnum* sp., Seggen, *Carex* sp. und Heidekrautgewächse, Ericaceae) bei pH-Werten von 2,5–3,0. Die ausgeprägteste Anpassung an saure Bedingungen unter vielzelligen Tieren fand sich für Salzfliegen aus der Gattung *Ephydra,* die ihre gesamte Larvenentwicklung noch bei pH-Werten um pH 2 erfolgreich abschließen können.

Brock und Mitarbeiter konnten aber auch bei pH-Werten von unter pH 2 noch Lebewesen finden, allerdings handelte es sich hierbei ausschließlich um pro- und eukaryotische Mikroorganismen. Überraschenderweise beobachteten sie verschiedene niedere Eukaryoten, die bei pH-Werten unter 2 zu wachsen vermochten. Hierbei war besonders auffallend, dass unter diesen Bedingungen eine Reihe von eukaryotischen Grün- und Rotalgen wuchsen, während Cyanobakterien bei pH-Werten unter pH 4 nicht nachgewiesen werden konnten. In derartig aciden Lebensräumen besitzen also offenbar photosynthetisch aktive eukaryotische Organismen als Primärproduzenten einen Selektionsvorteil gegenüber Prokaryoten, was möglicherweise darauf zurückzuführen ist, dass die photosynthetischen Pigmente in Eukaryoten in Plastiden lokalisiert sind. Im Rahmen dieser Untersuchungen wurde weiterhin gezeigt, dass auch prokaryotische Organismen (insbesondere aus der Archaeen-Gattung *Sulfolobus*) bei pH-Werten unter 2 wuchsen.

Aufbauend auf den Arbeiten von Brock und Mitarbeitern und unterstützt durch moderne molekulare Techniken hat man in den letzten Jahren eine Vielzahl an acidophilen und acidotoleranten Mikroorganismen isoliert. Hierbei bestätigte sich zunächst die Beobachtung, dass acidophile Organismen in allen Domänen des Lebens (Eukarya, Archaea und Bacteria) zu finden sind. Es zeigte sich weiterhin, dass auch innerhalb dieser Domänen jeweils eine Reihe von Phyla Vertreter aufweisen, die unter sauren Bedingungen zu wachsen vermögen (◘ Abb. 5.2).

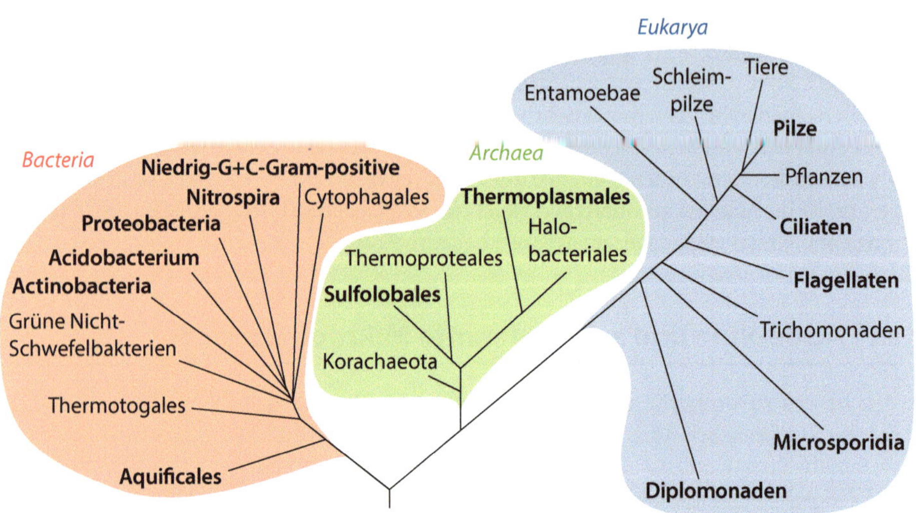

◘ **Abb. 5.2**   Vorkommen von acidophilen Organismen im Stammbaum der Organismen. Durch Fettdruck sind Phyla hervorgehoben, in denen acidophile Organismen gefunden wurden. (Nach Advances in Applied Microbiology, Hallberg und Johnson 2001, mit Erlaubnis von Elsevier)

Diese Befunde zeigten klar auf, dass die Fähigkeit zum Wachstum unter sauren Bedingungen im Verlaufe der Evolution offenbar mehrfach entstanden ist. Im Folgenden sollen einige repräsentative acidophile Organismen aus den drei Domänen des Lebens beschrieben werden.

5.2.1 Acidophile Archaea

In der Domäne der Archaea sind bereits seit vielen Jahren zwei Ordnungen bekannt, die zu unterschiedlichen Phyla gehören und jeweils eine Reihe von hochgradig acidophilen Arten umfassen. Hierbei handelt es sich einerseits um die Ordnung Sulfolobales (die zu den Crenarchaeota gehört) und andererseits um die zu den Euryarchaeota gehörende Ordnung Thermoplasmales (◘ Abb. 5.2). Die Ordnung der Sulfolobales umfasst u. a. die Gattung *Sulfolobus,* zu der auch die von Brock und Mitarbeitern erstmals beschriebene Art *Sulfolobus acidocaldarius* gehört. Weitere Gattungen mit acidophilen (und vielfach auch thermophilen) Vertretern, die zu dieser Ordnung gehören, sind *Acidianus* und *Metallosphaera* (◘ Abb. 5.3c). Die Vertreter dieser Gattungen sind häufig in der Lage, chemolithotroph mit reduzierten Schwefelverbindungen und Sauerstoff zu wachsen und hierbei Schwefelsäure zu bilden. Es überrascht daher nicht, dass diese Organismen auch unter extrem sauren Bedingungen zu leben vermögen.

Die zweite etablierte Ordnung mit einer Reihe von acidophilen Vertretern bilden die Thermoplasmales. Das erste bekannte Isolat aus dieser Gruppe – *Thermoplasma acidophilum* – wurde ebenfalls von Brock und Mitarbeitern beschrieben. Die ersten *Thermoplasma*-Stämme wurden fast ausschließlich von erhitzten Kohlenhalden isoliert. Es handelt sich um aerobe, acidophile, zellwandlose, heterotrophe Organismen (◘ Abb. 5.3b), die sich in ihren natürlichen Biotopen wahrscheinlich durch die Veratmung von organischen Verbindungen ernähren, welche aus den erhitzten Kohlehalden „ausgasen". In den letzten Jahren wurden mehrere neue Gattungen innerhalb der Thermoplasmales beschrieben, die stellenweise noch einen höheren Grad an Säuretoleranz aufweisen als die ursprünglichen *Thermoplasma*-Isolate. Hierbei ist zunächst die Gattung *Ferroplasma* zu nennen (◘ Abb. 5.3a). Einige Stämme dieser Gattung vermögen noch bei pH-Werten bis zu 1,3 zu wachsen. Diese Organismen besitzen einen chemolithotrophen Stoffwechsel und oxidieren Fe(II)-Ionen mithilfe von molekularem Sauerstoff.

Zu den Thermoplasmales gehört auch die Gattung *Picrophilus,* deren erste Vertreter aus Proben von einer japanischen Solfatare isoliert wurden. Diese schwach thermophilen Organismen veratmen organische Substanzen und besitzen im Gegensatz zu den beiden zuvor aufgeführten Gattungen Zellwände. Ein Vertreter dieser Gattung – *Picrophilus oshimae* – ist (zusammen mit den eukaryotischen „Rotalgen" aus der Familie Cyanidiaceae, s. u.) unter den derzeit bekannten Isolaten wahrscheinlich am stärksten an saure Lebensräume angepasst. Dieser Organismus zeigt ein Wachstumsoptimum bei pH 0,7 und wächst noch bei einem pH-Wert von 0,03. Allerdings findet bereits bei pH 3,0 kein Wachstum mehr statt (offenbar sind ihm diese Bedingungen bereits „zu alkalisch"!).

Neben den zuvor beschriebenen „etablierten" Gruppen der Sulfolobales und Thermoplasmales gibt es höchstwahrscheinlich noch weitere Gruppen an hochgradig acidophilen Archaeen. Hierbei ist insbesondere die sogenannte ARMAN-Gruppe (engl. *archaeal Richmond Mine acidophilic nanoorganisms*) zu nennen. Diese bis heute nicht

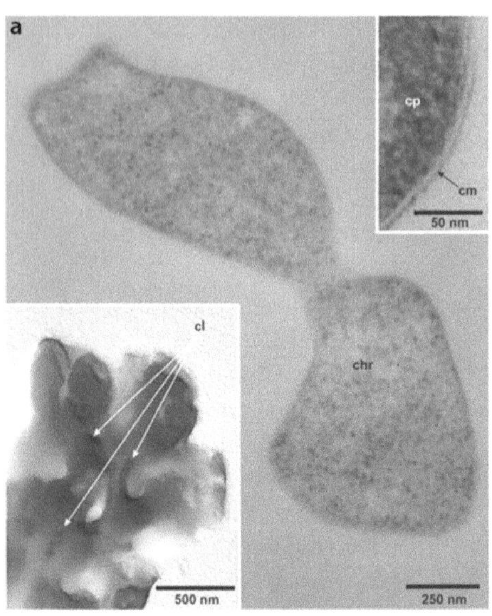
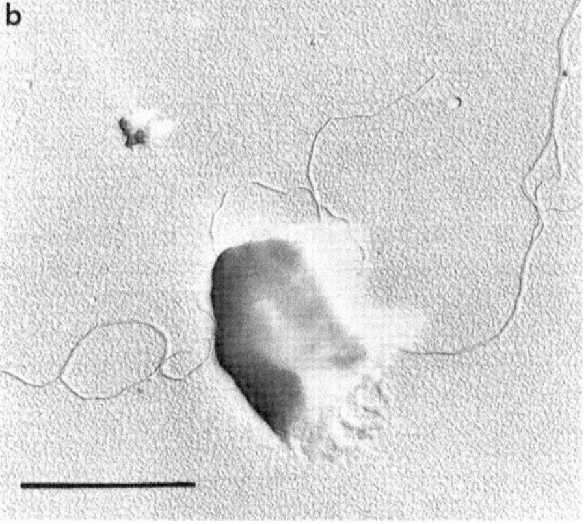
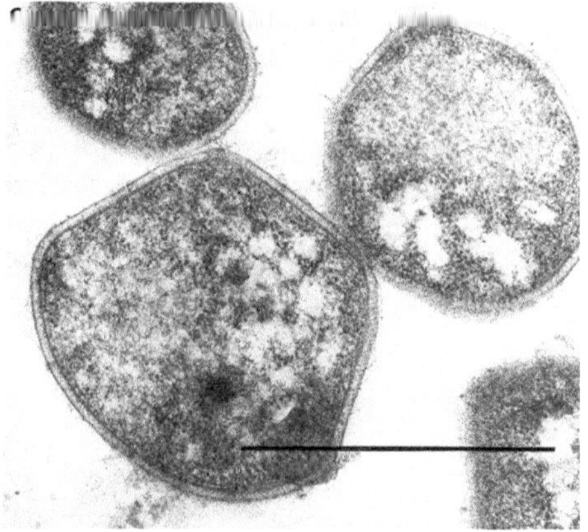

▣ Abb. 5.3 Elektronenmikroskopische Aufnahmen von acidophilen Archaeen. **a** *Ferroplasma acidiphilum*, chr- Chromosom; cl (engl. *cytoplasmic lobes*) Ausstülpungen des Cytoplasmas, cm Cytoplasmamembran, cp Cytoplasma (aus Golyshina und Timmis 2005, mit Genehmigung von John Wiley and Sons), **b** *Thermoplasma* spp. (aus Segerer und Stetter 1992b) und **c** *Acidianus infernus* (aus Segerer und Stetter 1992a). Die Balkenlänge in **b**) und **c**) beträgt 1 μm

kultivierten und wahrscheinlich zu einem erst kürzlich beschriebenen „Superphylum" („DPANN") gehörenden Mikroorganismen wurden in Biofilmen an hochgradig sauren Standorten (pH 0,5–1,5) in einer aufgegebenen kalifornischen Erzmine (s. ◘ Abb. 5.1) gefunden und stellen möglicherweise die kleinsten lebensfähigen Zellen dar.

5.2.2 Acidotolerante und acidophile Bacteria

Eine Reihe von Mikroorganismen bildet große Mengen organischer Säuren unter anaeroben Bedingungen als Gärungsprodukte (z. B. bei der Milchsäuregärung oder der „gemischten Säuregärung") oder im Zuge von unvollständigen Oxidationen (z. B. bei der Essigsäurebildung aus Ethanol). Diese Organismen müssen also generell zumindest acidotolerant sein, damit sie nicht durch die von ihnen gebildeten Säuren inhibiert werden. Die meisten Bakterien, die organische Säuren als Gärungsendprodukte bilden (z. B. Milchsäurebakterien) gehören wohl „nur" zu den acidotoleranten Organismen und wachsen vielfach nicht mehr bei pH-Werten unter 4,5. Auch die Essigsäurebakterien, die prinzipiell zu einer deutlich stärkeren Ansäuerung ihrer Medien befähigt sind, werden im Allgemeinen nur zu den acidotoleranten Organismen gezählt.

Im Rahmen von Untersuchungen zur mikrobiellen Ökologie von durch Huminsäuren beeinflussten Standorten in der Natur (z. B. Nadelwaldböden, Moore) wurden in den letzten Jahren weitere Gruppen von acidophilen und acidotoleranten Bakterien beschrieben. Hier sei zum einen das Phylum Acidobacteria genannt. Bislang hat man nur sehr wenige Reinkulturen von Acidobacteria erhalten, allerdings weisen molekularökologische Untersuchungen darauf hin, dass Vertreter dieses Phylums offenbar in sauren Böden weit verbreitet sind. Eine relativ neue Entdeckung stellen acidophile methanoxidierende Bakterien aus dem Phylum Verrucomicrobia dar. Diese Bakterien (z. B. aus der Gattung *Methylacidiphilum*) wachsen optimal bei pH-Werten um 2 und sind offenbar für die Oxidation einer signifikanten Menge des in Torfmooren gebildeten Methans verantwortlich (◘ Abb. 5.4).

Eine große Vielfalt an acidophilen Bakterien wurde im Rahmen von Untersuchungen zur mikrobiellen Oxidation sulfidischer Erze entdeckt. Hierbei wurden zunächst

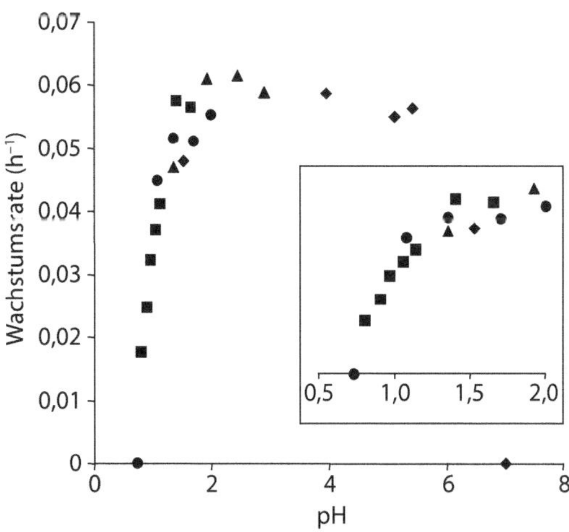

◘ **Abb. 5.4** Wachstum von *Methylacidiphilium* sp. mit Methan bei verschiedenen pH-Werten. (Nach Pol et al. 2007)

lithotrophe Gram-negative Isolate in der Gattung *Thiobacillus* zusammengefasst und die Arten gemäß der genutzten Elektronendonatoren angesprochen, z. B. als *T. thiooxidans* (Oxidation von S^{2-}, $S_2O_3^{2-}$, S), *T. ferrooxidans* (Oxidation von Fe^{2+}, $S_2O_3^{2-}$, S) und *T. acidophilus* ($S_2O_3^{2-}$, S, organische Substrate). Hierbei zeichnen sich insbesondere die lithotrophen Arten durch eine ausgeprägte Acidophilie aus und wachsen vielfach noch bei pH-Werten um 2. Später durchgeführte Untersuchungen haben dann aber gezeigt, dass die ursprünglich definierte Gattung *Thiobacillus* keinesfalls monophyletisch ist und die einzelnen Arten unterschiedlichen Gruppen innerhalb der Proteobacteria angehören. Daher schuf man für die zu den β/γ-Proteobacteria gehörenden Arten „*T. thiooxidans*" und „*T. ferrooxidans*" eine neue Gattung und benannte die Arten entsprechend in *Acidithiobacillus thiooxidans* und *A. ferrooxidans* um. Andere acidophile Vertreter der ursprünglich definierten Gattung *Thiobacillus* (z. B. *T. acidophilus*) wurden entsprechend in die zu den α-Proteobacteria gehörende Gattung *Acidiphilium* überführt. Später wurde auch eine Reihe acidophiler und acidotoleranter chemolithotropher Bakterien aus Gebieten mit Bergbauaktivitäten beschrieben, die nicht zu den Proteobacteria gehören. So scheinen für Laugungsprozesse (s. u.) insbesondere *Leptospirillum*-Arten (Phylum *Nitrospirae*) wichtig zu sein.

Des Weiteren findet man in diesen Habitaten auch heterotrophe obligat acidophile Gram-negative Bakterien. Hierbei wurden in vielen sehr sauren Biotopen insbesondere Isolate aus der Gattung *Acidiphilium* nachgewiesen, die vielfach unter aeroben und anaeroben Bedingungen auch zur Reduktion von Fe(III)-Verbindungen in der Lage sind. Weitere heterotrophe α-Proteobacteria gehören zu den Gattungen *Acidocella*, *Acidosphaera* und *Acidomonas*. Außerdem kommen in sehr sauren Biotopen auch Grampositive Bakterien (Firmicutes) vor, die Gattungen wie *Sulfobacillus* oder *Alicyclobacillus* angehören. Obgleich für *Sulfobacillus*-Stämme die Fähigkeit zum autotrophen Wachstum und zur Oxidation von Fe^{2+}-Ionen und reduzierten Schwefelverbindungen beschrieben wurde, so scheinen diese Organismen doch im Allgemeinen in Gegenwart von organisch gebundenem Kohlenstoff deutlich besser zu wachsen. In jüngerer Zeit wurde eine Reihe von Gram-positiven, Fe(III)-reduzierenden acidophilen Actinobacteria beschrieben (z. B. *Acidimicrobium*, *Acidithrix*, *Ferrimicrobium*, *Ferrithrix*).

5.2.3 Acidotolerante und acidophile Eukarya

Bereits Brock und Mitarbeiter konnten bei ihren Untersuchungen im Yellowstone-Nationalpark zeigen, dass dort unter extrem sauren Bedingungen auch einzellige Eukaryoten vorkommen. Ähnliche Beobachtungen gelangen in den Folgejahren auch für im Rahmen von Bergbauprozessen entstandene extrem saure Gewässer. Nach derzeitigem Wissensstand scheint es in vielen Gruppen von einzelligen Eukaryoten einige spezifisch an das Leben unter sauren Bedingungen angepasste Spezialisten zu geben. So wächst die Grünalge *Chlamydomonas acidophila* bis zu pH 1,5 und erfüllt in sauren Seen eine wichtige Funktion als Primärproduzent. Des Weiteren wurden in sauren Gewässern mit pH-Werten bis zu pH 3 auch Rädertierchen (z. B. *Cephalodella acidophila*), „Augentierchen" (*Euglena mutabilis*), Kieselalgen (*Pinnularia*) und Wimpertierchen (*Oxytricha*, *Vorticella*) nachgewiesen.

Besonders intensiv untersuchten verschiedene Arbeitsgruppen rote einzellige Algen (z. B. *Cyanidium caldarium* und *Galdieria sulphuraria*) aus der Familie Cyanidiaceae (Cyanidiales), da diese Organismen sowohl extrem acidophil (Wachstumsbereich pH 0,05–3) als auch tolerant gegenüber erhöhten Temperaturen, Salzgehalten und Schwermetallkonzentrationen sind.

Unter den verschiedenen Gruppen der Eukaryoten scheinen insbesondere viele Pilze eine ausgeprägte Säuretoleranz aufzuweisen. Dies korreliert wahrscheinlich mit der weiten Verbreitung (schwach) saurer Biotope im terrestrischen Bereich. Es erstaunt daher nicht, dass es unter den Pilzen offenbar auch einige Vertreter gibt, die noch bei pH-Werten unter 1 zu wachsen vermögen (z. B. *Hortaea acidophila, Acidomyces richmondensis*). Die meisten Pilze sind aber eher als neutrophil (und acidotolerant) zu klassifizieren.

5.3 Anpassungsmechanismen acidophiler Mikroorganismen an ihre Lebensräume

Es ist zunächst überraschend, dass es in so vielen Gruppen des Lebens Organismen gibt, die unter stark sauren Bedingungen zu leben vermögen, denn viele Bausteine lebender Zellen weisen unter sauren Bedingungen nur eine geringe Stabilität auf. Hierzu gehören polymere Verbindungen wie Proteine, DNA und RNA, aber auch niedermolekulare Cofaktoren, wie z. B. ATP oder NAD(P). Des Weiteren besteht auf der zellulären Ebene das Problem, dass in Gegenwart von hohen Protonenkonzentrationen in der Umgebung protonenvermittelte Transportprozesse über Membranen beeinflusst werden können (z. B. durch Protonengradienten angetriebene Symporter oder Antiporter oder bei atmenden Organismen die Atmungskette).

Die Untersuchungen an acidophilen Mikroorganismen haben klar gezeigt, dass alle bekannten acidophilen Mikroorganismen eine „Vermeidungsstrategie" anwenden, um die Inhaltsstoffe des Cytoplasmas vor den negativen Effekten einer sauren Umgebung zu schützen. So wurde sowohl für organotrophe Archaeen (*Thermoplasma acidophilum*) als auch für chemolithotrophe Bakterien (*Acidithiobacillus ferrooxidans*) gezeigt, dass diese Organismen in der Lage sind, auch bei pH-Werten von ca. 2 im Medium cytoplasmatische pH-Werte über 6 aufrechtzuerhalten. Hierbei scheint nur bei dem extrem acidophilen Archaeon *Picrophilus oshimae* eine geringfügig stärkere Ansäuerung des Cytoplasmas aufzutreten, denn für diesen Stamm wurde berichtet, dass er beim Wachstum bei pH 0,8 einen intrazellulären pH Wert von ca. 4,6 aufweise.

5.3.1 Protonentranslozierende Prozesse

Die Fähigkeit von acidophilen (und auch acidotoleranten) Mikroorganismen, eine deutlich geringere Protonenkonzentration im Cytoplasma im Vergleich zur Umgebung aufrechtzuerhalten, wird zunächst durch die allen biologischen Membranen eigene geringe Durchlässigkeit für Protonen ermöglicht. Allerdings gibt es einige Hinweise darauf, dass es bei acidophilen und acidotoleranten Mikroorganismen zu spezifischen Membranmodifikationen kommen kann. So findet man bei vielen acidophilen Archaeen Tetraetherlipide in den Zellmembranen und *E. coli* lagert unter sauren Bedingungen verstärkt Cyclopropanfettsäuren in die Membranen ein. Im Falle von Gram-negativen Bakterien gibt es auch einige Befunde, dass diese in sauren Medien möglicherweise den Einfluss von Protonen durch die Porine der äußeren Membran regulieren können. Des Weiteren spielt hier (insbesondere unter schwach sauren Bedingungen) zunächst auch eine

„passive Säureresistenz" eine Rolle, die durch die Pufferkapazität verschiedener Biomoleküle – wie Aminosäuren, Proteine, Polyamine, (Poly)-Phosphat(e) – entsteht. Eine wichtige Rolle im Hinblick auf eine „passive Säureresistenz" spielt außerdem die Fähigkeit vieler acidophiler Mikroorganismen, in Form von Biofilmen oder „Streamern" zu wachsen. In diesen Strukturen sind die Zellen in extrazellulär abgelagerten „Schleimschichten" eingelagert, die den Zellen wahrscheinlich einen gewissen Schutz gegenüber den sauren Umweltbedingungen verleihen.

Trotzdem sind alle acidophilen und acidotoleranten Mikroorganismen auf weitergehende Strategien angewiesen, um einmal in das Cytoplasma gelangte Protonen zu beseitigen. Dazu haben verschiedene Mikroorganismen unterschiedliche Mechanismen entwickelt, die in vielen Fällen auch zusammenwirken. Von großer Bedeutung sind hierbei protonentransportierende ATPasen, die offenbar in praktisch allen Mikroorganismen vorkommen. Diese ATPasen werden von atmenden Organismen zur ATP-Synthese genutzt, können aber auch unter ATP-Verbrauch Protonen aus den Zellen herauspumpen. Die Aktivität und Säuretoleranz derartiger Protonenpumpen scheinen z. B. bei Milchsäurebakterien wichtig für das Überleben bei niedrigen pH-Werten zu sein.

Obgleich es zunächst so erscheint, als stelle ein bloßes Herauspumpen von Protonen eine direkte und zielführende Strategie dar, um Protonen aus dem Cytoplasma zu entfernen, so ist dieser Prozess, insbesondere bei gärenden, säureproduzierenden Bakterien, mit „Folgeproblemen" verbunden. Wie bereits zuvor erwähnt, werden im Zuge derartiger Gärungen schwache organische Säuren gebildet, die im Allgemeinen pK_s-Werte von 3–5 aufweisen (der pK_s-Wert von Milchsäure liegt z. B. bei 3,9). Im Falle von Milchsäurebakterien, die sich in einem Medium mit einem pH-Wert von 3,9 befinden, bedeutet dies, dass die Milchsäure im Medium in gleichen Mengen in Form der freien Säure (CH_3-CHOH-COOH) und als Salz (Lactat, CH_3-CHOH-COO$^-$) vorkommt. Da die freie Säure protoniert vorliegt, kann sie relativ leicht passiv die Bakterienmembranen durchdringen und so in das Cytoplasma gelangen. Der pH-Wert im Cytoplasma liegt aber bei Milchsäurebakterien, wie bei anderen acidophilen und acidotoleranten Mikroorganismen (s. o.), deutlich höher als im umgebenden Medium (z. B. bei pH 6,5). Bei diesem pH-Wert liegt die Milchsäure jedoch primär in der deprotonierten Form (als Lactat) vor. Daher kommt es unter diesen Bedingungen letztlich zu einem Transport von Protonen in das Cytoplasma, der von den Zellen nicht verhindert werden kann (◻ Abb. 5.5). Diese Protonen müssen dann unter ATP-Verbrauch wieder aus den Zellen herausgepumpt werden. Dieser Effekt führt wahrscheinlich (mit) dazu, dass Milchsäurebakterien und andere gärende, säureproduzierende Bakterien im Allgemeinen nur säuretolerant sind.

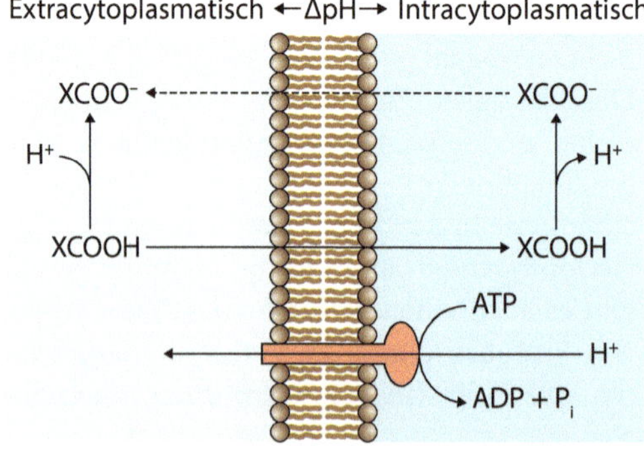

◻ **Abb. 5.5** Schematische Darstellung der Aufnahme von Protonen durch Bakterienzellen in Gegenwart schwacher organischer Säuren in Abhängigkeit von dem pH-Gradienten zwischen intra- und extrazellulärem Raum

Andererseits wird dieser Effekt vom Menschen genutzt, um mithilfe schwacher organischer Säuren Lebensmittel zu konservieren (s. u.).

5.3.2 Protonenverbrauchende Prozesse

Viele acidophile und acidotolerante Mikroorganismen können die negativen Effekte von überschüssigen Protonen im Cytoplasma auch durch protonenverbrauchende Reaktionen abmildern. Hierbei dienen vielfach Aminosäuren als Substrate, die unter Protonenverbrauch durch Deiminasen und Desaminasen (z. B. Arginin-Deiminasen) oder durch Decarboxylasen (z. B. Glutamat-, Arginin- oder Lysin-Decarboxylasen) umgesetzt werden (◘ Abb. 5.6). In den meisten Fällen sind diese intrazellulären protonenverbrauchenden Prozesse von Antiportersystemen abhängig, die den Import der Aminosäuren mit dem Export der jeweiligen Decarboxylierungsprodukte koppeln. Derartige Reaktionen *(Acid Resistance Systems)* sind z. B. von großer Bedeutung für Enterobakterien, wenn sie den Transport durch das saure Magenmilieu überstehen müssen.

5.3.3 Einfluss saurer Umweltbedingungen auf Atmungsprozesse

Wie bereits zuvor aufgeführt, weisen alle acidophilen und acidotoleranten Mikroorganismen beim Wachstum in sauren Medien einen gegenüber der Umgebung erhöhten intrazellulären pH-Wert auf. Es stellt sich daher die Frage, inwieweit diese Situation für das Wachstum von atmenden Organismen im sauren Milieu problematisch ist, da unter neutralen Bedingungen atmende Prokaryotenzellen Protonen aus den Zellen herauspumpen und mithilfe des so erzeugten Protonengradienten ATP erzeugen. Die Frage lautet also: Können acidophile und acidotolerante Organismen die im sauren Milieu vorhandenen „überschüssigen Protonen" zur ATP-Bildung nutzen? Auf der anderen Seite ist aber auch zu berücksichtigen, dass im sauren Milieu beim Herauspumpen von Protonen aus den Zellen in das Medium gegen einen bestehenden Protonengradienten gearbeitet werden muss. Zum Verständnis dieser Problematik ist zu berücksichtigen, dass sich die „protonenmotorische Kraft" (PMF, *proton motive force*) aus zwei Termen zusammensetzt,

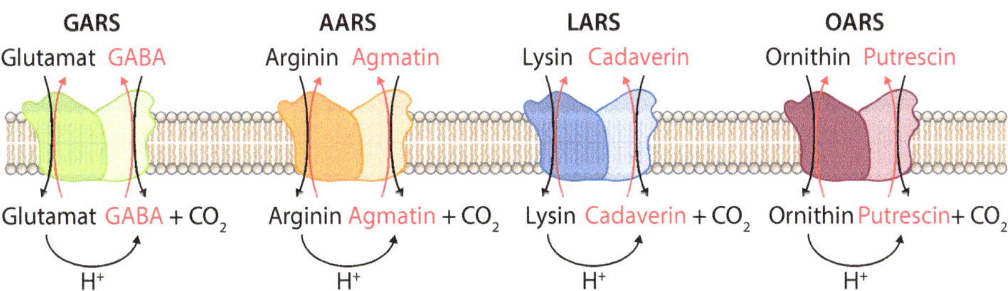

◘ **Abb. 5.6** Protonenverbrauchende Reaktionen zur Vermeidung der Ansäuerung im Cytoplasma, GARS „Glutamat-abhängiges Resistenz-System" = Glutamat-Decarboxylase + Glutamat/γ-Aminobutyrat Antiporter), AARS „Arginin-abhängiges Resistenz- System" = Arginin-Decarboxylase + Arginin/- Agmatin Antiporter), LARS „Lysin- abhängiges Resistenz- System" = Lysin-Decarboxylase + Lysin/ Cadaverin Antiporter), „OARS Ornithin- abhängiges Resistenz- System" = Ornithin-Decarboxylase + Ornithin/Putrescin Antiporter)

einerseits dem elektrischen Membranpotenzial (bei neutralen pH-Werten außen positiv) und dem Konzentrationsgefälle der Protonen (unter neutralen Bedingungen außen mehr Protonen). Rechnerisch ergibt sich die protonenmotorische Kraft als:

$$\Delta p \quad = \quad \Delta\Psi \quad - \quad Z\Delta pH[mV]$$

$$\begin{array}{ll} proton & \text{elektrisches} \\ motive & \text{Membran} \\ force & \text{potenzial} \end{array}$$

$$Z = 2,3 \; RT/F \text{ und entspricht } 59 \text{ mV bei } 25\,°C$$

Dies bedeutet also, dass bei neutralen pH-Werten im Medium beide Gradienten einen Protoneneinstrom in das Cytoplasma unterstützen (und somit die membrangebundenen ATPasen antreiben). Wie sich bei Untersuchungen mit atmenden heterotrophen acidophilen Organismen zunächst gezeigt hat, entspricht bei diesen Organismen die Organisation der Atmungsketten und membrangebundenen ATPasen prinzipiell der Situation bei neutrophilen Organismen. Außerdem wurde auch bei diesen Organismen eine ähnlich hohe PMF nachgewiesen wie bei neutrophilen Organismen, obgleich bei den acidophilen Organismen in vielen Fällen ein deutlich größerer Unterschied zwischen intra- und extrazellulärem pH-Wert besteht. Dies korreliert mit der Beobachtung, dass bei acidophilen Organismen im Allgemeinen intrazellulär ein positives elektrisches Membranpotenzial zu finden ist. Dieses positive Membranpotenzial steht also dem Einströmen von Protonen entgegengerichtet. Für die Ausbildung dieses positiven $\Delta\Psi$ wird im Allgemeinen ein sogenanntes Donnan-Gleichgewicht postuliert, bei dem es durch eine semipermeable Membran (hier die Zellmembran) zu einer ungleichen Verteilung geladener Teilchen kommt. Dies könnte bei den Acidophilen durch an Proteine gebundene positive Ladungen und/oder durch die Akkumulation von Kaliumionen im Cytoplasma hervorgerufen werden. Das bei den acidophilen Prokaryoten beobachtete positive Membranpotenzial ist für die Zellen wahrscheinlich insbesondere in „Hungersituationen" von Bedeutung. Unter diesen Bedingungen können aufgrund des mit Hungersituationen verbundenen ATP-Mangels ATP-getriebene Protonenpumpen nur eingeschränkt genutzt werden. Hier führt dann das positive Membranpotenzial dazu, dass es zu keinem vollständigen Ausgleich zwischen der Protonenkonzentration im Medium und dem Zellinneren kommt, sodass auch unter diesen Bedingungen die Ansäuerung des Cytoplasmas in einem gewissen Maße verhindert werden kann.

Bei acidophilen chemolithotrophen Mikroorganismen (z. B. *Acidithiobacillus*-Stämmen) können die bestehenden pH-Gradienten wahrscheinlich in gewissem Ausmaß zur ATP-Gewinnung genutzt werden. Diese Organismen oxidieren reduzierte anorganische Verbindungen wie Fe^{2+}, S^0 oder HSO_3^- (Sulfit) an der Außenseite ihrer Zellmembranen und übertragen die bei der Oxidation der lithotrophen Wachstumssubstrate erhaltenen Elektronen auf membrangebundene Redoxproteine. Die Elektronen können dann im Cytoplasma auf Elektronenakzeptoren übertragen werden. Dies kann z. B. bei Sauerstoff-veratmenden lithotrophen Organismen mit protonenverbrauchenden Reaktionen gekoppelt werden (◘ Abb. 5.7). Hierbei kann also letztlich der (extern generierte) Protonengradient zur ATP-Bildung genutzt werden, allerdings nur in dem Maße, in dem Elektronenakzeptoren zur Verfügung stehen. Die extrazelluläre Oxidation der Substrate verhindert außerdem mögliche toxische Effekte, wie sie z. B. bei der Anhäufung von Eisenionen im Cytoplasma auftreten könnten.

Für *Acidithiobacillus ferrooxidans* wurde gezeigt, dass für die extrazelluläre Oxidation von Fe^{2+}-Ionen ein redoxaktiver „Superkomplex" ausgebildet wird, der den periplasmatischen Raum überbrückt und die Außenseite der äußeren Membran mit der Innenseite der Cytoplasmamembran verbindet. Hieran sind verschiedene Cytochrome und das blaue kupferhaltige Protein Rusticyanin beteiligt (Abb. 5.8).

Abb. 5.7 Schematische Darstellung für den Elektronen- und Protonenfluss bei der mikrobiellen Oxidation von Fe^{2+}-Ionen. (Aus Reineke und Schlömann, Umweltmikrobiologie, 2. Aufl.)

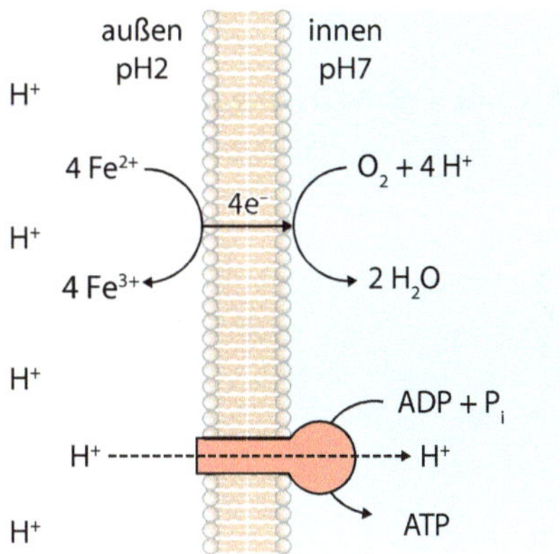

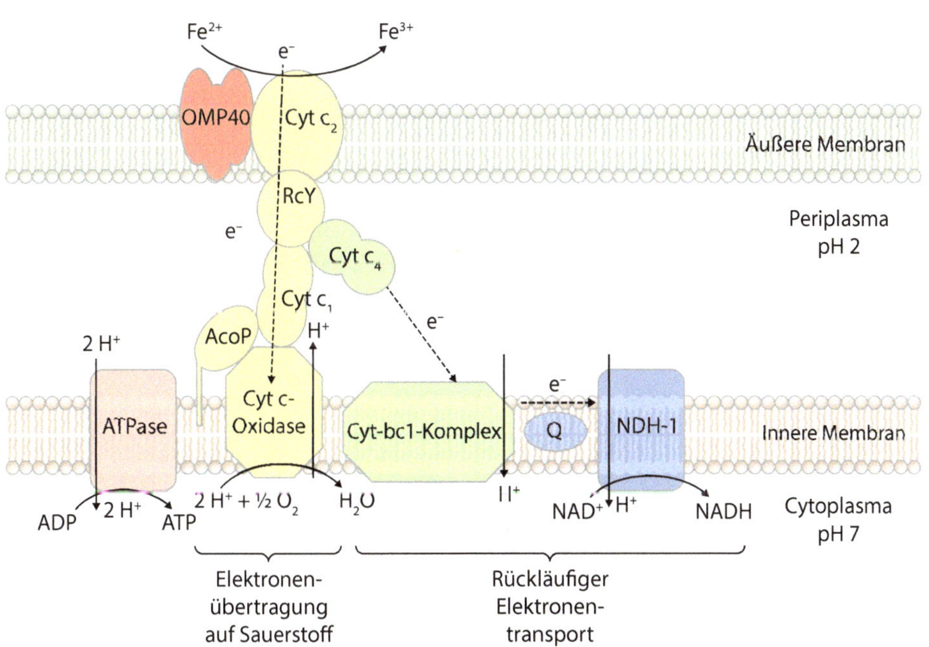

Abb. 5.8 Elektronenübertragung bei der Oxidation von Fe(II) durch *Acidithiobacillus ferrooxidans*. Cytc$_2$ Cytochrom *c*, RcY Rusticyanin, Cytc1 *c*4-Typ Cytochrom, Cytc Oxidase Cytochrom-*c*-Oxidase, AcoP kupferhaltiges Protein, Omp40 *outer membrane protein*. (Nach Roger et al. 2012 © The Biochemical Society)

Die soeben beschriebenen Mechanismen dienen primär dazu, im Cytoplasma weitgehend neutrale Bedingungen zu schaffen, die es letztlich ermöglichen, im Zellinneren weitgehend eine „Standardbiochemie" ablaufen zu lassen. Diese Möglichkeit besteht natürlich nicht im Hinblick auf extrazelluläre, periplasmatische oder an den Außenseiten der Membranen exponierte Proteine. Über die Stabilisierung dieser Moleküle ist bis heute wenig bekannt. Allerdings konnte vor einigen Jahren gezeigt werden, dass Enterobakterien in ihrem Periplasma über spezifische Hilfsproteine (Chaperone, z. B. HdeA, HdeB) verfügen, die unter sauren Bedingungen aktiviert werden und dann die durch Säuren hervorgerufene Aggregation periplasmatischer Proteine verhindern können.

5.4 Erkenntnisse aus Sequenzierungen der Genome acidophiler Mikroorganismen

In den vergangenen Jahren wurden die Genome einer Vielzahl von acidophilen Organismen sequenziert und man versuchte, aus den Sequenzinformationen Hinweise auf spezifische Anpassungsmechanismen an saure Lebensräume zu gewinnen. Wie sich hierbei zeigte, weisen viele acidophile Mikroorganismen offenbar vergleichsweise kleine Genome auf und verfügen über zahlreiche protonengetriebene Transportproteine, über eine große Vielfalt an Genen für Chaperone und DNA-Reparaturenzyme sowie über viele Gene, die am Stoffwechsel organischer Säuren beteiligte Enzyme codieren (◘ Tab. 5.1). Leider ist es derzeit aufgrund des Fehlens weiterführender experimenteller Untersuchungen noch nicht möglich abzuschätzen, welche Bedeutung diese Besonderheiten für die Anpassung an das Leben unter sauren Bedingungen haben.

Bei der vergleichenden Analyse der Genome von *Picrophilus torridus, Thermoplasma acidophilum* (beide Thermoplasmales, Euryarchaeota) und *Sulfolobus solfataricus* (Sulfolobales, Crenarchaeota) ergab sich die überraschende Beobachtung, dass bei diesen Organismen offenbar ein ausgeprägter lateraler Gentransfer zwischen Euryarchaeota und Crenarchaeota stattgefunden hat. Desweiteren hat man bei der Genomanalyse der eukaryotischen „Rotalge" *Galdariella sulphuraria* (Cyanidiophyceae, Cyanidiales) festgestellt, dass offenbar mindestens 5 % der vorhandenen Gene ursprünglich aus Archaeen und Bakterien stammen. Diese Befunde könnten möglicherweise andeuten, dass es

◘ **Tab. 5.1** Genomgrößen, pH-Optima und cytoplasmatische pH-Werte verschiedener acidophiler Mikroorganismen. (Aus Baker-Austin und Dopson 2007)

Mikroorganismus	Stoffwechseltyp	pH-Optimum	pH_{innen}	Genomgröße (Mbp)
Archaea				
Thermoplasma acidophilum	Heterotroph	1,4	6,4	1,56
Picrophilus torridus	Heterotroph	1,1	4,6	1,55
Sulfolobus acidocaldarius	Autotroph	1,8	6,5	2,23
Bacteria				
Acidithiobacillus ferrooxidans	Autotroph	1,8	6,5	2,9
Leptospirillum sp. „Gruppe II"	Autotroph	2,0	–	ca. 1,9

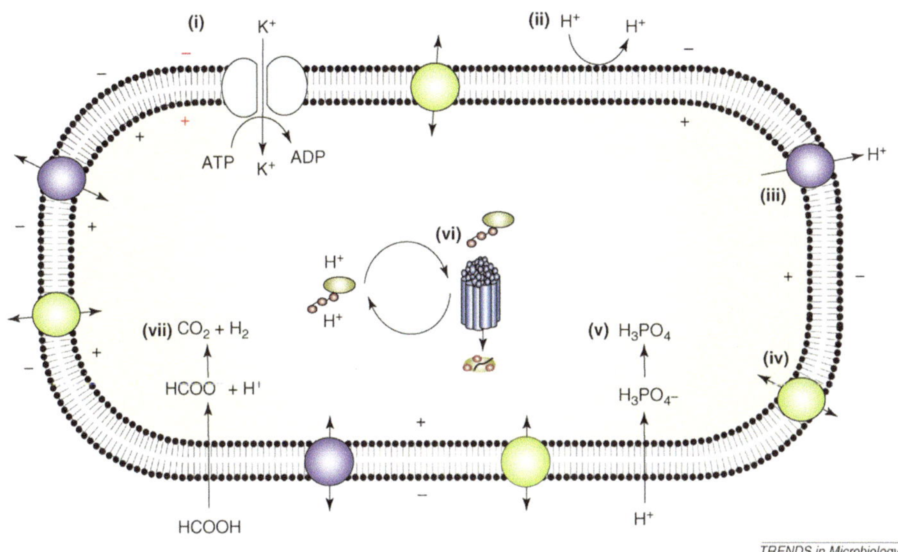

◘ **Abb. 5.9** Zusammenfassende Darstellung der bei acidophilen Mikroorganismen an der pH-Homöostase beteiligten Prozesse, **i** Etablierung eines positiven elektrischen Membranpotenzials u. a. durch verstärkte Aufnahme von K$^+$-Ionen, **ii** Anpassungen der Membranen, um die Aufnahme von Protonen zu verringern, **iii** aktiver Export von Protonen, **iv** erhöhter Anteil sekundärer Transporter, **v** protonenverbrauchende Reaktionen im Cytoplasma, **vi** erhöhte Anzahl an DNA und Proteine reparierender Enzyme, **vii** Abbau von organischen Säuren, die als Entkoppler des Protonentransports wirken könnten. (Aus Trends in Microbiology, Baker-Austin und Dopson 2007, mit Erlaubnis von Elsevier)

unter extrem sauren Bedingungen zu einem gesteigerten Gentransfer zwischen unterschiedlichen Organismengruppen kommt.

Die im Rahmen von physiologischen, biochemischen und genomischen Untersuchungen festgestellten Anpassungsmechanismen von acidophilen Organismen an ihr Habitat sind in ◘ Abb. 5.9 zusammengefasst.

5.5 Angewandte Aspekte

5.5.1 Bedeutung der Acidotoleranz bei Krankheitserregern

Obgleich die meisten Menschen in ihrem täglichen Leben das Vorkommen saurer Lebensräume und die Aktivitäten acidophiler und acidotoleranter Mikroorganismen im Allgemeinen nicht zur Kenntnis nehmen, besitzen diese mikrobiellen Aktivitäten doch einen vielfältigen Einfluss – sowohl im positiven als auch im negativen Sinne – auf das menschliche Leben. Wie bereits in der Einleitung zu diesem Kapitel beschrieben, ist die Fähigkeit (zumindest kurzzeitig) saure Bedingungen zu überleben, äußerst wichtig für Bakterien, wenn sie den Verdauungstrakt von Menschen (oder anderen Wirbeltieren) besiedeln wollen. Hierbei ist bezüglich der Säuretoleranz insbesondere die Passage durch den Magen kritisch, da hier kurzfristig sehr niedrige pH-Werte herrschen können. Die Bedeutung dieser „Säuresperre" für die menschliche Gesundheit äußert sich u. a. darin, dass vielfach ein Zusammenhang zwischen der infektiösen Dosis (d. h. der Anzahl der für einen Krankheitsausbruch notwendigen Mikroorganismen) und der Säuretoleranz der Pathogene beobachtet wurde (z. B. für enterohämorrhagische Stämme von *Escherichia coli*).

In diesem Zusammenhang nehmen Bakterien der Gattung *Helicobacter* eine Sonderstellung ein, denn sie sind in der Lage, dauerhaft die Mägen von Säugetieren zu besiedeln und hierdurch z. B. Gastritis oder Magengeschwüre hervorzurufen. Überraschenderweise hat sich die den Menschen besiedelnde Art *Helicobacter pylori* nicht als acidophil, sondern nur als acidotolerant erwiesen. Für die Fähigkeit zur Besiedlung des menschlichen Magens ist hier offenbar entscheidend, dass sich diese Bakterien in der Magenschleimhaut ansiedeln und daher den sauren Bedingungen im Magenlumen nur begrenzt ausgesetzt sind. Außerdem sind für diese Organismen offenbar Ureasen wichtig, die Harnstoff zu CO_2 und Ammonium umsetzen und hierbei Protonen verbrauchen (analog zu den weiter oben beschriebenen Systemen zum Umsatz von Aminosäuren).

Des Weiteren spielt die Säuretoleranz auch bei solchen pathogenen Bakterien eine Rolle, die in der Lage sind Phagocytoseprozesse zu überstehen. So wurde z. B. für den Brechdurchfall-Erreger *Salmonella typhimurium* gezeigt, dass er in der Lage ist, in den Phagolysosomen von Makrophagen bei Werten von pH 3–4 zu überleben.

5.5.2   Entstehung von Karies

Eine große medizinische und ökonomische Bedeutung kommt acidotoleranten Milchsäurebakterien bei der Entstehung von Karies zu. Hierbei siedeln sich unterschiedliche Milchsäurebakterien in Biofilmen auf den Zähnen an (Zahnbelag) (◐ Abb. 5.10). Diese Besiedlung der Zähne führt in Gegenwart vergärbarer Substrate (meist Mono- und Disaccharide) zu einer Ansäuerung der Zahnoberflächen. Hierbei können auf der Zahnoberfläche pH-Werte unter 5,5 erreicht werden, die zu einem zerstörerischen Abbau des Zahnschmelzes führen. Man hat klare Korrelationen zwischen der Länge und Intensität der Säureexposition der Zahnoberflächen und der Kariesintensität beobachtet. Für diesen Effekt scheinen insbesondere Stämme von *Streptococcus mutans* verantwortlich zu sein, die sich durch ihre Fähigkeit auszeichnen, effektiv an die Zähne zu binden, dort einen Biofilm auszubilden und in großen Mengen Säuren zu bilden.

5.5.3   Zersetzung von Beton

Die von acidophilen Mikroorganismen verursachte Säurebildung ruft auch auf einem weiteren Gebiet große ökonomische Schäden hervor. Hierbei handelt es sich um die vielfach beobachtete Zersetzung von Abwasserrohren aus Beton durch säureproduzierende Mikroorganismen. Hierdurch wird die mechanische Stabilität der Abwasserrohre deutlich verringert. Dieser Prozess lässt sich durch zwei miteinander verknüpfte mikrobielle Prozesse erklären. Im eigentlichen Abwasser kommt es beim gemeinsamen Vorkommen von organischen Substanzen und Sulfat und in Abwesenheit von Sauerstoff (Bedingungen, die bei hohen Konzentrationen leicht verwertbarer organischer Substanzen und geringer Durchmischung des Abwassers häufig vorliegen) zu einem Abbau organischer Verbindungen durch anaerobe Sulfat-reduzierende Bakterien. Diese verbinden die

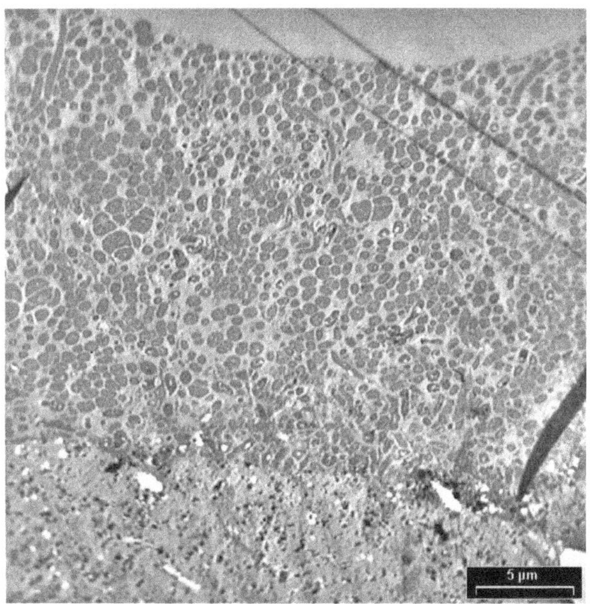

Abb. 5.10 Elektronenmikroskopische Aufnahme eines menschlichen Zahnbelags. (Mit Genehmigung von Jentsch et al. 2002, Taylor & Francis Ltd)

Oxidation der organischen Substanzen mit der Reduktion von Sulfat zu Schwefelwasserstoff (H_2S). (Diese Reaktion ist auch an dem typischen Geruch derartiger Abwässer beteiligt.) Der gasförmige Schwefelwasserstoff steigt aus der wässrigen Phase auf und gelangt in den Luftraum, der sich oberhalb des Abwassers in den Rohren befindet. Hier wird der Schwefelwasserstoff in Gegenwart von Sauerstoff z. B. durch *Acidithiobacillus thiooxidans* (vielfach in Biofilmen an den Rohrinnenseiten fixiert) zu Schwefelsäure oxidiert, die dann den Zementanteil des Betons angreift (**Abb. 5.11**). Die Initialreaktion dieses Zersetzungsprozesses kann folgendermaßen dargestellt werden:

$$Ca(OH)_2 + H_2SO_4 \rightarrow CaSO_4 + 2H_2O$$

Hierbei wird also letztlich Gips ($CaSO_4 \cdot 2H_2O$) gebildet. Nach seriösen Schätzungen ist dieser Prozess in vielen Industrieländern für volkswirtschaftliche Schäden im Umfang von mehreren Milliarden Euro pro Jahr verantwortlich.

Neben den zuvor beschriebenen negativen Effekten werden acidophile und acidotolerante Mikroorganismen aber auch in vielfacher Weise vom Menschen genutzt. Im Folgenden seien einige typische Beispiele beschrieben.

5.5.4 Anwendung von Milchsäurebakterien

Die von Mikroorganismen hervorgerufene Säurebildung macht sich der Mensch vielfach zur Stabilisierung von verderblichen Lebensmitteln zunutze. Hierbei handelt es sich in den meisten Fällen um Milchprodukte wie Joghurt oder Quark, in denen durch Milchsäurebakterien Milchsäure (in geringerem Umfang auch Essigsäure) gebildet wird.

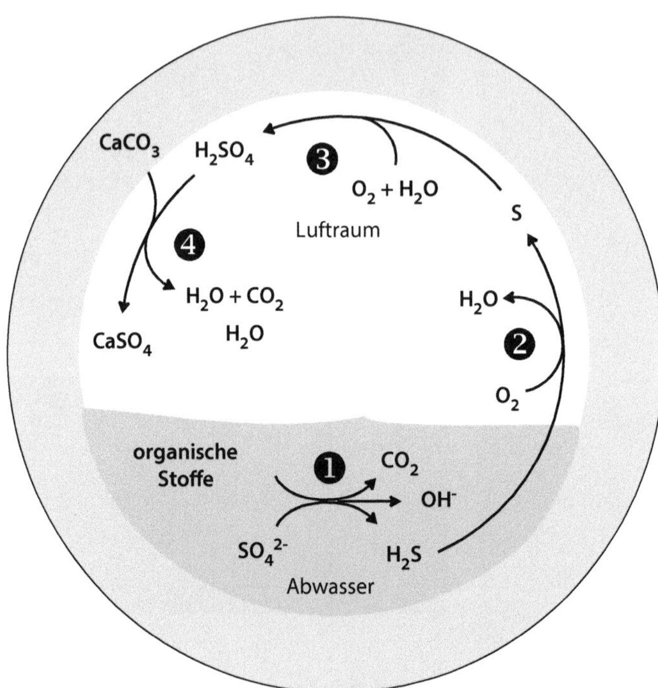

❍ Abb. 5.11 Korrosion von Abwasserleitungen durch das Zusammenwirken von Sulfat-reduzierenden und Schwefel-oxidierenden Bakterien. **1** Anaerobe Atmung mit Sulfat als Elektronenakzeptor, **2** Chemische oder biologische Oxidation von H_2S, **3** Schwefeloxidation durch „Thiobacillen", **4** Auflösung von $CaCO_3$. (Aus Reineke und Schlömann, Umweltmikrobiologie, 2. Aufl.)

Vergleichbare Konservierungsprozesse finden auch bei Fleischwaren (z. B. Rohwürste) oder pflanzlichen Produkten (z. B. Sauerkraut oder Silage) Anwendung. Diese Prozesse verändern den Geschmack und die Textur der Lebensmittel und bewirken darüber hinaus eine Konservierung, da durch die Säurebildung das Wachstum von nicht säure-toleranten Mikroorganismen („Fäulniserregern") unterdrückt wird. Dabei spielen insbesondere die zuvor beschriebenen spezifischen Effekte schwacher organischer Säuren auf zelluläre Protonengradienten eine Rolle (❍ Abb. 5.5).

Die Produktion großer Mengen von Milchsäure durch Milchsäurebakterien kann auch zur biotechnologischen Herstellung von reiner Milchsäure genutzt werden. Hierbei besitzt der mikrobielle Prozess den Vorteil gegenüber chemischen Synthesen, dass durch die enzymatische Synthese vergleichsweise einfach die reinen Enantiomere der Milchsäure (D- bzw. L-Milchsäure) hergestellt werden können, wie sie z. B. für die weitergehende Verarbeitung zu Polylactiden (biologisch abbaubaren Kunststoffen) benötigt werden. Derzeit werden jährlich mehrere Hunderttausend Tonnen Milchsäure mithilfe von Milchsäurebakterien produziert.

5.5.5 Herstellung von Essig

Organische Säuren werden von Mikroorganismen nicht nur in Gärungsprozessen ohne Beteiligung von Sauerstoff, sondern auch in Anwesenheit von Sauerstoff durch sogenannte unvollständige Oxidationen gebildet. In diesen Prozessen werden organische Substrate in Gegenwart von Sauerstoff nicht vollständig bis zur Stufe des CO_2 oxidiert, vielmehr werden nur partiell oxidierte Produkte gebildet.

Seit alters her wird eine unvollständige Oxidation für die Herstellung von Essig aus Ethanol genutzt und mithilfe dieses Prozesses wird auch heute noch der gesamte in der Nahrungsmittelindustrie verwendete Essig produziert. Die Oxidation von Ethanol zu Essigsäure wird durch eine taxonomisch distinkte Gruppe von Bakterien katalysiert. Bei diesen Essigsäurebakterien handelt es sich um Gram-negative, säuretolerante α-Proteobakterien. Traditionell unterscheidet man zwei Gruppen von Essigsäurebakterien. Die sogenannten Suboxidierer (bekannteste Gattung *Gluconobacter*) bilden obligat Essigsäure (offenbar weil ihnen ein vollständiger Citratzyklus fehlt). Im Gegensatz hierzu stehen die Peroxidierer (bekannteste Gattung *Acetobacter*), die prinzipiell (z. B. unter Substratmangelbedingungen) in der Lage sind, Essigsäure vollständig zu CO_2 zu oxidieren.

Die Essigsäurebakterien oxidieren das Substrat Ethanol im periplasmatischen Raum zu Essigsäure und verhindern hierdurch eine Ansäuerung des Cytoplasmas (❏ Abb. 5.12). Auch hier ermöglicht also ein Elektronentransfer auf die Innenseite der Cytoplasmamembran die Ausbildung eines Protonengradienten, der dann eine ATPase energetisieren kann (ähnlich wie im Stoffwechsel der zuvor beschriebenen *Acidithiobacillus*-Stämme).

Bei der Herstellung von Essig ist es von entscheidender Bedeutung, den Essigsäurebakterien möglichst ununterbrochen sowohl Ethanol als auch Sauerstoff zur Verfügung zu stellen. Diese Bedingungen erreichte man in der Geschichte der Essigherstellung durch verschiedene Verfahren. So wurden bei den ersten „vorindustriellen" Produktionsprozessen („Orleans-Verfahren") offene Fässer verwendet. Dort siedeln sich die Essigsäurebakterien in einer Kahmhaut („Essigmutter") an der Oberfläche der Flüssigkeit an (also an der Grenzfläche Ethanol-Sauerstoff) (❏ Abb. 5.13a). Im 19. Jahrhundert wurden dann Prozesse entwickelt, in denen Wein durch große, mit Holzspänen gefüllte Fässer gepumpt und die Flüssigkeit so lange zurückgeführt wurde, bis sich ausreichende Mengen an Essigsäure gebildet hatten („deutsches Verfahren") (❏ Abb. 5.13b). Hierbei kommt es zu einer Immobilisierung der Essigsäurebakterien in Form von Biofilmen an

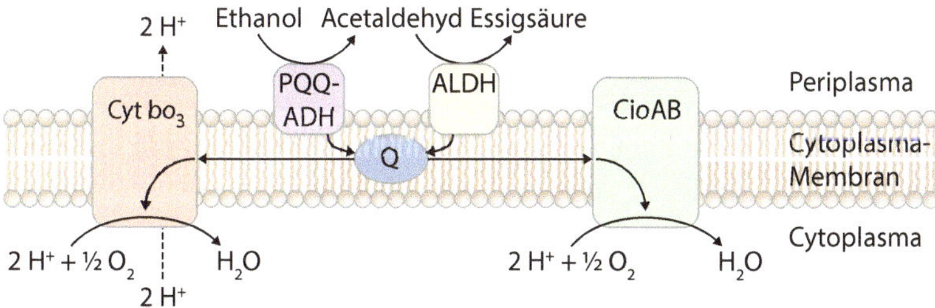

❏ **Abb. 5.12** Biochemische Reaktionen bei der Bildung von Essig aus Ethanol durch Essigsäurebakterien. ALDH membrangebundene Aldehyd-Dehydrogenase, CioAB Cyanid-insensitive Oxidase, Cyt*bo₃* Cytochrom *bo₃*, PQQ-ADH Pyrrolochinolinchinon-abhängige Alkohol-Dehydrogenase, Q Ubichinon. (Nach Yakushi und Matsushita 2010)

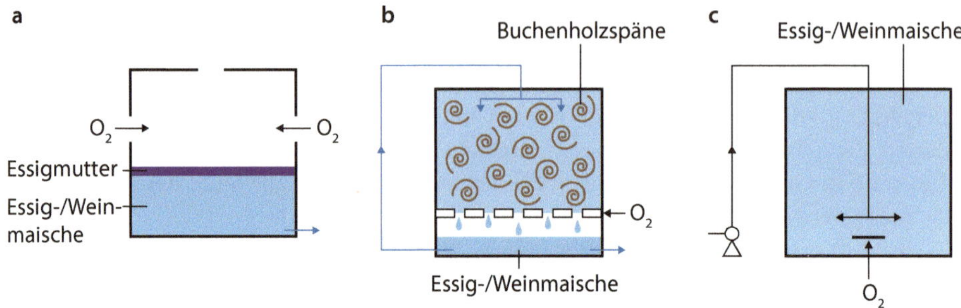

Abb. 5.13 Historische Entwicklung der Essigherstellung. (Nach Swings 1991)

die Holzspäne, wodurch eine ausreichende Sauerstoffversorgung der Bakterien erreicht wird. Heutzutage wird Essig zumeist submers in Fermentern produziert (**Abb. 5.13c**), allerdings müssen auch hierbei besondere Verfahrenstechniken eingesetzt werden, um eine ausreichende Sauerstoffversorgung der Bakterien zu gewährleisten.

5.5.6 Citronensäureproduktion

Eine weitere kommerziell wichtige unvollständige Oxidation, die unter sauren Bedingungen durchgeführt wird, ist die Citronensäureherstellung. Citronensäure ist ein quantitativ extrem wichtiges Produkt der Biotechnologie (Jahresproduktion > 800.000 t) und wird in großem Maßstab als Geschmacks- und Konservierungsstoff in der Getränke- und Nahrungsmittelindustrie, aber auch in der chemischen Industrie als Komplexbildner, Weichmacher und Antischaummittel eingesetzt. Die Möglichkeit, mithilfe von Pilzen Citronensäure herzustellen, wurde bereits vor etwa 100 Jahren erkannt und seit dem fortwährend weiter entwickelt. Die heutzutage auf dem Markt verfügbare Citronensäure wird praktisch ausschließlich mithilfe von acidotoleranten filamentösen Pilzen (insbesondere Stämmen von *Aspergillus niger*) hergestellt. Die Citronensäureproduktion erfolgt meist submers in großen Fermentern (ca. 100 m³). Die Bildung großer Mengen an Citronensäure durch die Pilze stellt spezifische Anforderungen an die Kulturmedien. Es werden sehr hohe initiale Konzentrationen (bis zu 400 g/l) an leicht verwertbaren Kohlenstoffquellen (z. B. Melassen, Mono- oder Disaccharide) und Ammoniumsalzen verwendet. Charakteristisch für den Produktionsprozess ist, dass man nur dann eine optimale Ausbeute an Citronensäure erhält, wenn die Kulturen in der Eisen- und Manganversorgung limitiert werden. Wichtig ist auch eine ausreichende, kontinuierliche Versorgung mit Sauerstoff. Das Medium wird bei pH-Werten um 5 mit den Pilzen beimpft und der pH-Wert sinkt im Zuge der Verstoffwechslung von Ammonium und der Bildung der Citronensäure bis auf ca. pH 2 ab. In der Produktionsphase ist der Prozess extrem effizient und Glucose wir annähernd stöchiometrisch zu Citronensäure umgesetzt, obgleich der Prozess ein Zusammenwirken cytoplasmatischer und mitochondrialer Aktivitäten erfordert (**Abb. 5.14**). Dies ermöglicht Ausbeuten von mehr als 500 mM Citronensäure.

In den letzten Jahren gewinnt zunehmend ein ähnlicher Prozess an Bedeutung, bei dem es ebenfalls zu einer starken Ansäuerung des Mediums kommt. Hierbei handelt es sich um die Produktion von Itaconsäure mithilfe von *Aspergillus terreus*. Dieser filamentöse Pilz dehydratisiert die aus Kohlenhydraten gebildete Citronensäure zu

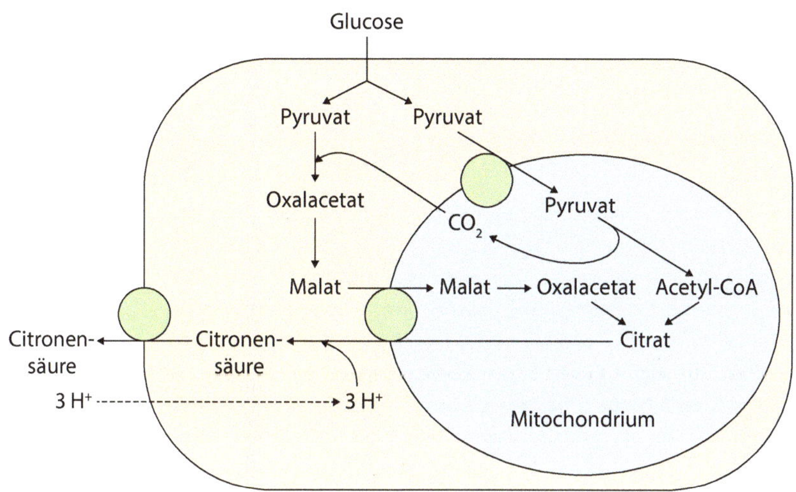

◗ Abb. 5.14 An der Bildung von Citronensäure durch *Aspergillus niger* beteiligte Stoffwechselreaktionen. (Nach Glazer und Nikaido 2007)

◗ Abb. 5.15 Itaconsäurebildung durch *Aspergillus terreus*. (Aus Sahm et al. Industrielle Mikrobiologie)

cis-Acotinsäure, welche dann mittels einer Decarboxylase zu der ungesättigten Itaconsäure umgesetzt wird (◗ Abb. 5.15). Itaconsäure kann aufgrund der Doppelbindung für die Produktion von Polymeren eingesetzt werden und könnte daher möglicherweise in einer stärker biobasierten chemischen Industrie als „Acrylatersatz" dienen.

5.5.7 Erzlaugung

5.5.7.1 Solubilisierung von Eisensulfiden

Bereits bei der Betrachtung saurer Lebensräume wurde darauf hingewiesen, dass die Abwässer von Bergbaubetrieben vielfach sehr saure pH-Werte aufweisen und dass diese Ansäuerung durch die Oxidation von Metallsulfiden (insbesondere Pyrit) hervorgerufen wird. Derartige Abwässer enthalten neben Protonen und Sulfat (= Schwefelsäure) im Allgemeinen auch hohe Konzentration an Fe(III)-Ionen. Hier kommt es also zu einer Umwandlung schwer wasserlöslicher Metallsulfide zu vergleichsweise gut wasserlöslichen Metallsulfaten. Derartige Prozesse werden als Erzlaugung („Leaching") bezeichnet und in den letzten Jahren verstärkt technisch eingesetzt. An diesen Prozessen sind sowohl acidophile, Fe(II)-Verbindungen oxidierende Mikroorganismen als auch acidophile, reduzierte Schwefelverbindungen oxidierende Mikroorganismen beteiligt.

Offenbar sind für diese Prozesse zunächst Organismen von essenzieller Bedeutung, die Fe(II)-Verbindungen zu Fe(III)-Verbindungen oxidieren. Die hierbei ablaufende Reaktion lässt sich folgendermaßen beschreiben:

$$4Fe^{2+} + O_2 + 4H^+ \rightarrow 4Fe^{3+} + 2H_2O$$

Diese Reaktionen werden von chemolithoautotrophen Organismen katalysiert, die die Oxidation von Fe(II)-Ionen mithilfe von O_2 zur Energiegewinnung nutzen können. An Laugungsprozessen scheinen insbesondere mesophile Bakterien wie *Acidithiobacillus ferrooxidans* und *Leptospirillum ferrooxidans* sowie thermophile Archaeen wie *Ferroplasma acidophilum*, *Sulfolobus acidocaldarius*, *Metallospaera sedula* und *Acidianus brierleyi* beteiligt zu sein. Die wichtige Funktion der Fe(II)-oxidierenden Bakterien für die Laugungsprozesse besteht neben der Solubilisierung von Pyrit in der Bereitstellung von Fe^{3+}-Ionen, die ein starkes Oxidationsmittel darstellen. Das Redoxpotenzial des Redoxpaares Fe^{3+}/Fe^{2+} liegt unter den Laugungsbedingungen fast auf der gleichen Höhe wie das Standardredoxpotenzial des Paares $\frac{1}{2}\,O_2/H_2O$. Durch die Fe(II)-oxidierenden Bakterien wird also ein starkes Oxidationsmittel gebildet, das auch in wassergesättigten sauerstoffarmen Bereichen reduzierte Verbindungen oxidieren kann.

Die Oxidation von Fe(II)-Verbindungen durch chemolithotrophe Organismen wird durch eine Reihe physikochemischer Faktoren behindert. So ist das Substrat nur schwer verfügbar, weil das zweiwertige Eisen in der Natur fast ausschließlich in Form praktisch wasserunlöslicher Sulfide und Oxide vorliegt. Des Weiteren ist die Nutzung des Substrats für die Organismen eingeschränkt, da Fe^{2+}-Ionen unter neutralen Bedingungen in Gegenwart von molekularem Sauerstoff zur spontanen Oxidation zu Fe^{3+}-Ionen neigen und sich so der biologischen Oxidation entziehen. Außerdem resultiert die Oxidation von Fe^{2+} zu Fe^{3+} mit O_2 unter Standardbedingungen (s. o.) nur in einer vergleichsweise geringen verfügbaren freien Energie. Offenbar kann diese Reaktion von Mikroorganismen aber unter sauren Bedingungen deutlich effizienter katalysiert werden. Dies liegt einerseits darin begründet, dass Fe^{2+}-Ionen unter sauren Bedingungen deutlich weniger zur spontanen Autoxidation neigen. Andererseits wird die aus der Fe(II)-Oxidation verfügbare freie Energie stark durch den pH-Wert und verschiedene Ausfällungsreaktionen der beteiligten Eisenspezies beeinflusst. Diese physikochemischen und thermodynamischen Eigenschaften des Redoxpaares Fe^{3+}/Fe^{2+} führen dazu, dass Fe(II)-Ionen oxidierende Mikroorganismen offenbar primär unter sauren Bedingungen optimale Lebensbedingungen finden können.

Das bei der Oxidation des Pyrits gebildete Fe^{3+} ist auch für die initiale Oxidation des sulfidischen Schwefels verantwortlich. Hierbei sind zwei verschiedene Mechanismen für die Oxidation von Metallsulfiden durch Fe(III)-Ionen beschrieben worden. Im Falle von in Säuren nicht löslichen Metallsulfiden wie Pyrit wird der sulfidische Schwefel zunächst zu Thiosulfat ($S_2O_3^{2-}$) oxidiert (Thiosulfatweg). Dieser Weg lässt sich folgendermaßen darstellen:

$$FeS_2 + 6Fe^{3+} + 3H_2O \rightarrow S_2O_3^{2-} + 7Fe^{2+} + 6H^+$$
$$S_2O_3^{2-} + 8Fe^{3+} + 5H_2O \rightarrow 2SO_4^{2} + 8Fe^{2+} + 10H^+$$

Bei in Säuren löslichen Metallsulfiden (z. B. $CuFeS_2$, As_4S_4, FeS, MnS_2, PbS, ZnS) wird intermediär elementarer Schwefel gebildet (Polysulfidweg). Im weiteren Verlauf der Oxidationsreaktionen entstehen aber in allen Fällen letztlich Sulfat und Protonen. An der Oxidation der in diesen Prozessen gebildeten Schwefelverbindungen wie Thiosulfat oder Polysulfid sind in den Laugungsprozessen auch Organismen wie *Acidithiobacillus thiooxidans* beteiligt, die die entstandenen partiell oxidierten Intermediate dann ebenfalls zu Schwefelsäure oxidieren können.

5.5.7.2 Laugung von Kupfer

Die Oxidation von Pyrit zu Fe(III)-Sulfaten wird vielfach als „primäre Laugung" (engl. *primary leaching*) bezeichnet. Das im Verlauf der primären Laugung gebildete Fe(III)-sulfat kann (in Gegenwart der ebenfalls gebildeten Schwefelsäure) in einer „sekundären Laugung" (engl. *secondary leaching*) in rein chemischen Reaktionen andere Metallsulfide (und Oxide) in Lösung bringen. Diese Prozesse lassen sich am Beispiel von Kupfererzen folgendermaßen skizzieren:

$$CuFeS_2(Chalcopyrit) + 2Fe_2(SO_4)_3 \rightarrow CuSO_4 + 5FeSO_4 + 2S$$

$$Cu_2S(Chalcocit) + 2Fe_2(SO_4)_3 \rightarrow 2CuSO_4 + 4FeSO_4 + S$$

$$CuO(Tenorit) + H_2SO_4 \rightarrow CuSO_4 + H_2O$$

Auch in diesen Prozessen werden also praktisch wasserunlösliche Metallsulfide und Oxide in wasserlösliche Verbindungen umgewandelt. Diese Prozesse werden großtechnisch zur Gewinnung von Kupfer genutzt. Hierbei werden meist Abraumgesteine mit einem verhältnismäßig geringen Kupfergehalt auf großen Halden auf einem weitgehend wasserundurchlässigen Untergrund gelagert. Das am Fuße derartiger Halden austretende Wasser enthält aufgrund der beschriebenen Laugungsprozesse hohe Konzentrationen an gelösten Cu(II)-Ionen. Aus diesen Lösungen kann man dann sehr einfach metallisches Kupfer gewinnen, indem man diese Abwässer über metallisches Eisen (z. B. Schrott) leitet. Hierbei geht gemäß der elektrochemischen Spannungsreihe das Eisen in Form von Eisen(II)-Ionen in Lösung, während die Cu-Ionen zu elementarem Kupfer reduziert werden und als kolloidales Kupfer separiert werden konnen. Das elementare Kupfer kann auch durch Extraktion mithilfe von Lösungsmitteln in Verbindung mit elektrochemischen Verfahren abgeschieden werden (engl. *extraction-electrowinning*, SX-EW).

Nachdem sich das Verständnis dieser Prozesse in den letzten Jahren deutlich verbessert hat, gibt es vielfältige Bemühungen, die Kupferausbeute zu erhöhen. Hierfür bietet sich insbesondere an, die Menge der über die Halden gepumpten Fe(III)-Ionen und der Schwefelsäure zu steigern. Dies lässt sich beispielsweise erreichen, indem man die Ausfällung des elementaren Kupfers mit einer (mikrobiellen) Oxidation des gebildeten Fe(II)-Sulfats koppelt (◘ Abb. 5.16). Nach Schätzungen sollen derzeit mehr als 15 % des weltweit erzeugten Kupfers durch derartige Laugungsprozesse gewonnen werden.

5.5.7.3 Gewinnung von Gold

Die mikrobielle Solubilisierung von Pyrit und anderen Metallsulfiden (insbesondere Arsenopyrit) wird seit einigen Jahren in der Goldförderung genutzt. Hierbei wird das in Gesteinen vorhandene Gold durch die Auflösung der umgebenden Metallsulfide für die chemische Komplexierung durch Cyanide erschlossen. Man spricht daher von einer Biooxidation und nicht von einer Laugung (◘ Abb. 5.17).

In diesem Zusammenhang wurden sowohl Prozesse kommerzialisiert, die acidophile mesophile Mikroorganismen einsetzen („BIOX-Prozess"), als auch solche mit moderat thermophilen Stämme („Mintek/Bactech Bacox"-Prozess). Aufgrund des hohen Preises von

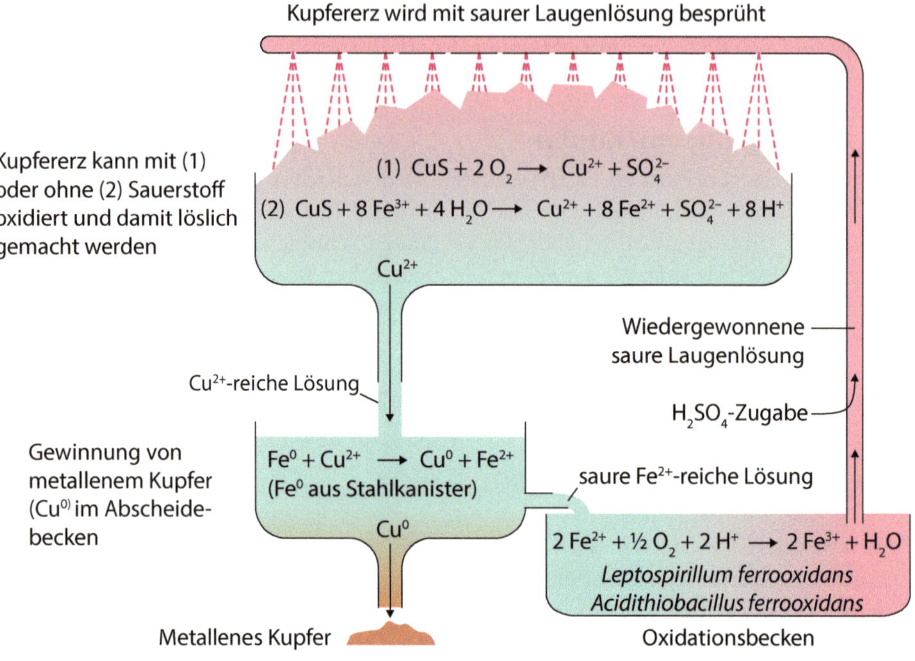

Abb. 5.16 Verfahrenskonzept für die Steigerung der Kupferlaugung durch Fe(II)-Ionen oxidierende Mikroorganismen

Abb. 5.17 Unterscheidung zwischen bakterieller Erzlaugung und Biooxidation. Bei der Erzlaugung enthalten die Erze primär Metallsulfide, z. B. Kupfer (*grün*) oder Eisen (*blau*) und Schwefel (*gelb*). Bei der Biooxidation schließen die Metallsulfide ein elementares Metall, z. B. Gold (*rot*), ein. In beiden Prozessen kommt es zur Oxidation der Metallsulfide

Gold lohnt sich bei diesen Verfahren sogar, die Biooxidation zur besseren Prozesskontrolle und Durchlüftung in Fermentern durchzuführen. Typischerweise werden hierzu mehrere Reaktoren in Serie geschaltet und in kontinuierlichem Betrieb bei pH-Werten unter 2 betrieben. Die hierbei eingesetzten Fermenter gehören zu den größten derzeit betriebenen Fermentersystemen und werden in Ländern wie Russland, Australien, Südafrika und Ghana eingesetzt (**Abb. 5.18**). Derzeit werden ca. 5 % des weltweit gewonnenen Goldes mithilfe derartiger Biooxidationsprozesse erzeugt.

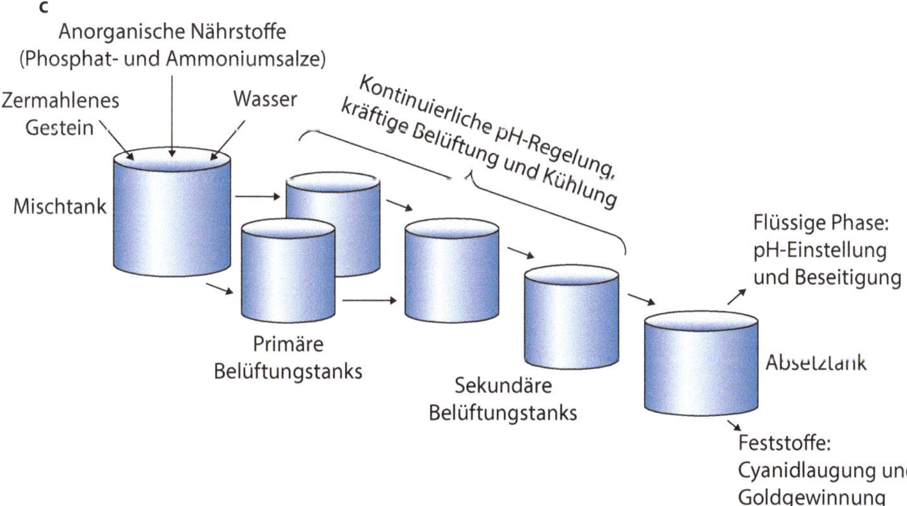

◘ Abb. 5.18   **a** und **b** Industrielle Anlagen zur Goldgewinnung durch Biooxidation (© Steve Lovegrove/stock.adobe.com), **c** Flussdiagramm einer Anlage zur Biooxidation goldhaltiger Erze

5.5.7.4 Gewinnung weiterer Metalle mithilfe von Laugungsreaktionen

Eine weitere technische Anwendung hat die bakterielle Erzlaugung in der Urangewinnung erlebt. Hierbei wird im Zuge einer sekundären Laugung das praktisch wasserunlösliche Uranerz Pechblende (UO_2) durch $Fe_2(SO_4)_3$ (das im Verlauf einer primären Laugung erzeugt wird) in das deutlich besser lösliche Uranylsulfat überführt:

$$UO_2 + Fe_2(SO_4)_3 \rightarrow UO_2SO_4 + 2FeSO_4$$

Diese Prozesse wurden über viele Jahre im Maßstab von mehreren 100 t pro Jahr in kanadischen Uranminen untertage in Form einer Haufenlaugung mit frisch gebrochenem Gestein durchgeführt und die Laugungsbrühe an die Oberfäche gepumpt und aufgearbeitet. In den letzten Jahren wurden auch Laugungsprozesse zur industriellen Cobalt-, Nickel- und Zinkgewinnung entwickelt.

❓ Fragen

- Wie können in der Umwelt extrem saure Lebensräume entstehen?
- Warum ist Acidotoleranz ein wichtiger Pathogenitätsfaktor?
- Welches sind die niedrigsten pH-Werte, bei denen höhere Pflanzen, Fische und andere mehrzellige Tiere noch leben können?
- Nennen Sie Beispiele für Gruppen von Mikroorganismen, die auch bei pH-Werten unter pH 2 noch wachsen können.
- Nennen Sie drei Gattungen acidophiler Archaea und skizzieren Sie ihre Stoffwechselwege zur Energiegewinnung.
- Nennen Sie Beispiele für lithotrophe Stoffwechselwege bei *Acidithiobacillus*-Stämmen.
- Welche Anpassungsmechanismen ermöglichen acidophilen Prokaryoten ein Wachstum bei sauren pH-Werten?
- Welche besonderen Probleme entstehen für Mikroorganismen beim Wachstum in Gegenwart schwacher organischer Säuren?
- Welche Faktoren sind an der Entstehung von Karies beteiligt?
- Skizzieren Sie die mikrobielle Herstellung von Essig.
- Welche Besonderheiten müssen bei der Citronensäureherstellung bezüglich der Medienzusammensetzung berücksichtigt werden?
- Was versteht man unter primärer und sekundärer Erzlaugung?
- Nennen Sie Organismen, die an der Erzlaugung beteiligt sind.
- Was versteht man bei der Erzverarbeitung unter „Biooxidation" und wo wird diese angewandt?

Literatur

Baker BJ, Comolli LR, Dick GJ, Hauser LJ, Hyatt D, Dill BD, Land ML, VerBerkmoes NC, Hettich RL, Banfield JF (2010) Enigmatic, ultrasmall, uncultivated archaea. Proc Natl Acad Sci USA 107:8806–8811

Baker-Austin C, Dopson M (2007) Life in acid: pH homeostasis in acidophiles. Trends Microbiol 15:165–171

Belli WA, Marquis RE (1991) Adaptation of *Streptococcus mutans* and *Enterococcus hirae* to acid stress in continuous culture. Appl Environ Microbiol 57:1134–1138

Bowen BB, Benison KC (2009) Geochemical characteristics of naturally acid and alkaline saline lakes in southern Western Australia. Appl Geochem 24:268–284

Brierley CL, Brierley JA (2013) Progress in bioleaching: partB: applications of microbial processes by the minerals industries. Appl Microbiol Biotechnol 97:7543–7552

Cárdenas JP, Valdés J, Quatrini R, Duarte F, Kolmes DS (2010) Lessons from the genomes of extremely acidophilic bacteria and archaea with special emphasis on bioleaching microorganisms. Appl Microbiol Biotechnol 88:605–620

Casiano-Colón A, Marquis RE (1988) Role of arginine deiminase system in protecting oral bacteria and an enzymatic basis for acid tolerance. Appl Environ Microbiol 54:1318–1324

Chang Y-Y, Cronan JE (1999) Membrane cyclopropane fatty acid content is a major factor in acid resistance of *Escherichia coli*. Mol Microbiol 33:249–259

Cobley JG, Cox JC (1983) Energy conservation in acidophilic bacteria. Microbiol Rev 47:579–595

Dunfield PF, Yuryev A, Senin P, Smirnova AV, Stott MB, Hou S et al (2007) Methane oxidation by an extremely acidophilic bacterium of the phylum Verrucomicrobia. Nature 450:879–883

Foster JW, Moreno M (1999) Inducible acid tolerance mechanisms in enteric bacteria. In: Chadwick DJ, Cardew G (Hrsg) Bacterial responses to pH. Novartis Foundation Symposium 221, Wiley, S 55–69

Fütterer O, Angelov A, Liesegang H, Gottschalk G, Schepers C, Dock C, Antranikian G, Liebl W (2004) Genome sequence of *Picrophilus torridus* and its implication for life around pH 0. Proc Natl Acad Sci USA 101:9091–9096

Glazer AN, Nikaido H (2007) Microbial biotechnology, 2. Aufl. Cambridge University Press, Cambridge

Golyshina OV, Timmis KN (2005) *Ferroplasma* and relatives, recently discovered cell wall-lacking archaea making a living in extremely acid, heavy metal-rich environments. Env Microbiol 7:1277–1288

González-Toril E, Llobet-Brossa E, Casamayor EO, Amann R, Amils R (2003) Microbial ecology of an extremely acidic environment, the Tinto River. Appl Environ Microbiol 69:4853–4865

Gross S, Robbins EI (2000) Acidophilic and acid-tolerant fungi and yeasts. Hydrobiologia 433:91–109

Hallberg KB, Johnson DB (2001) Biodiversity of acidophilic prokaryotes. Adv Appl Microbiol 49:37–84

Hölker U, Bend J, Pracht R, Tetsch L, Müller T, Höfer M, Hoog GS de (2004) *Hortaea acidophila*, a new acid-tolerant black yeast from lignite. Antonie Van Leeuwenhoek 86:287–294

Jentsch H, Hombach A, Beetke E, Jonas L (2002) Quantitative transmission electron microscopic study of dental plaque- an in vivi study with different mouthrinses. Ultrastruct Pathol 26:309–313

Johnson DB (2007) Physiology and ecology of acidophilic microorganisms. In: Gerday C, Glansdorff N (Hrsg) Physiology and biochemistry of extremophiles. ASM Press, Washington DC, S 257–270

Johnson DB (2014) Biomining – biotechnologies for extracting and recovering metals from ores and waste materials. Curr Opin Biotechnol 30:24–31

Jones RM, Johnson DB (2015) *Acidithrix ferrooxidans* gen. nov., sp. nov.; a filamentous and obligately heterotrophic, acidophilic member of the Actinobacteria that catalyzes dissimilatory oxido-reduction of iron. Res Microbiol 166:111–120

Kanjee U, Houry WA (2013) Mechanism of acid resistance in *Escherichia coli*. Annu Rev Microbiol 67:65–81

Kleinberg I (2002) A mixed-bacteria ecological approach to understanding the role of the oral bacteria in dental caries causation: an alternative to *Streptococcus mutans* and the specific-plaques hypothesis. Crit Rev Oral Biol Med 13:108–125

Klement T, Büchs J (2013) Itaconic acid – a biotechnological process in change. Biores Technol 135:422–431

Loesche WJ (1986) Role of *Streptococcus mutans* in human dental decay. Microbiol Rev 50:353–380

Loy A, Mandl A, Barton L (2010) Geomicrobiology: molecular and environmental perspective. Springer, Berlin

Magnuson JK, Lasure LL (2004) Organic acid production by filamentous fungi. In: Tkacz JS, Lange L (Hrsg) Advances in fungal biotechnology for industry, agriculture, and medicine. Kluwer Academic/Plenum, Boston

Matin A (1999) pH homeostasis in acidophiles. In: Chadwick DJ, Cardew G (Hrsg) Bacterial responses to pH. Novartis Foundation Symposium 221, Wiley, S 152–163

Méndez-Garcia C, Peláez AI, Mesa V, Sánchez J, Golyshina OV, Ferrer M (2015) Microbial diversity and metabolic networks in acid mine drainage habitats. Front Microbiol 6:Article 475

O'Connell M, McNally C, Richardson MG (2010) Biochemical attack on concrete in wastewater applications: a state of the art review. Cement Concr Compos 32:479–485

Okibe N, Gericke M, Hallberg KB, Johnson DB (2003) Enumeration and characterization of acidophilic microorganisms isolated from a pilot stirred-tank bioleaching operation. Appl Environ Microbiol 69:1936–1943

Papagianni M (2007) Advances in citric acid fermentation by *Aspergillus niger*: biochemical aspects, membrane transport and modeling. Biotechnol Adv 25:244–263

Pol A, Heijmans K, Harhangi HR, Tedesco D, Jetten MSM, Op den Camp HJM (2007) Methanotrophy below pH1 by a new Verrucomicrobia species. Nature 450:874–879

Raspor P, Goranovič D (2008) Biotechnological applications of acetic acid bacteria. Crit Rev Biotechnol 28:101–124

Rawlings DE, Silver S (1995) Mining with microbes. Nature Biotechnol 13:773–778

Reineke W, Schlömann M (2015) Umweltmikrobiologie, 2. Aufl. Springer, Berlin

Richard HT, Foster JW (2003) Acid resistance in *Escherichia coli*. Adv Appl Microbiol 52:167–186

Roger M, Castelle C, Guiral M, Infossi P, Lojou E, Giudici-Orticoni M-T, Ilbert M (2012) Mineral respiration under extreme acidic conditions: from a supramolecular organization to a molecular adaptation in *Acidithiobacillus ferrooxidans*. Biochem Soc Trans 40:1324–1329

Russell JB (1991) Resistance of *Streptococcus bovis* to acetic acid at low pH: relationship between intracellular pH and anion accumulation. Appl Environ Microbiol 57:255–259

Sahm H, Antranikian G, Stahmann K-P, Takors R (Hrsg) (2013) Industrielle Mikrobiologie. Springer Spektrum, Heidelberg, New York

Schleper C, Puehler G, Holz I, Gambacorta A, Janekovic D, Santarius U, Klenk H-P, Zillig W (1995) *Picrophilus* gen. nov., fam. nov.: a novel aerobic, heterotrophic, thermoacidophilic genus and family comprising archaea capable of growth around pH 0. J Bacteriol 177:7050–7059

Schönknecht G, Chen W-H, Ternes CM, Barbier GG, Shrestha RP, Stanke M et al (2013) Gene transfer from bacteria and archaea facilitated evolution of an extremophilic eukaryote. Science 339:1207–1210

Schrenk MO, Edwards KJ, Goodman RM, Hamers RJ, Banfield JF (1998) Distribution of *Thiobacillus ferrooxidans* and *Leptospirillum ferrooxidans*: implications for generation of acid mine drainage. Science 279:1519–1522

Segerer AH, Stetter KO (1992a) The order Sulfolobales. In: Balows A, Trüper HG, Dworkin M, Harders W, Schleifer K-H (Hrsg) The Prokaryotes, 2. Aufl. Springer, Berlin, S 684–701

Segerer AH, Stetter KO (1992b) The genus *Thermoplasma*. In: Balows A, Trüper HG, Dworkin M, Harders W, Schleifer K-H (Hrsg) The Prokaryotes, 2. Aufl. Springer, Berlin, S. 712–718

Spang A, Caceres EF, Ettema TJG (2017) Genomic exploration of the diversity, ecology, and evolution of the archaeal domain of life. Science 357:eaaf3883

Stevenson BS, Eichorst SA, Wertz JT, Schmidt TM, Breznak JA (2004) New strategies for cultivation and detection of previously uncultured microbes. Appl Environ Microbiol 70:4748–4755

Swings J (1991) The genera *Acetobacter* and *Gluconobacter*. In: Balows A, Trüper HG, Dworkin M, Harders W, Schleifer K-H (Hrsg) The Prokaryotes, 2. Aufl. Springer, Berlin, S 2268–2286

Tapley TL, Körner JL, Barge MT, Hupfeld J, Schauerte JA, Gafni A, Jakob U, Bardwell BA (2009) Structural plasticity of an acid-activated chaperone allows promiscuous substrate binding. Proc Natl Acad Sci USA 106:5557–5562

Vera M, Schippers A, Sand W (2013) Progress in bioleaching: fundamentals and mechanisms of bacterial metal sulfide oxidation – part A. Appl Microbiol Biotechnol 97:7529–7541

Weisse T, Laufenstein N, Weithoff G (2013) Multiple environmental stressors confine the ecological niche of the rotifer *Cephalodella acidophila*. Freshwater Biol 58:1008–1015

Wilke T, Vorlop KD (2001) Biotechnological production of itaconic acid. Appl Microbiol Biotechnol 56:289–295

Yakushi T, Matsushita K (2010) Alcohol dehydrogenase of acetic acid bacteria: structure, mode of action, and applications in biotechnology. Appl Microbiol Biotechnol 86:1257–1265

Yamazaki A, Toyama K, Nakagiri A (2010) A new acidophilic fungus *Teratosphaeria acidotherma* (Capnodiales, Ascomycota) from a hot spring. Mycoscience 51:443–455

Alkaliphile

© Springer-Verlag GmbH Deutschland 2017
A. Stolz, *Extremophile Mikroorganismen*,
https://doi.org/10.1007/978-3-662-55595-8_6

6.1   **Vorkommen alkalischer Lebensräume**

Alkalische Lebensräume mit pH-Werten von 9 und höher sind auf der Erde nur selten anzutreffen. Die flächenmäßig größten zusammenhängenden alkalischen Lebensräume bilden die sogenannten Sodaseen. In diesen Seen liegen sehr hohe Konzentrationen an Na_2CO_3/$NaHCO_3$ (Soda/Natron) vor. Hierdurch werden alkalische pH-Werte bis etwa 11,5 hervorgerufen. Für die Ausbildung dieses Seentyps ist eine Reihe von geologischen, geografischen und klimatischen Besonderheiten erforderlich. So findet man Sodaseen primär in Gebieten, in denen das Gestein nur geringe Mengen an Calcium und Magnesium enthält. Dies korreliert im Allgemeinen mit einem vulkanischen Ursprung des Untergrunds und einem weitgehenden Fehlen von Sedimentgesteinen. Des Weiteren findet man Sodaseen typischerweise in abflusslosen Senken in warmen Gebieten. Die zuvor aufgeführten Voraussetzungen ermöglichen es einerseits, dass hohe Konzentrationen an gelöstem Na-Carbonat akkumulieren können. (In Anwesenheit von Calcium- und/oder Magnesiumionen würden dagegen wasserunlösliche Erdalkalicarbonate ausfallen.) Andererseits kann es in den beschriebenen Senken unter dem Einfluss starker Sonneneinstrahlung zu einer signifikanten Aufkonzentrierung des gelösten Na-Carbonats kommen. Ausgeprägte Sodaseen zeichnen sich daher nicht nur durch hohe pH-Werte, sondern auch durch hohe Ionenkonzentrationen ($> 4\,M\;Na^+$-Ionen und $> 2\,M\;HCO_3^-$/CO_3^{2-}) aus. Hierbei ist aber zu berücksichtigen, dass sich durch ausgeprägte Regenfälle sowohl die pH-Werte als auch die Ionenkonzentrationen schnell ändern können. Die bekanntesten und am besten untersuchten Sodaseen finden sich im Rift-Valley in Ostafrika (z. B. Lake Bogoria, Lake Magadi), weitere mehr oder weniger stark ausgeprägte Sodaseen aber auch im Süden der USA, in Mexiko und verschiedenen Ländern Südamerikas und Zentralasiens (◨ Abb. 6.1).

Sodaseen werden schon seit vielen Jahren exemplarisch als alkalische mikrobielle Lebensräume untersucht. Erst seit relativ kurzer Zeit im Fokus mikrobiologischer Untersuchungen stehen dagegen Gebiete, in denen es im Zuge der sogenannten Serpentinisierung zu erhöhten pH-Werten kommt. Hierbei entstehen durch den Kontakt silicathaltiger Mineralien (z. B. Olivin) mit Wasser und Kohlendioxid unter Alkalisierung andere Mineralien (z. B. Serpentin), sowie Methan und Wasserstoff. Derartige Prozesse findet man sowohl in bestimmten Hydrothermalsystemen der Tiefsee („Lost City", ◨ Abb. 2.2, ▶ Abschn. 2.1) als auch im terrestrischen Bereich (z. B. im Grundwasser und in Quellgebieten in Portugal, der Türkei, im Oman, in Kanada und Kalifornien). Die chemische Zusammensetzung der gelösten Stoffe in diesen Quellen unterscheidet sich grundlegend von derjenigen in den Sodaseen, da hier nur niedrige Ionenkonzentrationen vorliegen und primär $Ca(OH)_2$ für die alkalischen Bedingungen verantwortlich ist.

Neben den erwähnten natürlichen alkalischen Biotopen gibt es auch eine Reihe von Bereichen, in denen die hohen pH-Werte auf den Menschen zurückgehen. So werden bei einigen traditionellen Prozessen wie der Gerberei, der Indigoherstellung und der Konservierung von Oliven, aber auch bei der Zementherstellung und in Abfallhalden aus der Eisen- und Aluminiumverarbeitung stellenweise außergewöhnlich hohe pH-Werte erreicht.

Die zuvor beschriebenen Systeme stellen makroskopisch sichtbare, über längere Zeiträume alkalische Bereiche dar. Wahrscheinlich gibt es in der Natur aber auch vielfältige Biotope, in denen es nur kleinräumig und vorübergehend zur Ausbildung alkalischer pH-Werte kommt. So können hohe pH-Werte z. B. bei der Zersetzung von tierischen Exkrementen oder Kadavern und bei anderen Prozessen der mikrobiellen

◨ Abb. 6.1 Weltweite Verbreitung von Sodaseen. **a** Lake Magadi © Birute Vijeikiene/stock.adobe.com, **b** Lake Bogoria © Kyslynskyy/Getty Images/iStock, **c** Mono Lake © delray77/Getty Images/iStock

Ammonifikation entstehen. Außerdem führt auch die mikrobielle Sulfatreduktion zu einer Alkalisierung der Umgebung. Des Weiteren müssen in diesem Zusammenhang auch die Verdauungstrakte zahlreicher Insekten berücksichtigt werden, in denen vielfach hohe pH-Werte erreicht werden. So wurden im Darm von Termiten pH-Werte von 10–12 nachgewiesen.

6.2 Alkaliphile und alkalitolerante Mikroorganismen

Unter natürlichen Bedingungen sind pH-Werte über 11 nur äußerst selten zu beobachten. Daher bezeichnet man Organismen im Allgemeinen als alkalitolerant, wenn sie noch bei pH-Werten über 8 zu wachsen vermögen. Die Definition alkaliphiler Organismen wird von verschiedenen Autoren unterschiedlich gehandhabt. So werden stellenweise Organismen als alkaliphil eingestuft, wenn sie nur bei pH-Werten über 8 wachsen können. In den meisten Fällen wird aber von alkaliphilen Organismen „erwartet", dass ihr pH-Optimum (also der pH-Wert, an dem das schnellste Wachstum stattfindet) über pH 9 liegt (◘ Abb. 6.2). Hier kann man dann in Abhängigkeit von der Fähigkeit, auch bei neutralen pH-Werten zu wachsen, zwischen fakultativ und obligat alkaliphilen Mikroorganismen differenzieren.

Die Untersuchung alkaliphiler Mikroorganismen wurde in den 1970er- und 1980er-Jahren insbesondere von der japanischen Arbeitsgruppe um Koki Horikoshi vorangetrieben. Hierbei gelang die überraschende Beobachtung, dass alkaliphile Bakterien in fast allen Böden nachweisbar sind. Zwar erhielten die Wissenschaftler mit steigenden pH-Werten der untersuchten Böden auch eine steigende Anzahl an alkaliphilen Isolaten, aber auch aus Böden mit pH-Werten um 5 wurden noch alkaliphile Bakterien isoliert. Dies wurde mit dem Auftreten zeitlich und/oder räumlich isolierter „Mikrokompartimente" (z. B. Tierkadavern, s. o.) erklärt, die auch in Böden mit einem weitgehend sauren „Gesamt-pH" auftreten können.

Von allen alkalischen Biotopen wurden die afrikanischen Sodaseen bislang am intensivsten untersucht, obgleich viele dieser Seen recht abgelegen und daher auch heute noch vergleichsweise schlecht für wissenschaftliche Fragestellungen erschließbar sind. Ausgeprägte Sodaseen zeichnen sich durch das fast völlige Fehlen makroskopisch sichtbarer Tiere aus. So kommen in vielen dieser Seen jeweils nur Fische aus einer einzige Gattung

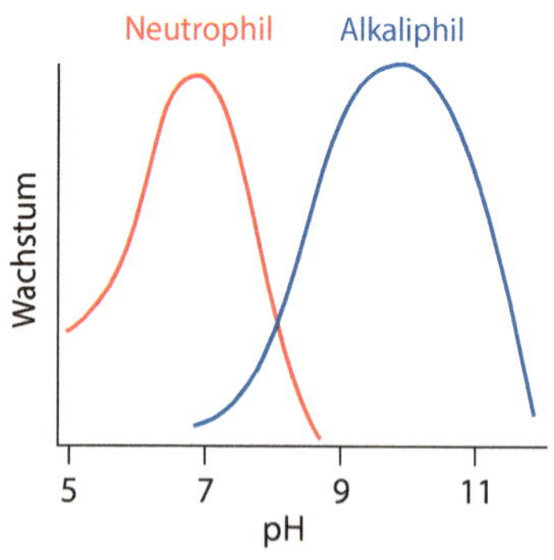

◘ **Abb. 6.2** Typische pH-Abhängigkeit des Wachstums von neutrophilen und alkaliphilen Mikroorganismen

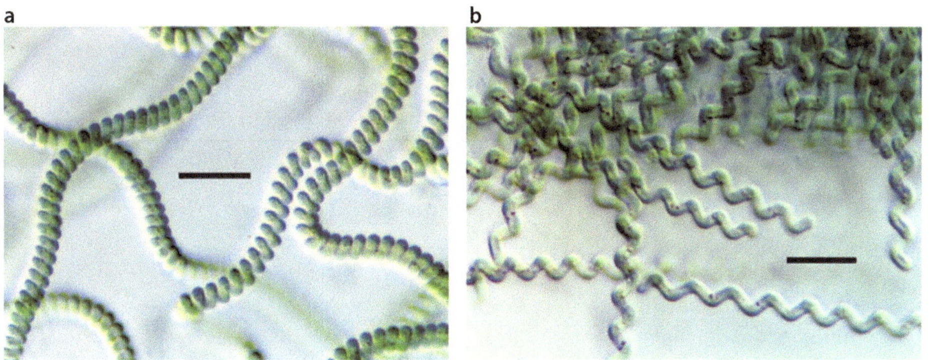

▢ Abb. 6.3 Lichtmikroskopische Aufnahmen von **a** *Spirulina subsalsa* und **b** *Spirulina major*, Balkenlänge 10 µm. (Aus Sili et al. 2012)

vor („Soda-Cichliden", *Alcolapia* sp., syn. *Tilapia alcalica, T. grahami, Oreochromis alcalicus grahami*). Überraschenderweise gehören Sodaseen zu den produktivsten Biotopen auf der Erde. Die Primärproduktion wird insbesondere durch phototrophe alkalitolerante und alkaliphile Cyanobakterien geleistet. Hierbei fallen insbesondere Cyanobakterien aus den Gattungen *Arthrospira* und *Spirulina* auf, die sich durch charakteristische spiralförmige Strukturen (Trichome) auszeichnen und Größen über 100 µm erreichen (▢ Abb. 6.3). Außerdem findet man in diesen Seen vielfach Cyanobakterien aus den Gattungen *Anabaenopsis, Cyanospira, Chroococcus* und *Synechococcus*.

Für die hohe Primärproduktion spielen die hohen Belichtungsraten in den Gebieten, in denen Sodaseen auftreten, eine wichtige Rolle. Des Weiteren wird ein positiver Einfluss des gelösten Carbonats diskutiert, der zu einer unlimitierten Versorgung der autotrophen Cyanobakterien mit CO_2 führt. Außerdem hat höchstwahrscheinlich auch das weitgehende Fehlen größerer Fressfeinde in der Wassersäule einen positiven Einfluss auf die Akkumulation hoher Zelldichten an Cyanobakterien in diesen Sodaseen. (Allerdings wird in diesen Seen ein Teil der Primärproduktion durch Flamingos „abgeerntet", ▢ Abb. 6.1).

Neben den Sauerstoff-produzierenden (oxygenen) Cyanobakterien findet man in sauerstoffarmen Schlammablagerungen der Sodaseen auch anoxygene phototrophe Bakterien. Hierbei wurden insbesondere Isolate aus der Gattung *Ectothiorhodospira* physiologisch untersucht, die mit Sulfid, Carbonat und organischen Säuren phototroph zu wachsen vermögen und Sulfid zu elementaren Schwefel aufoxidieren, der dann außerhalb der Zellen abgelagert wird (wie es der Gattungsname bereits andeutet).

Neben phototrophen autotrophen Mikroorganismen trägt auch eine Vielzahl an chemolithotrophen Mikroorganismen zur Primärproduktion in Sodaseen bei. Hieran sind insbesondere Bakterien beteiligt, die verschiedene Schwefelverbindungen (z. B. Sulfid, Thiosulfat und elementaren Schwefel) mithilfe von Sauerstoff (oder anderen Elektronenakzeptoren) oxidieren (wie Vertreter der zu den γ-Proteobakterien gehörenden Gattungen *Thioalkalivibrio, Thioalkalimicrobium* und *Thioalkalispira*).

Alkaliphile (und häufig auch halophile) Archaeen (z. B. aus den Gattungen *Natronobacterium, Natronococcus, Natronomonas* oder *Natrialba*) übernehmen in den Sodaseen offenbar eine wichtige Funktion bei der Remineralisierung der gebildeten Biomasse. Diese Organismen sind vielfach durch Carotinoide rot pigmentiert und an der häufig beobachteten rötlichen Färbung der Sodaseen beteiligt (▢ Abb. 6.1). Neben den heterotrophen Archaeen findet man auch heterotrophe Bakterien in Sodaseen. Hierbei wurden einige Gram-negative Arten (z. B. aus der Gattung *Halomonas*), aber deutlich häufiger Gram-positive Bakterien, insbesondere aus der Klasse Bacilli *(Bacillus sensu-latu)* isoliert. Deutlich seltener wurden alkaliphile Gram-positive Bakterien aus anderen Gruppen, z. B. den Gattungen *Exiguobacterium, Nesterenkonia, Streptomyces, Actinomyces* oder *Dietzia*, beschrieben.

Auch in den weitgehend anoxischen Sedimenten der Sodaseen erfolgt ein Abbau der durch die Primärproduzenten gebildeten Biomasse. Hier fanden sich alkaliphile gärende Bakterien wie Vertreter der Klassen Clostridia und Spirochaetes (z. B. *Spirochaeta americana*), Sulfat-Reduzierer (z. B. aus den Gattungen *Desulfonatronovibrio* oder *Desulfonatronum*) sowie auch einige zumindest alkalitolerante methanogene Archaeen (z. B. *Methanohalophilus* sp., *Methanocalculus* sp., *Methanosalsum* sp.).

Anhand der verschiedenen identifizierten mikrobiellen Stoffwechselleistungen lassen sich die grundlegenden Stoffkreisläufe in Sodaseen skizzieren (Abb. 6.4).

Auch aus anderen alkalischen Lebensräumen (z. B. aus Termitendärmen oder den Prozesswassern der Indigoherstellung) sind bereits verschiedene Mikroorganismen isoliert worden, darunter auffallend häufig Isolate aus der Klasse Bacilli *(Bacillus sensu-latu)*.

Wie die mikrobiologische Untersuchung der „serpentinisierten" heißen Tiefseequellen (insbesondere des Gebiets, das als „Lost City" bezeichnet wird) gezeigt hat, unterscheidet sich die Mikrobiologie dieser Quellen grundlegend von der der zuvor gefundenen „Black Smoker". Man fand hier vielfach sehr hohe Zelldichten methanogener Archaea aus der Ordnung Methanosarcinales. Das Vorkommen von reduzierten Verbindungen (insbesondere H_2), Carbonaten, einfachen organischen Verbindungen, Ammonium und verschiedenen Metallen in Verbindung mit dem im Zuge der Serpentinisierung gegenüber der Umwelt generierten Protonengradienten hat eine Reihe von

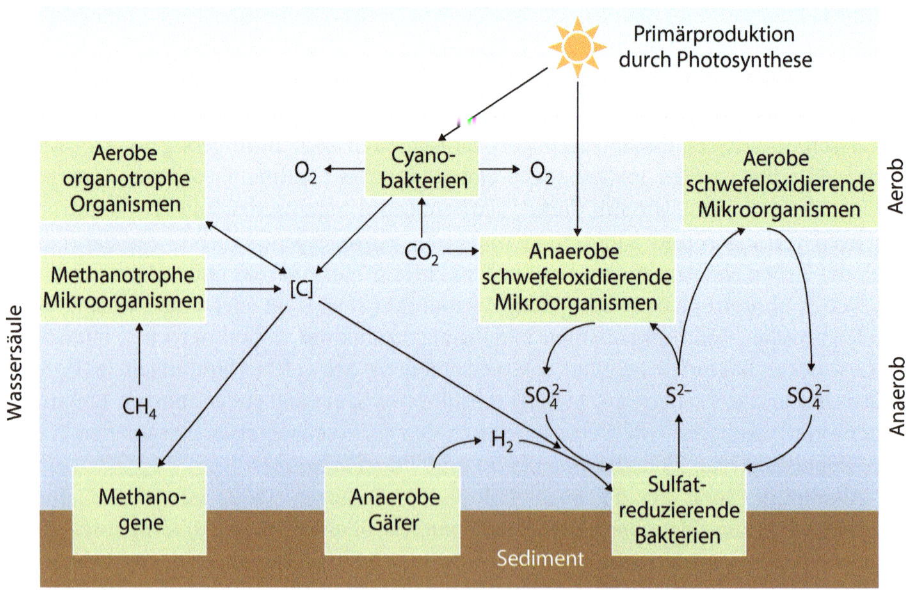

☐ Abb. 6.4 Schematische Darstellung der Nährstoffkreisläufe in Sodaseen. (Nach Jones et al. 1998)

Autoren zu der Hypothese angeregt, dass vielleicht das irdische Leben in derartigen alkalischen Tiefseequellen entstanden sein könnte.

Die terrestrischen „serpentinisierten" Quellen werden erst seit Kurzem mikrobiologisch erforscht. Untersucht wurde insbesondere ein Quellsystem in Kalifornien („The Cedars"), das weitgehend einheitlich pH-Werte zwischen 11,5 und 11,9 aufweist. In Quellen, die aus tiefem Grundwasser gespeist werden, konnte man mittels molekularbiologischer Methoden u. a. das Vorkommen von Vertretern des Phylums Chloroflexi und der Klasse Clostridia belegen. In anderen Quellen des gleichen Quellgebiets, die offenbar auch durch höher liegendes Grundwasser gespeist werden, wurden insbesondere β-Proteobakterien aus dem Verwandtschaftsbereich der Gattung *Hydrogenophaga* nachgewiesen. Hier gelang auch bereits eine Kultivierung der Bakterien (vorgeschlagener Gattungsname *Serpentinomonas*). So erhielt man ein *Serpentinomonas*-Isolat, das ein pH-Optimum bei pH 11 aufweist und autotroph mit Wasserstoff, Calciumcarbonat und Sauerstoff zu wachsen vermag. Weitergehende Untersuchungen zeigten, dass verwandte Organismen auch in anderen „serpentinisierten" Quellen weltweit vorkommen.

Im Gegensatz zu der Situation bei der Erforschung der acidophilen Mikroorganismen ist es bei den Alkaliphilen nur schwer möglich, aus den Literaturangaben einen „Rekordhalter" zu definieren. Dies hängt wahrscheinlich damit zusammen, dass es experimentell recht schwierig ist, im Rahmen mikrobieller Wachstumsversuche langfristig stabil einen definierten stark alkalischen pH-Wert aufrechtzuerhalten. So finden sich in der Literatur verschiedentlich Angaben über ein Wachstum des Cyanobakteriums *Plectonema nostocorum* bei pH 13, allerdings liegen hierfür offenbar keine gesicherten Originaldaten vor. Als weiteres Beispiel für einen extrem alkaliphilen Mikroorganismus sei hier (neben den zuvor beschriebenen *Serpentinomonas*-Arten) *Alkaliphilus transvaalensis* aufgeführt, ein heterotropher anaerober Sporenbildner, der aus 3,2 km Tiefe in einer Goldmine in Südafrika isoliert wurde. Dieser Organismus zeigt ein pH-Optimum bei pH 10 und vermag auch bei pH 12,5 noch zu wachsen. Auch für einige alkaliphile *Bacillus*-Stämme (z. B. *Bacillus marmarensis*) wurde noch über ein Wachstum bei pH 12,5 berichtet.

6.3 Anpassungsmechanismen alkaliphiler Mikroorganismen an ihre Lebensräume

Das mikrobielle Wachstum unter stark alkalischen Bedingungen wird (ähnlich wie unter stark sauren Bedingungen) durch die Empfindlichkeit zahlreicher Biomoleküle gegenüber extremen pH-Werten limitiert. Hierbei sind insbesondere verschiedene polymere Makromoleküle (z. B. RNA und Proteine) als alkalilabil beschrieben worden. Außerdem stellt sich bei atmenden chemotrophen wie auch bei photosynthetisch aktiven Prokaryoten die Frage, wie diese Organismen die für ihre jeweiligen Stoffwechselleistungen notwendigen Protonengradienten bei hohen pH-Werten generieren, stabilisieren und nutzen können.

Die meisten Untersuchungen zur Anpassung alkaliphiler Mikroorganismen an ihre Lebensräume wurden mit *Bacillus*-Stämmen (insbesondere *Bacillus (pseudo)firmus* OF4) durchgeführt. *B. (pseudo)firmus* OF4 ist fakultativ alkaliphil und wächst in einem pH-Bereich von etwa 7,5–11,4. Hierbei wurde gezeigt, dass *B. (pseudo)firmus* OF4 und andere alkaliphile Mikroorganismen (ähnlich wie acidophile Mikroorganismen) in der

Lage sind, den pH-Wert ihres Cytoplasmas im annähernd neutralen Bereich zu stabilisieren. So kann *B. (pseudo)firmus* OF4 beim kontinuierlichen Wachstum in einem Medium mit pH 10,5 einen cytoplasmatischen pH-Wert von ca. 7,6 aufrechterhalten.

Erstaunlicherweise sind die Proteine der Atmungskette bei atmenden alkaliphilen Bakterien (wie z. B. *Bacillus*-Stämmen) prinzipiell gleichartig organisiert wie bei Neutrophilen. Dies bedeutet, dass alkaliphile Bakterien im Zuge der Atmung Protonen aus den Zellen herauspumpen, obgleich unter Wachstumsbedingungen die Protonenkonzentration im Cytoplasma höher liegt als im alkalischen Medium. Zur Erklärung dieses scheinbaren Widerspruchs ist zunächst die Beobachtung wichtig, dass die Fähigkeit zur weitgehenden Neutralisierung des Zellinneren bei vielen *Bacillus*-Stämmen (und wahrscheinlich auch bei vielen anderen alkaliphilen Mikroorganismen) strikt abhängig vom Vorhandensein von Na^+-Ionen im Medium ist. (Nach neueren Erkenntnissen könnten bei einigen Arten auch K^+-Ionen von Bedeutung sein.) Außerdem verfügen diese Organismen über vielfältige „elektrogene" Na^+/H^+-Antiporter. Diese Transportproteine koppeln den Ausstrom von Na^+-Ionen mit der Aufnahmen einer größeren Anzahl an hereinströmenden Protonen. Hierdurch kann im Cytoplasma ein niedriger pH-Wert als im umgebenden Medium generiert werden. Der so aufgebaute Na^+-Gradient (mit einer höheren Konzentration an Na^+-Ionen im Medium als im Zellinneren) wird wiederum genutzt, um eine Reihe von Prozessen zu energetisieren, die bei neutrophilen Organismen durch Protonengradienten angetrieben werden. Dies betrifft insbesondere verschiedene Symporter für organische Säuren, aber auch die Flagellenbewegung. Außerdem kann die für diese Alkaliphilen essenzielle Wiederaufnahme von Na^+-Ionen auch durch spannungsabhängige Ionenkanäle vermittelt werden (z. B. NavBP bei *B. (pseudo)firmus* OF4).

Wie bedeutend die Generierung von Na^+-Gradienten für alkaliphile Mikroorganismen ist, bekräftigt auch die kürzlich bei dem chemolithotrophen schwefeloxidierenden γ-Proteobakterium *Thioalkalivibrio versutus* AL2 entdeckte Na^+-pumpende Cytochrom-*c*-Oxidase, da Cytochrom-*c*-Oxidasen aus neutrophilen Organismen immer Protonen translozieren.

Atmende alkaliphile *Bacillus*-Stämme verfügen nicht nur über eine „konventionell" ausgerichtete (also Protonen aus den Zellen herauspumpende) Atmungskette, sondern überraschenderweise auch über protonengetriebene ATP-Synthasen, obgleich verschiedentlich in neutrophilen (und auch gärenden alkaliphilen) Mikroorganismen bereits Na-getriebene ATP-Synthasen/ATPasen beschrieben worden sind.

Wie bereits in ▶ Kap. 5 dargelegt, setzt sich der elektrochemische Gradient der protonenmotorischen Kraft (*proton motive force*, PMF) aus zwei Termen zusammen, einerseits dem elektrischen Membranpotenzial und andererseits dem Konzentrationsgefälle der Protonen, gemäß der Gleichung:

$$\Delta p \quad = \quad \Delta\Psi \quad - \quad Z\Delta pH[mV]$$

proton	elektrisches	
motive	Membran	
force	potenzial	

$$Z = 2{,}3\ RT/F \text{ und entspricht } 59\ mV \text{ bei } 25\,°C$$

Es wurde auch schon darauf hingewiesen, dass bei Neutrophilen und (circa-)neutralen pH-Werten im Medium beide Gradienten einen Protoneneinstrom in das Cytoplasma unterstützen (und somit die membrangebundenen ATP-Synthasen antreiben). Bei den alkaliphilen Mikroorganismen liegen aber (wie schon mehrfach betont) höhere Konzentrationen an Protonen im Cytoplasma als im Außenmedium vor. Dies bedeutet, dass in diesem System $\Delta\Psi$ und ΔpH entgegengerichtet sind. Trotzdem hat sich gezeigt, dass die Organisation der ATP-Synthasen in den Membranen der Alkaliphilen prinzipiell der Organisation dieser Enzymkomplexe bei Neutrophilen gleicht. Allerdings haben molekularbiologische Untersuchungen in den letzten Jahren ergeben, dass die ATP-Synthasen aus Alkaliphilen eine Reihe von Besonderheiten aufweisen. So hat man in den protonenleitenden Elementen der ATP-Synthasen bestimmte „Signalsignaturen" gefunden, die an der Umwandlung des elektrochemischen Gradienten in „Rotationsenergie" beteiligt sind (a- und c-Untereinheiten des F_0-Teils der ATP-Synthasen). Diese Besonderheiten könnten eventuell für das Einfangen und die Bindung von Protonen unter alkalischen Bedingungen von Bedeutung sein. Eine weitere Besonderheit der ATP-Synthasen aus alkaliphilen Mikroorganismen besteht in der verhältnismäßig hohen Anzahl an Untereinheiten, die den „c-Ring-Rotor" bilden. Hier wurden bei verschiedenen Organismengruppen c-Ringe beschrieben, die sich aus acht bis 15 Untereinheiten zusammensetzen. Die ATP-Synthasen alkaliphiler Stämme weisen jeweils 13 Untereinheiten auf und liegen damit am obersten Ende der derzeit bekannten Stöchiometrien. Da eine vollständige Drehung des Rotorrings wahrscheinlich generell mit der Synthese von drei ATP-Molekülen korreliert, könnte ein größerer c-Ring möglicherweise unter Bedingungen einer geringen PMF vorteilhaft sein.

Man geht davon aus, dass Alkaliphile einen Weg gefunden haben, um die durch die Atmungskette aus den Zellen heraustransportierten Protonen mehr oder weniger spezifisch auf die ATP-Synthasen zu übertragen, da der Transport von Protonen aus den Zellen heraus in das alkalische Wachstumsmedium ansonsten letztlich nur zu einer „Neutralisierung des Mediums" führen würde. Eine vollständige Äquilibrierung der durch die Atmungskette herausgepumpten Protonen mit dem Außenmedium scheint bei alkaliphilen Mikroorganismen durch verschiedene Mechanismen unterdrückt zu werden. Zum einen spielen hier (zumindest bei einigen Alkaliphilen) mit der Zellwand assoziierte anionische Polymere (z. B. Teichuronsäuren, Polyglucuronate oder Polyglutamate) eine Rolle, die offenbar die Zellmembranen zu einem gewissen Grad gegenüber dem Außenmedium abschirmen können. Diese Funktion könnte bei alkaliphilen Gram-negativen Bakterien durch die äußere Membran erfüllt werden. Zum anderen wurden verschiedene Modelle für eine Übertragung der durch die Atmungskette herausgepumpten Protonen auf die ATP-Synthasen vorgeschlagen. Dies könnte durch eine vergleichsweise hohe Konzentration (oder Beweglichkeit) der beiden Proteinkomplexe oder durch eine mehr oder weniger direkte Übertragung der Protonen an der Membranoberfläche erreicht werden (■ Abb. 6.5).

Außer den zuvor erläuterten Besonderheiten der Alkaliphilen bezüglich ionentransportierender Membranproteine wurden bei manchen Stämmen noch einige weitere Besonderheiten in den Zellmembranen beschrieben, die möglicherweise zur Alkalitoleranz beitragen. So konnte für einige obligat alkaliphile *Bacillus*-Stämme gezeigt werden, dass Phospholipide die wichtigsten polaren Lipide darstellen und dass primär ungesättigte und/oder verzweigte Lipide in den Zellmembranen vorhanden sind.

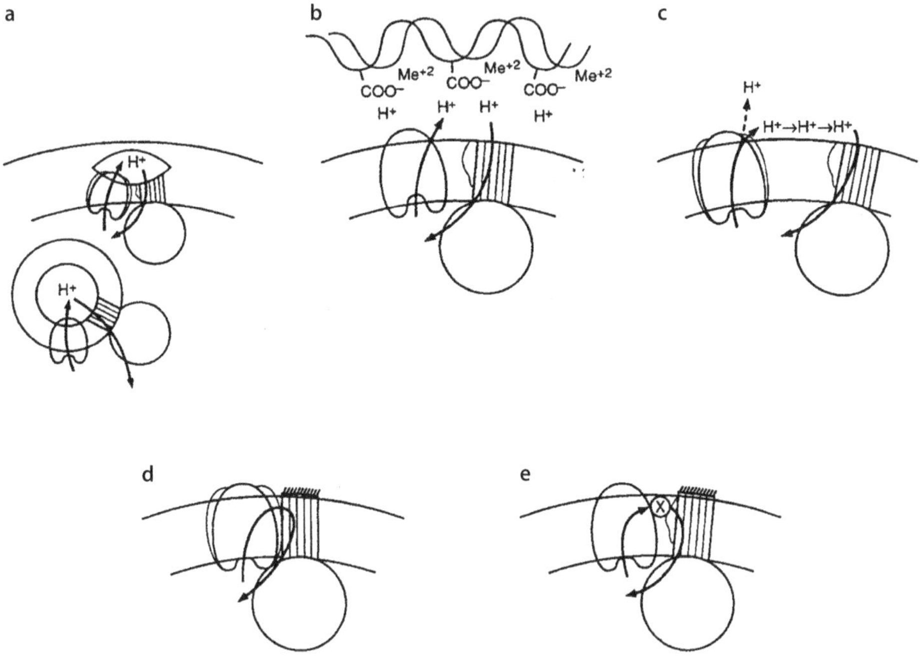

6

Abb. 6.5 Modellvorstellungen über Möglichkeiten zur Übertragung der durch die Atmungskette translozierten Protonen auf ATPasen im alkalischen Milieu. **a** Die oxidative Phosphorylierung könnte in membranumschlossenen Vesikeln ablaufen, **b** Die von der Atmungskette exportierten Protonen könnten unter Beteiligung von sauren Zellwandpolymeren in der Umgebung der Zellmembran gebunden werden, **c** die von der Atmungskette transportierten Protonen könnten durch kurzfristigen Kontakt zwischen Atmungskettenproteinen und ATPasen auf die ATPasen übertragen werden, **d**, **e** Die Protonen könnten direkt **d** oder über „Mediatoren" **e** auf die ATPasen übertragen werden. (Aus Advances in Microbial Physiology, Krulwich et al. 1998, mit Erlaubnis von Elsevier)

6.4 Erkenntnisse aus Sequenzierungen der Genome alkaliphiler Mikroorganismen

In den letzten Jahren wurden die Genome einer Reihe von alkaliphilen Mikroorganismen sequenziert. Einer eingehenderen Analyse wurden hierbei primär die Genome verschiedener alkaliphiler *Bacillus*-Stämme unterzogen (*B. halodurans* C-125, *B. (pseudo)firmus* OF4). Für *B. halodurans* C-125 konnte man zeigen, dass das Genom eine große Ähnlichkeit mit dem von *B. subtilis* aufweist. Es wurde vorgeschlagen, dass sich *B. halodurans* C-125 aufgrund einer außergewöhnlich hohen Anzahl an Transposasegenen und Genen für extracytoplasmatische Sigma-Faktoren durch eine größere genetische und physiologische Flexibilität gegenüber seinen neutrophilen Verwandten auszeichnet.

Wie man bei der Sequenzierung des Genoms von *B. (pseudo)firmus* OF4 feststellte, besteht offenbar eine nahe Verwandtschaft zwischen *B. (pseudo)firmus* OF4 und *B. halodurans* C-125 besteht. Des Weiteren wurde gefunden, dass in *B. (pseudo)firmus* OF4 offenbar in den extracytoplasmatischen Raum ausgerichtete Proteine im Vergleich zu neutrophilen *Bacillus*-Stämmen einen signifikant höheren Anteil an sauren Aminosäuren enthielten. Dies könnte unter alkalischen Bedingungen erforderlich sein, um eine

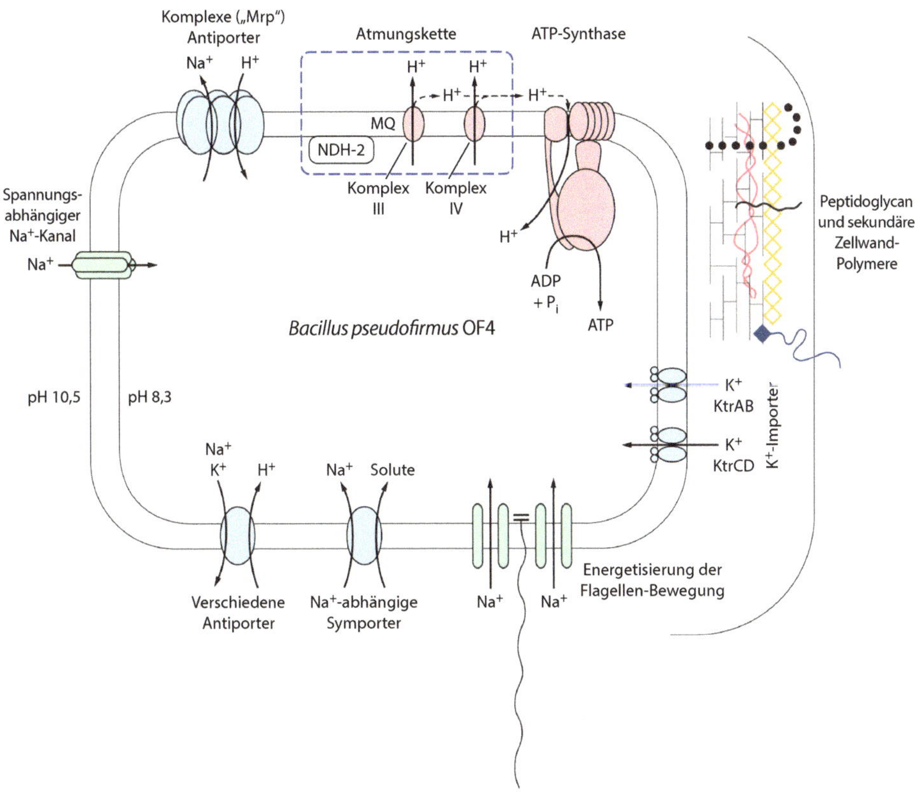

◙ Abb. 6.6 Übersicht über die für die cytoplasmatische pH-Kontrolle von alkaliphilen Mikroorganismen verantwortlichen Systeme. (Nach Preiss et al. 2015, CC-BY)

korrekte Faltung dieser Proteine zu gewährleisten oder um Na^+-Ionen (oder Protonen) in der Nähe der Zelloberfläche zu binden. Außerdem wurde in dem Genom von *B. (pseudo)firmus* OF4 die genetische Information für 13 Kation/Proton-Antiporter gefunden, die wahrscheinlich zum großen Teil an dem essenziellen Na^+/H^+-Antiport beteiligt sind.

Die zuvor dargelegten Besonderheiten alkaliphiler Mikroorganismen lassen sich schematisch wie in ◙ Abb. 6.6 dargestellt zusammenfassen.

6.5 Angewandte Aspekte

Im traditionellen Handwerk wurden alkalitolerante und alkaliphile Mikroorganismen über viele Jahrhunderte in Europa und Asien zur Herstellung von Indigo verwendet. Hierbei kommt es im Verlaufe des Prozesses unter alkalischen Bedingungen zu einer mikrobiellen Reduktion des Farbstoffs. Heutzutage besteht das Hauptinteresse bei der Anwendung alkaliphiler Mikroorganismen in der Nutzung der von ihnen gebildeten Exoenzyme. Diese Proteine zeichnen sich vielfach durch eine ausgeprägte Stabilität und Aktivität bei hohen pH-Werten aus, da sie in den natürlichen Biotopen der alkaliphilen

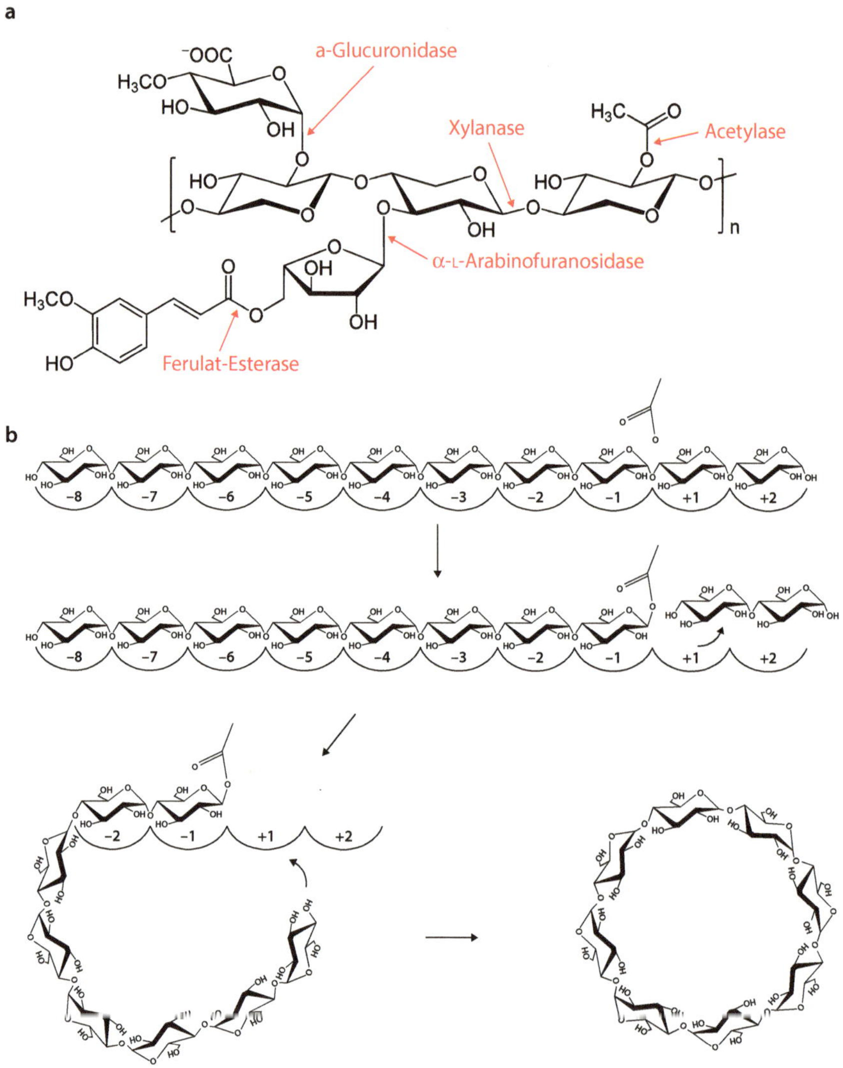

6

◘ Abb. 6.7   Von **a** Hemicellulosen-abbauenden Enzymen und **b** γ-Cyclodextrin-Glykosyltransferasen katalysierte Reaktionen, nach Kelly et al. 2008

Mikroorganismen katalytisch aktiv sein müssen. Nach dem derzeitigen Stand des Wissens scheint es aber keine generellen Anpassungsmechanismen zu geben, die es Enzymen ermöglichen, bei außergewöhnlich hohen pH-Werten aktiv und/oder stabil zu sein. Von industriellem Interesse sind hier insbesondere Enzyme, die in Waschmitteln aktiv sein sollen, da sich viele Waschlaugen durch verhältnismäßig hohe pH-Werte auszeichnen. Für den Einsatz in Waschmitteln relevant sind vor allem Proteasen (z. B. zur Entfernung von Blut-, Ei- und Grasflecken, sowie zur Verhinderung der Ausbildung von „Grauschleiern"), Amylasen (z. B. zur Beseitigung von Kartoffel- und Nudelflecken) und Lipasen (z B. zur Beseitigung von Verunreinigungen durch hydrophobe Kosmetika und fetthaltige Lebensmittel). Auch in der Gerberei finden unter alkalischen Bedingungen

a

b

■ Abb. 6.8   Kultivierung von *Spirulina* **a** in offenen Teichen in Thailand (© Prof. David Hall/Science Photo Library) oder **b** im Photobioreaktor. (GICON-Photobioreaktor, Standort Hochschule Anhalt, Foto M. Salisch, mit freundlicher Genehmigung)

aktive Proteasen Verwendung. Hierbei wird versucht, unter alkalischen Bedingungen möglichst selektiv das Keratin der Haarfollikel zu zerstören, ohne das Kollagen der Haut anzugreifen. Ein verwandtes Anwendungsgebiet bildet der enzymatische Abbau von Federn, die in großem Maßstab im Rahmen der „industriellen" Geflügelzucht anfallen.

Ein weiteres wichtiges Anwendungsgebiet stellt die Zellstoffbleiche bei der Papierherstellung dar, bei der vielfach alkalische pH-Werte eingesetzt werden. Hier besteht insbesondere ein großes Interesse an der Bereitstellung von alkalistabilen Xylanasen, um eine effiziente Abtrennung von Hemicellulosen (und Lignin) von der Cellulose zu gewährleisten (◘ Abb. 6.7a).

Ebenfalls etabliert ist die Anwendung von Enzymen aus alkaliphilen Mikroorganismen (meist *Bacillus* sp.) bei der Herstellung von Cyclodextrinen (zyklischen Oligosacchariden, die sich aus sechs, sieben oder acht Glucoseresten zusammensetzen). Hierbei hat es sich wiederholt gezeigt, dass Cyclodextrin-Glykosyltransferasen, die Stärke primär zu γ-Cyclodextrinen (aus acht Glucoseeinheiten bestehend) umsetzen, fast ausschließlich aus alkaliphilen Mikroorganismen isoliert werden können (◘ Abb. 6.7b).

In den letzten Jahren sind vermehrt Anlagen zur Kultivierung von Cyanobakterien aus der Gattung *Arthrospira* (bzw. *Spirulina*) errichtet worden. Kultiviert werden vor allem *Arthrospira (Spirulina) maxima* und *Arthrospira (Spirulina) platensis*. Die Organismen dienen vielfach als Fischfutter, aber auch als Nahrungsergänzung für den menschlichen Verzehr. Außerdem können sie in der Lebensmittel- und pharmazeutischen Industrie zur Herstellung von Carotinoiden und ungesättigten Fettsäuren genutzt werden. In (sub-)tropischen Gebieten verwendet man dafür zumeist offene Teiche, während man in den gemäßigten Breiten versucht, *Arthrospira*-Stämme und andere Cyanobakterien in „Photoreaktoren" zu züchten (◘ Abb. 6.8).

❓ Fragen

- Welche Bedingungen fördern die Entstehung von Sodaseen?
- Welche Gründe gibt es für die hohe Primärproduktion in Sodaseen?
- Skizzieren Sie die wichtigsten Stoffkreisläufe in Sodaseen.
- Nennen Sie typische Gattungen alkalophiler Bacteria und Archaea.
- Bis zu welchen pH-Werten wachsen alkaliphile Mikroorganismen?
- Welche grundsätzlichen Probleme bestehen für atmende alkaliphile Mikroorganismen und wie könnten diese möglicherweise gelöst werden?
- Warum benötigen die meisten alkaliphilen Mikroorganismen Na^+-Ionen?
- Welche Modellvorstellungen gibt es für die Kopplung der Atmungskette und der ATP-Synthasen in *Bacillus*-Stämmen?
- Welche biotechnologischen Anwendungsmöglichkeiten gibt es für (Exo-)Enzyme aus alkaliphilen Mikroorganismen?

Literatur

Affan M-A, Lee D-W, Al-Harbi SM, Kim H-J, Abdulwassi NI, Heo S-J et al (2015) Variation of *Spirulina maxima* biomass production in different depths of urea-used culture medium. Braz J Microbiol 46:991–1000

Aino K, Hirota K, Matsuno T, Morita N, Nodasaka Y, Fujiwara T et al (2008) *Bacillus polygoni* sp. nov., a moderately halophilic, non-motile obligate alkaliphile isolated from indigo balls. Int J Syst Evol Microbiol 58:120–124

Aino K, Narihiro T, Minamida K, Kamagata Y, Yoshimune K, Yumoto I (2010) Bacterial community characterization and dynamics of indigo fermentation. FEMS Microbiol Ecol 74:174–183

Aono R, Ito M, Machida T (1999) Contribution of the cell wall component teichuronopeptide to pH homeostasis and alkaliphily in the alkaliphile *Bacillus lentus* C-125. J Bacteriol 181:6600–6606

Bai W, Xue Y, Zhou C, Ma Y (2015) Cloning, expression, and characterization of a novel alkali-tolerant xylanase from alkaliphilic *Bacillus* sp. SN5. Biotechnol Appl Biochem 62:208–217

Brito EMS, Piñón-Castillo HA, Guyoneaud R, Caretta CA, Gutiérrez-Corona JF, Duran R et al (2013) Bacterial biodiversity from anthropogenic extreme environments: a hyper-alkaline and hyper-saline industrial residue contaminated by chromium and iron. Appl Microbiol Biotechnol 97:369–378

Clejan S, Krulwich TA, Mondrus KR, Seo-Young D (1986) Membrane lipid composition of obligately and facultatively alkalophilic strains of *Bacillus* spp. J Bacteriol 168:334–340

DeLeon KB, Gerlach R, Peyton BM, Fields MW (2013) Archaeal and bacterial communities in three alkaline hot springs in Heart Lake Geyser Basin, Yellowstone National Park. Front Microbiol 4:Article 330

Denizci AA, Kazan D, Erarslan A (2010) *Bacillus marmarensis* sp. nov., an alkaliphilic, protease-producing bacterium isolated from mushroom compost. Int J Syst Evol Microbiol 60:1590–1594

Dimroth P, Cook GM (2004) Bacterial Na^+- or H^+-coupled ATP synthases operating at low electrochemical potential. Adv Microb Physiol 49:175–218

Dunkley EA, Guffanti AA, Clejan S, Krulwich TA (1991) Facultative alkaliphiles lack fatty acid desaturase activity and lose the ability to grow at near-neutral pH when supplemented with an unsaturated fatty acid. J Bacteriol 173:1331–1334

Ferguson SA, Keis S, Cook GM (2006) Biochemical and molecular characterization of a Na^+-translocating F_1F_0-ATPase from the thermoalkaliphilic bacterium *Clostridium paradoxum*. J Bacteriol 188:5045–5054

Ferreira LS, Rodrigues MS, Converti A, Sato S, Carvalho JCM (2012) Kinetic and growth parameters of *Arthrospira* (*Spirulina*) *platensis* cultivated in tubular photobioreactors under different cell circulation systems. Biotechnol Bioeng 109:444–450

Fujisawa M, Fackelmayer OJ, Liu J, Krulwich TA, Hicks DB (2010) The ATP-synthase a-subunit of extreme alkaliphiles is a distinct variant. Mutations in the critical alkaliphile-specific residue Lys-180 and other residues that support alkaliphile oxidative phosphorylation. J Biol Chem 285:32.105–32.115

Grant WD, Mwatha WE, Jones BE (1990) Alkaliphiles: ecology, diversity and applications. FEMS Microbiol Rev 75:255–270

Hicks DB, Liu J, Jujisawa M, Krulwich TA (2010) F_1F_0-ATP synthases of alkaliphilic bacteria: lessons from their adaptations. Biochim Biophys Acta 1797:1362–1377

Hirano K, Ishihara T, Ogasawara S, Maeda H, Abe K, Nakajima T, Yamagata Y (2006) Molecular cloning and characterization of a novel γ-CGTase from alkalophilic Bacillus sp. Appl Microbiol Biotechnol 70:193–201

Hirota N, Imae Y (1983) Na^+-driven flagellar motors of an alkalophilic *Bacillus* strain YN-1. J Biol Chem 258:10.577–10.581

Hoover RB, Pikuta EV, Bej AK, Marsic D, Whitman WB, Tang J, Krader P (2003) *Spirochaeta americana* sp. nov., a new haloalkaliphilic, obligately anaerobic spirochaete isolated from soda Mono Lake in California. Int J Syst Evol Microbiol 53:815–821

Horikoshi K (1999) Alkaliphiles. Kodansha Ltd, Tokyo

Ibrahim ASS, Al-Salamah AA, El-Badawi YB, El-Tayeb MA, Antranikian G (2015) Detergent-, solvent- and salt-compatible thermoactive alkaline serine protease from halotolerant alkaliphilic *Bacillus* sp. NPST-AK15: purification and characterization. Extremophiles 19:961–971

Ito M, Xu H, Guffanti AA, Wie Y, Zvi L, Clapham DE, Krulwich TA (2004) The voltage-gated Na^+ channel Na_vBP has a role in motility, chemotaxis, and pH homeostasis of an alkaliphilic *Bacillus*. Proc Natl Acad Sci USA 101:10.566–10.571

Janto B, Ahmed A, Ito M, Liu J, Hicks DB, Pagni S et al (2011) Genome of alkaliphilic *Bacillus pseudofirmus* OF4 reveals adaptations that support the ability to grow in an external pH range from 7.5 to 11.4. Environ Microbiol 13:3289–3309

Jones BE, Grant WD, Duckworth AW, Owenson GG (1998) Microbial diversity of soda lakes. Extremophiles 2:191–200

Kelley DC, Karson JA, Früh-Green GL, Yoerger DR, Shank TM, Butterfield DA et al (2005) A serpentinite-hosted ecosystem: the lost city hydrothermal field. Science 307:1428–1434

Kelly RM, Leemhuis H, Rozeboom HJ, van Oosterwijk N, Dijkstra BW, Dijkhuizen L (2008) Elimination of competing and coupling side reactions of a cyclodextrin glucanotransferase by directed evolution. Biochem J 413:517–525

Krulwich TA, Guffanti AA (1989) Alkalophilic bacteria. Annu Rev Microbiol 43:435–463

Krulwich TA, Ito M, Gilmour R, Hicks DB, Guffanti AA (1998) Energetics of alkaliphilic *Bacillus* species: physiology and molecules. Adv Microb Physiol 40:401–438

Krulwich TA, Ito M, Guffanti AA (2001) The Na^+-dependence of alkaliphily in *Bacillus*. Biochim Biophys Acta 1505:158–168

Mesbah NM, Wiegel J (2008) Life at extreme limits. The anaerobic halophilic alkalithermophiles. NY Acad Sci 1125:44–57

Meyer-Dombard DR, Woycheese KM, Yargiçoğlu EN, Cardace D, Shock EL, Güleçal-Pektas Y, Temel M (2015) High pH microbial ecosystems in a newly discovered, ephemeral, serpentinizing fluid seep at Yanartaş (Chimera), Turkey. Front Microbiol 5:Article 723

Muntyan MS, Cherepanov DA, Malinen AM, Bloch DA, Sorokin DY, Severina II et al (2015) Cytochrome cbb_3 of *Thioalkalivibrio* is a Na^+-pumping cytchrome oxidase. Proc Natl Acad Sci USA 112:7695–7700

Padan E, Bibi E, Ito M, Krulwich TA (2005) Alkaline pH homeostasis in bacteria: new insights. Biochim Biophys Acta 1717:67–88

Preiss L, Hicks DB, Suzuki S, Meier T, Krulwich TA (2015) Alkaliphilic bacteria with impact on industrial applications, concepts of early life forms, and bioenergetics of ATP synthesis. Front Bioeng Biotechnol 3:Article 75

Preiss L, Klyszejko AL, Hicks DB, Liu J, Fackelmayer OJ, Yildiz Ö, Krulwich TA, Meier T (2013) The c-ring stoichiometry of ATP synthase is adapted to cell physiological requirements of alkaliphilic *Bacillus pseudofirmus* OF4. Proc Natl Acad Sci USA 110:7874–7879

Roadcap GS, Sanford RA, Jin Q, Pardinas JR, Bethke CM (2006) Extremely alkaline (pH >12) ground water hosts diverse microbial community. Ground Water 44:511–517

Roussel EG, Konn C, Charlou JL, Donval JP, Fouquet Y, Querellou J, Prieur D, Bonavita MA (2011) Comparison of microbial communities associated with three ultramafic hydrothermal systems. FEMS Microbiol Ecol 77:647–665

Russell MJ, Hall AJ, Martin W (2010) Serpentinization as a source of energy at the origin of life. Geobiol 8:355–371

Schagerl M (2016) Soda Lakes of East Africa. Springer, Berlin

Sili C, Torzillo G, Vonshak A (2012) *Arthrospira* (Spirulina) In: Whitton BA (Hrsg) Ecology of Cyanobacteria II: their diversity in space and time, Springer, Berlin, S 677–705

Sorokin DY, Abbas B, Geleijnse M, Pimenov NV, Sukhacheva MV, Loosdrecht MC van (2015) Methanogenesis at extremely haloalkaline conditions in the soda lakes of Kulunda Steppe (Altai, Russia) FEMS Microbiol Ecol 91: pii: fiv016. ▶ https://doi.org/10.1093/femsec/fiv016

Sorokin DY, Berben T, Melton ED, Overmars L, Vavourakis CD, Muyzer G (2014) Microbial diversity and biogeochemical cycling in soda lakes. Extremophiles 18:791–808

Sorokin DY, Kuenen JG (2005) Chemolithotrophic haloalkaliphiles from soda lakes. FEMS Microbiol Ecol 52:287–295

Sturr MG, Guffanti AA, Krulwich TA (1994) Growth and bioenergetics of alkaliphilic *Bacillus firmus* OF4 in continuous culture at high pH. J Bacteriol 176:3111–3116

Suzuki, S, Ishii S, Cheung A, Tenneyanger G, Kuenen JG, Nealson KH (2013) Microbial diversity in The Cedars, an ultrabasic, ultrareducing, and low salinity serpentinizing ecosystem. Proc Natl Acad Sci USA 110:15.336–15.341

Suzuki S, Kuenen JG, Schipper K, van der Velde S, Ishii S, Wu A et al (2014) Physiological and genomic features of highly alkaliphilic hydrogen-utilizing Betaproteobacteria from a continental serpentinizing site. Nature Comm. ▶ https://doi.org/10.1038/ncomms4900

Takai K, Moser DP, Onstott TC, Spoelstra N, Pfiffner SM, Dohnalkova A, Fredrickson JK (2001) *Alkaliphilus transvaalensis* gen. nov., sp. nov., an extremely alkaliphilic bacterium isolated from a deep South African gold mine. Int J Syst Evol Microbiol 51:1245–1256

Takami H, Nakasone K, Takaki Y, Maeno G, Sasaki R, Masui N et al (2000) Complete genome sequence of the alkaliphilic bacterium *Bacillus halodurans* and genomic sequence comparison with *Bacillus subtilis*. Nucleic Acids Res 28:4317–4331

Terahara N, Sano M, Ito M (2012) A *Bacillus* flagellar motor that can use both Na^+ and K^+ as a coupling ion is converted by a single mutation to use only Na^+. PLoS ONE 7:e46248

Toyoshima M, Aikawa S, Yamagishi T, Kondo A, Kawai H (2015) A pilot-scale closed culture system for multicellular cyanobacterium *Arthrospira platensis* NIES-39. J Appl Phycol 27:2191–2202

Yumoto I (2007) Environmental and taxonomic biodiversities of Gram-positive alkaliphiles. In: Gerday C, Glansdorff N (Hrsg) Physiology and Biochemistry of Extremophiles. ASM Press, Washington DC

Wang ZX, Hicks DB, Guffanti AA, Baldwin K, Krulwich TA (2004) Replacement of amino acid sequence features of a- and c-subunits of ATP synthases of alkaliphilic *Bacillus* with the *Bacillus* consensus sequence results in defective oxidative phosphorylation and non-fermentative growth at pH 10.5. J Biol Chem 279:26.546–26.554.

Halophile

© Springer-Verlag GmbH Deutschland 2017
A. Stolz, *Extremophile Mikroorganismen*,
https://doi.org/10.1007/978-3-662-55595-8_7

7.1 **Vorkommen von Lebensräumen mit hohen osmotischen Belastungen**

Die meisten Mikroorganismen sind an das Leben in einer Umwelt adaptiert, in der die Konzentration an gelösten Stoffen in der Umgebung niedriger ist als im Zellinneren. Da die Zellmembranen für Wassermoleküle weitgehend permeabel sind, diffundieren unter diesen Bedingungen Wassermoleküle durch die Membranen in das Cytoplasma. Liegt in der Außenwelt dagegen eine höhere Konzentration an gelösten Stoffen vor, so erfolgt ein Wasserfluss in die umgekehrte Richtung. Daher stellen Lebensräume mit hohen Konzentrationen an gelösten Stoffen Mikroorganismen vor eine Reihe von Problemen und erfordern spezifische Anpassungsmechanismen. Man kann hierbei grundsätzlich zwei Typen von Biotopen unterscheiden: Einerseits Lebensräume, die hohe Konzentrationen an anorganischen Salzen aufweisen, und andererseits solche, in denen hohe Konzentrationen an organischen Verbindungen (meist Zuckern) vorhanden sind.

Lebensräume mit hohen Konzentrationen an anorganischen Ionen bezeichnet man als hypersalin. Hierbei kann man zwischen thalassohalinen und athalassohalinen Biotopen differenzieren. Thalassohaline Bereiche enthalten Salze in einer ähnlichen Zusammensetzung (aber in höheren Konzentrationen) wie Meerwasser. Hierzu gehören Gewässer, in denen durch die Sonneneinstrahlung Meerwasser aufkonzentriert wird, aber auch verschiedene Salzseen (z. B. der Große Salzsee in Utah, USA). Athalassohaline Biotope enthalten in hohen Konzentrationen anorganische Salze in Zusammensetzungen, die deutlich von den Verhältnissen im Meerwasser abweichen. Hierzu gehören z. B. das Tote Meer, hypersaline anaerobe Tiefseebecken (z. B. das Urania-Becken im östlichen Mittelmeer), einige von Eis bedeckte antarktische Seen, aber auch die in ▸ Kap. 6 besprochenen Sodaseen (◘ Abb. 7.1, ◘ Tab. 7.1). Zu den athalassohalinen Biotopen gehören auch die sauren Salzseen Westaustraliens (z. B. im Yilgarn Craton), die bis zu 32 % gelöste Stoffe enthalten und deren pH-Werte bis auf 1,5 absinken können. Das Wasser dieser Seen enthält hohe Konzentrationen an Na^+-, Mg^{2+}-, Cl^-- und SO_4^{2-}-Ionen und vielfach auch hohe Mengen an Aluminiumverbindungen.

Außer den beschriebenen Biotopen gibt es noch eine Reihe weiterer Bereiche mit hohen Salzkonzentrationen, die als Lebensräume für Mikroorganismen infrage kommen. Hier sind z. B. geologische Salzlagerstätten und stark gesalzene Lebensmittel zu nennen.

Hohe Konzentrationen an gelösten organischen Stoffen kommen in der Natur nur selten vor, etwa im Nektar von Pflanzen. Des Weiteren finden sich in verschiedenen Erzeugnissen des Menschen hohe Konzentrationen an gelösten organischen Stoffen, z. B. in Marmelade und anderen durch den Zusatz hoher Zuckerkonzentrationen konservierter Lebensmittel. Verhältnismäßig hohe Konzentrationen an gelösten Zuckern werden auch bei einer Reihe von biotechnologischen Prozessen eingesetzt (z. B. bei der Citronensäure- und Bioethanolproduktion).

Der osmotische Stress, der durch hohe Konzentrationen an Salzen oder organischen Verbindungen auf die Zellen ausgeübt wird, lässt sich anhand der Wasseraktivität (a_W) miteinander vergleichen. Hierbei repräsentiert die Wasseraktivität das für die Organismen verfügbare Wasser und nimmt daher mit steigenden Konzentrationen gelöster Stoffe ab. So beträgt die Wasseraktivität von reinem Wasser 1,0, die von Meerwasser 0,98, die einer gesättigten NaCl-Lösung (ca. 5,2 M) 0,75 und diejenige einer gesättigten Glucoselösung 0,55.

◘ Abb. 7.1 Thalassohaline (**a, b**) und athalassohaline (**c**) Lebensräumea) Meerwassersaline am Schwarzen Meer (Vammpi/Wikipedia, CC-BY 3.0), **b**) Großer Salzsee, Utah, USA (© ► http://www.bartystewart/stock.adobe.com, **c**) Totes Meer (© ► http://www.vvvita/stock.adobe.com)

◘ Tab. 7.1 Zusammensetzung von Meerwasser und verschiedener thalassohaliner und athalassohaliner Seen. (Madigan et al. 2001)

	Konzentration (g/l)			
Ionen	**Meerwasser**	**Großer Salzsee**	**Totes Meer**	**Sodasee**
Na^+	10,6	105	40,1	142
K^+	0,38	6,7	7,7	2,3
Mg^{2+}	1,27	11	44	<0,1
Ca^{2+}	0,40	0,3	17,2	<0,1
Cl^-	18,9	181	225	155
Br^-	0,065	0,2	5,3	<0,1
SO_4^{2-}	2,65	27	0,5	23
HCO_3^-/CO_3^{2-}	0,14	0,7	0,2	67

7.2 Halophile und halotolerante Mikroorganismen

Prinzipiell stellen Biotope mit hohen Konzentrationen an gelösten Stoffen – unabhängig von deren chemischer Zusammensetzung – Mikroorganismen vor die gleichen Probleme. Man sollte daher von „osmotoleranten" oder auch „osmophilen" Organismen sprechen. Aufgrund der viel weiteren Verbreitung von Biotopen mit hohen Salzkonzentrationen werden aber primär Salze tolerierende (halotolerante) und Salze erfordernde (halophile) Organismen untersucht. Das Wasser der großen Ozeane enthält in etwa 0,6 M NaCl. Daher spricht man im Allgemeinen von halotoleranten Organismen, wenn sie noch bei Salzkonzentrationen über 0,5 M NaCl (oder anderen Salzen) zu wachsen vermögen. Halophile Organismen können ausschließlich bei Salzkonzentrationen über 0,5 M wachsen.

7.2.1 Eukarya

Es gibt offenbar nur wenige Tiere, die in Lebensräumen mit hohen Salzkonzentrationen (über-)leben können. So können wenige Fische (z. B. aus den Gattungen *Cyprinidon, Fundulus, Aphanius, Gasterosteus, Oreochromis, Poecilia*) 8–12 % NaCl (ca. 1,4–2 M) zumindest zeitweise tolerieren. Die Larven von Salzfliegen aus der Gattung *Ephydra* sollen bis zu ca. 4 M NaCl tolerieren können. Die höchsten Salzkonzentrationen von allen Tieren ertragen Salinenkrebse *(Artemia salina)*, die noch in gesättigten NaCl-Lösungen leben können.

Bis heute wurden nur sehr wenige halotolerante und halophile Pilze beschrieben. Intensiver untersucht wurden die halotolerante „schwarze Hefe" *Hortaea werneckii* (Ascomycota) und die obligat halophile Art *Wallemia ichthyophaga* (Basidiomycota), die beide noch in Gegenwart von 5 M NaCl zu wachsen vermögen. Dagegen sind aus Biotopen mit hohen Konzentrationen an gelösten organischen Stoffen bereits seit Langem einige extrem osmotolerante und osmophile Pilze bekannt. So konnte für die filamentösen Pilze *Aspergillus penicilloides* und *Xeromyces bisporus* Wachstum in hoch konzentrierten Polyol-Lösungen mit einer Wasseraktivität von ca. 0,65 nachgewiesen werden.

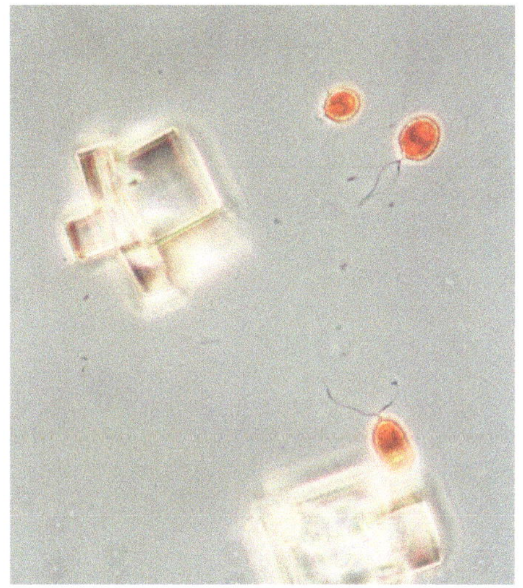

◘ Abb. 7.2 *Dunaliella salina* und Salzkristalle. (▶ http://www. pmbio.icbm.de. © Aharon Oren)

Im Gegensatz zu den wenigen Mehrzellern, die in konzentrierten Salzlösungen (über)leben können, findet sich eine Vielzahl an Einzellern in hypersalinen Umgebungen. Häufig sind in diesen Lebensräumen Spuren mikrobiellen Lebens bereits mit dem bloßen Auge an charakteristischen Rotverfärbungen des Wassers zu erkennen (◘ Abb. 7.1). Diese werden primär von Carotinoiden verursacht, die in diesen Lebensräumen von vielen Organismen gebildet werden. Diese Farbstoffe fungieren offenbar als Schutz (insbesondere der DNA) vor der in solchen Biotopen vielfach sehr starken Einstrahlung von UV-Licht.

In hoch konzentrierten Salzlösungen, wie sie z. B. bei der Salzgewinnung kurz vor der Präzipitation von NaCl bestehen, finden sich Vertreter aller drei Domänen des Lebens. So sind halotolerante Grünalgen aus der Gattung *Dunaliella* vielfach die wichtigsten Primärproduzenten in hypersalinen Lebensräumen. Diese Algen bilden als Schutz gegenüber der intensiven Sonnenstrahlung β-Carotin und tragen so zu der charakteristischen Rotfärbung von Meerwasserverdunstungsbecken bei (◘ Abb. 7.2).

7.2.2 **Archaea**

Neben *Dunaliella* sind die sogenannten Halobakterien an der charakteristischen Rotfärbung von Meerwasserverdunstungsbecken beteiligt. Hierbei handelt es sich (entgegen der ursprünglichen Namensgebung) um aerobe chemoorganotrophe Euryarchaeota. Einige Arten bilden bei schwacher Belüftung Bacteriorhodopsine, die als lichtgetriebene Protonenpumpen wirken und somit in Verbindung mit ATP-Synthasen eine lichtabhängige ATP-Synthese ermöglichen. „Halobakterien" sind vielfach obligat halophil und lysieren in Abwesenheit von Na^+-Ionen. Die am besten untersuchten Gattungen sind *Halococcus* und *Halobacterium*. Daneben wurden (primär aus Sodaseen) weitere halophile und alkalophile Gattungen beschrieben, wie z. B. *Natronococcus* und *Natronobacterium*. Erste metagenomische Studien haben gezeigt, dass „Halobakterien" offenbar auch in den sauren Salzseen Westaustraliens leben können.

Abb. 7.3 „Walsbys quadratisches Bakterium" – *Haloquadratum walsbyi*. Elektronentomografische Aufnahme einer einzelnen Zelle, GV Gasvakuole, PHB Polyhydroxybutyrat. (Aus Bolhuis et al. 2006, CC-BY 2.0)

Zu den halophilen Euryarchaeota gehört auch einer der am merkwürdigsten geformten Mikroorganismen überhaupt, nämlich „Walsbys quadratisches Bakterium" *Haloquadratum walsbyi*. Dieses Archaeon bildet fast perfekt quadratische Zellen aus, die bis zu 40×40 μm groß werden können, bei einer „Höhe" von nur 0,1–0,5 μm (**Abb. 7.3**). Diese Struktur führt zu einem außerordentlich hohen Oberfläche-Volumen-Verhältnis und könnte die Aufnahme von Substraten aus dem nährstoffarmen Biotop von *H. walsbyi* fördern.

Überraschenderweise werden halophile Euryarchaeota (z. B. *Halococcus salifodinae*) auch reproduzierbar aus bergmännisch erschlossenen Salzlagerstätten isoliert. Diese Salzablagerungen stellen die Überreste prähistorischer Meere dar, die am Übergang vom Perm zur Trias (vor ca. 250 Mio. Jahren) ausgetrocknet sind und im weiteren Verlauf der Erdgeschichte durch Deckgesteine von der Außenwelt abgeschnitten wurden. Man muss daher davon ausgehen, dass diese Mikroorganismen tatsächlich seit dem Zeitpunkt der Bildung dieser Salzlagerstätten im Salz eingeschlossen sind und ihre Lebensfähigkeit (zumindest bei einigen Zellen) trotzdem erhalten geblieben ist.

In jüngster Zeit wurde eine neuartige Gruppe von offenbar in hochsalinen Biotopen weit verbreiteten strikt anaeroben Euryarchaeota beschrieben (Gattung *Halodesulfurarchaeum*), die mit Formiat oder H_2 als Elektronendonoren und reduzierten Schwefelverbindungen (u. a. elementarem Schwefel) als Elektronenakzeptoren wachsen können.

7.2.3 Bacteria

In den letzten Jahren wurden auch eine Reihe fakultativ oder obligat halophiler *Bacteria* gefunden. Schon seit längerer Zeit ist die zu den γ-Proteobacteria gehörende mehr als 80 Arten umfassende Gattung *Halomonas* bekannt. Vertreter dieser Gattung sind aerob, heterotroph und größtenteils halotolerant oder moderat halophil.

Bis heute wurden nur sehr wenige obligat halophile Bacteria isoliert, die auch in hoch konzentrierten Salzlösungen wachsen können. Insbesondere die zu den Bacteroidetes gehörende Art *Salinibacter ruber* wurde intensiv untersucht (◘ Abb. 7.4). Es handelt sich hierbei um aerobe, heterotrophe Bakterien, die durch Carotinoide intensiv rot gefärbt sind. Diese Mikroorganismen benötigen über 2,5 M NaCl und wachsen auch in gesättigten NaCl-Lösungen (bei ca. 5 M NaCl).

Zu den halophilen Bacteria sind auch die bereits in ▶ Abschn. 6.2 aufgeführten phototrophen anoxygenen Mitglieder der Gattung *Ectothiorhodospira* zu zählen, die (neben vielen anderen Lebewesen aus Sodaseen) als haloalkalophil anzusprechen sind. In den sauerstofffreien Sedimenten hochsaliner Gewässer finden sich auch heterotrophe Bakterien. Hierbei handelt es sich durchgehend um Arten, die zu der Ordnung Halanaerobiales (Phylum Firmicutes) gehören. Die meisten Vertreter dieser Gruppe wachsen optimal bei 10–15 % NaCl und vergären Zucker zu Produkten wie Acetat, Ethanol, H_2 und CO_2.

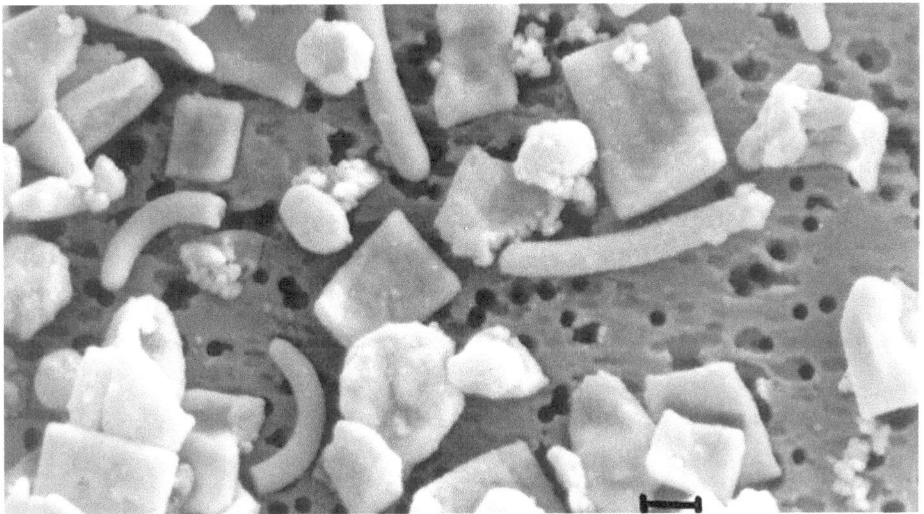

◘ **Abb. 7.4** Elektronenmikroskopische Aufnahme von *Salinibacter ruber* (gekrümmte Zellen zusammen mit Zellen von *Haloquadratum walsbyi*). (Aus Oren et al. 2004)

7.3 Anpassungsmechanismen von halotoleranten und halophilen Mikroorganismen

Das zentrale physiologische Problem beim Leben in hypersalinen Biotopen (und anderen Lebensräumen mit hohen Konzentrationen an gelösten Stoffen) ist, dass Zellmembranen weitgehend durchlässig für Wassermoleküle sind. Dies resultiert bei einer Überführung nicht adaptierter Zellen in ein hyperosmotisches Medium (also mit einer höheren Konzentration an gelösten Stoffen) in einem Austritt von Wasser aus den Zellen. (Derartige Prozesse macht sich der Mensch beim Pökeln von Lebensmitteln zunutze.) Einzellige Organismen können diesen Effekt nur kompensieren, in dem sie in ihren Zellen im Vergleich zum umgebenden Medium eine höhere Konzentration an gelösten Stoffen aufbauen. Hierzu sind verschiedene Strategien möglich, einerseits können (selektiv) bestimmte anorganische Ionen aus dem Medium aufgenommen werden. Andererseits können organische Verbindungen in den Zellen akkumulieren. Diese können die Zellen entweder aus dem Medium aufnehmen oder selbst synthetisieren (◻ Abb. 7.5).

7.3.1 KCl-Typ

Bei einigen Mikroorganismen beobachtet man die Akkumulation von K^+-Ionen im Cytoplasma. Dieser Anpassungsmechanismus wurde zunächst für „Halobakterien" beschrieben, wurde in den letzten Jahren aber auch bei *Salinibacter rubrum* und einigen anderen (anaeroben) Bakterien (Halanaerobiales) gefunden. „Halobakterien" können Kaliumionen selektiv aus dem Medium aufnehmen. So wurde in quantitativen Analysen gezeigt, dass die Zellen von *Halobacterium salinarum* nach Wachstum in einer Salzlösung, die 3,3 M Na^+-Ionen und 0,05 M K^+-Ionen enthielt, K^+-Ionen in einer Konzentration von 5,3 M, aber nur 0,8 M Na^+-Ionen enthielten. (Dagegen glichen sich die

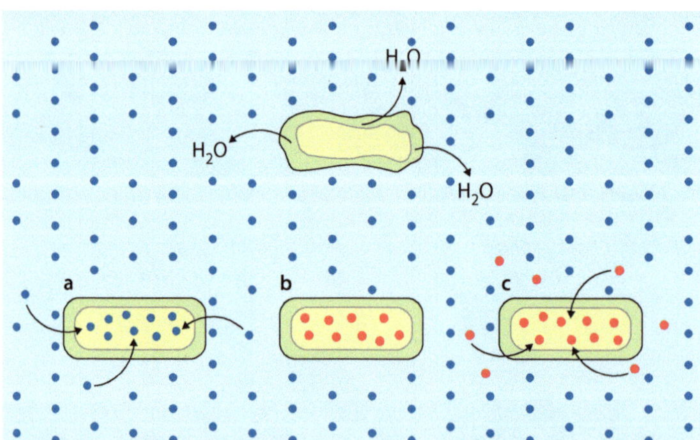

◻ **Abb. 7.5**   Anpassungsstrategien halophiler Mikroorganismen beim Wachstum in Medien mit hohen Salzkonzentrationen. **a** Aufnahme externer (anorganischer) Ionen, **b** Synthese kompatibler Solute, **c** Aufnahme kompatibler Solute. (Aus Advances in Microbial Physiology, Galinski 1995, mit Erlaubnis von Elsevier)

Konzentrationen des „Gegenions" Chlorid innerhalb und außerhalb der Zellen.) Dies deutet darauf hin, dass K^+-Ionen offenbar besser „biokompatibel" sind als Na^+-Ionen. Die hohen Konzentrationen an K^+-Ionen innerhalb der Zellen korrelieren mit einer Anhäufung von negativen Ladungen in verschiedenen Zellstrukturen. So fand man für viele Proteine aus „Halobakterien" eine hohe Anzahl an negativen Ladungen auf der Proteinoberfläche. Offenbar verleihen die negativen Ladungen auf der Oberfläche den Proteinen eine erhöhte Solvatisierungsfähigkeit, sodass die Proteine auch in Gegenwart hoher Salzkonzentrationen eine stabile Wasserhülle ausbilden können. Dies könnte erklären, warum viele Organismen des „KCl-Typs" obligat halophil sind, da sich bei niedrigen Konzentrationen an Kationen die negativen Ladungen der Proteine verstärkt abstoßen und hierdurch die Proteinstrukturen zerstören.

7.3.2 Osmotika-Typ

Im Gegensatz zum KCl-Typ akkumulieren Organismen vom Osmotika-Typ bei Salzbelastung organische Stoffe in ihrem Cytoplasma. Diese Verbindungen bezeichnet man allgemein als kompatible Solute, um anzudeuten, dass es sich hierbei um gelöste Stoffe handelt, die vereinbar (kompatibel) mit dem Stoffwechsel sind. Kompatible Solute werden von Eukarya, aeroben chemotrophen und anaeroben phototrophen Bacteria, sowie verschiedenen (insbesondere methanogenen) Archaea gebildet.

Als kompatible Solute können verschiedene Stoffklassen wirken, vor allem Zucker, Polyole und Aminosäuren und Aminosäurederivate.

7.3.2.1 Zucker und Polyole als kompatible Solute

Zucker und substituierte Zucker dienen primär bei mäßig halophilen Eubakterien als kompatible Solute (◘ Abb. 7.6).

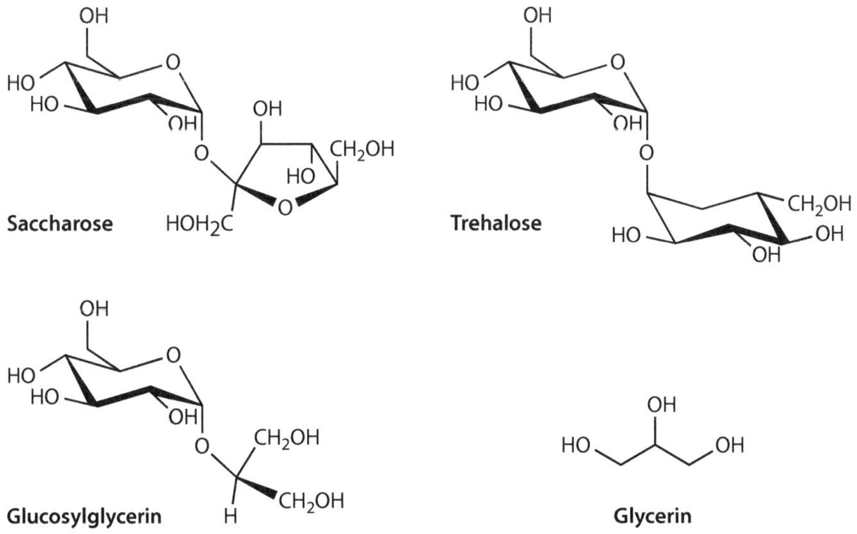

◘ **Abb. 7.6** Typische kompatible Solute von marinen und mäßig halophilen Eubakterien und Eukarya

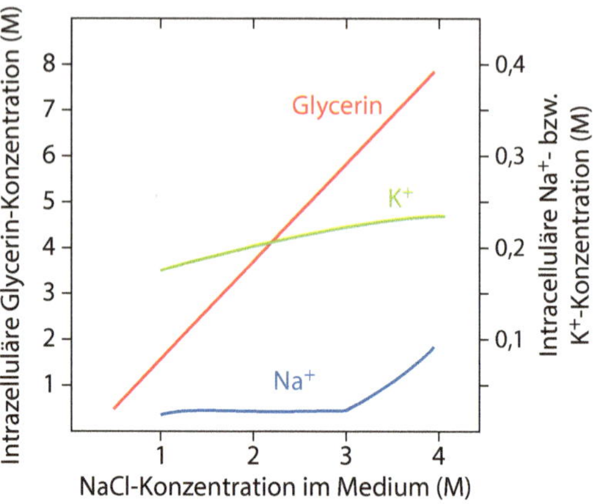

◘ Abb. 7.7 Akkumulation von Glycerin als kompatibles Solut beim Wachstum der Alge *Dunaliella salina* in Gegenwart steigender NaCl-Konzentrationen. (Aus Trends in Biochemical Sciences, Avron 1986, mit Erlaubnis von Elsevier)

Halophile und halotolerante Eukarya synthetisieren zumeist Glycerin als wichtigstes kompatibles Solut. So finden sich beim Wachstum der extrem halotoleranten eukaryotischen Alge *Dunaliella salina* (◘ Abb. 7.2) in hoch konzentrierter NaCl-Lösung intrazellulär bis zu 7 M Glycerin (◘ Abb. 7.7). Glycerin akkumuliert auch in dem halophilen Pilz *Wallemia ichthyophaga* beim Wachstum in konzentrierten Salzlösungen.

7.3.2.2 Aminosäuren und Aminosäurederivate als kompatible Solute

Hochgradig halotolerante Bakterien akkumulieren bei hohen Salzbelastungen im Allgemeinen Aminosäuren und Aminosäurederivate, darunter zyklische Derivate wie Ectoin und Hydroxyectoin, die bislang praktisch nur in halophilen und halotoleranten Bakterien gefunden wurden (◘ Abb. 7.8).

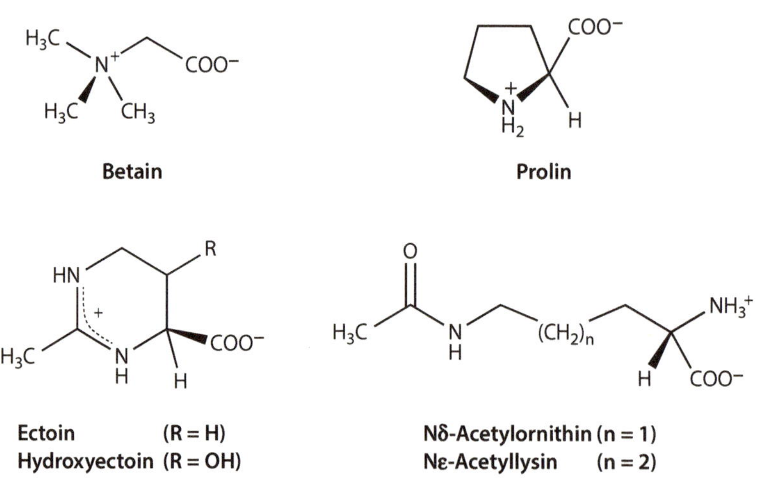

◘ Abb. 7.8 (Substituierte) Aminosäuren als kompatible Solute

Ectoin wurde ursprünglich aus dem (namensgebenden) in Sodaseen vorkommenden anoxygenen photosynthetischen Bakterium *Ectothiorhodospira halochloris* isoliert. In den vergangenen Jahren wurde (Hydroxy-)Ectoin auch in zahlreichen anderen halophilen und halotoleranten Bakterien nachgewiesen, z. B. in den Gattungen *Halomonas, Chromohalobacter, Nocardiopsis* und *Streptomyces.*

Halotolerante und halophile Archaea, die nicht zum KCl-Typ gehören, bilden vielfach spezifische Polyole und Polysaccharide als kompatible Solute. Häufig handelt es sich um Verbindungen, die strukturell (leicht) von den aus Bakterien bekannten kompatiblen Soluten abweichen. So fand man in halophilen Archaea vom Osmotika-Typ vielfach anionische Polyole oder Glykosylglycerate und β-Aminosäuren als kompatible Solute (◼ Abb. 7.9).

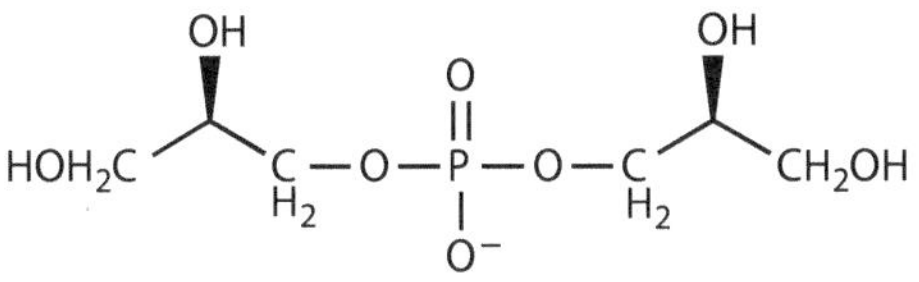

Diglycerinphosphat

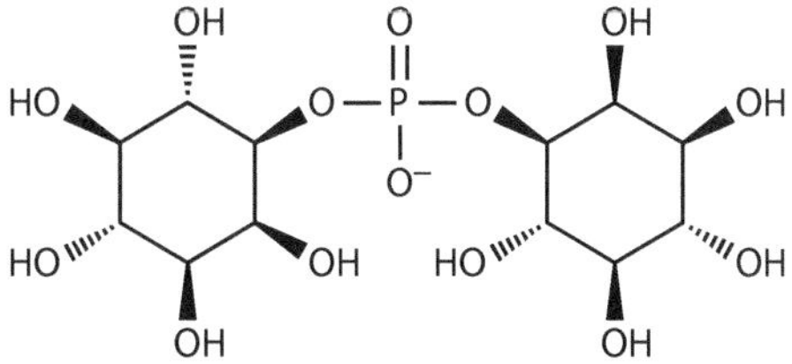

Di-myo-1,1'-Inositolphosphat

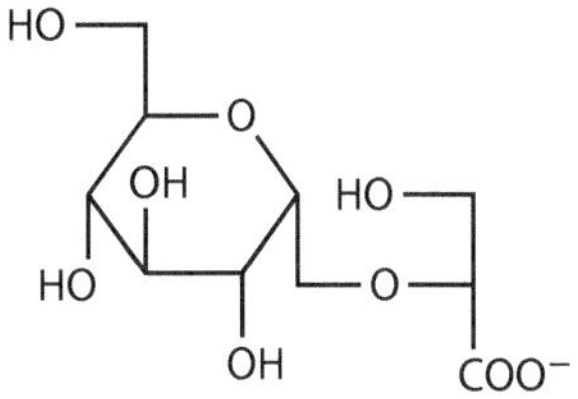

α-Glucosylglycerat

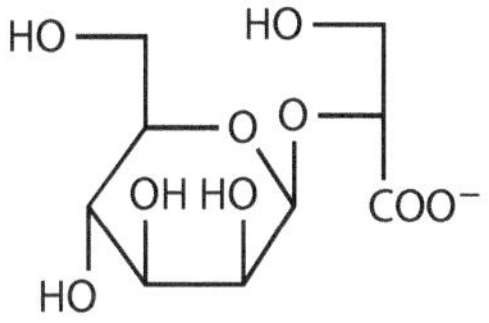

β-Mannosylglycerat

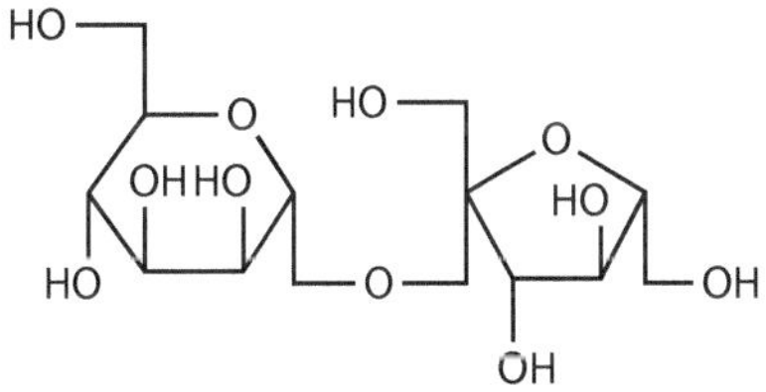

Mannosucrose

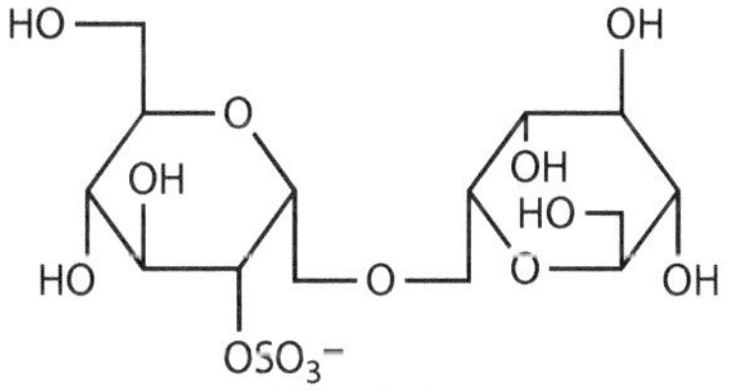

Sulfotrehalose

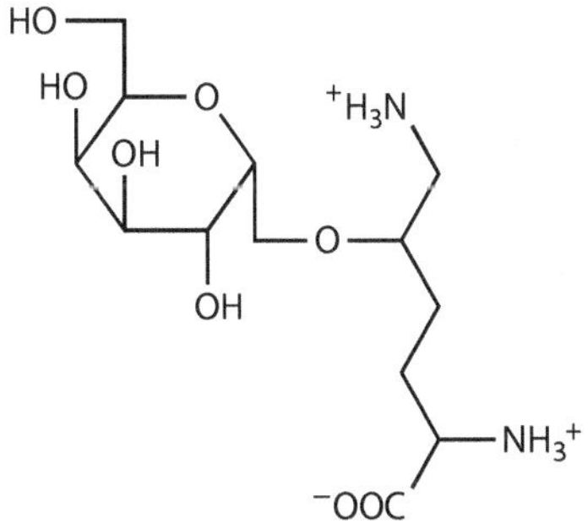

β-Galactopyranosyl-5-hydroxylysin

◼ **Abb. 7.9** Kompatible Solute aus Archaea

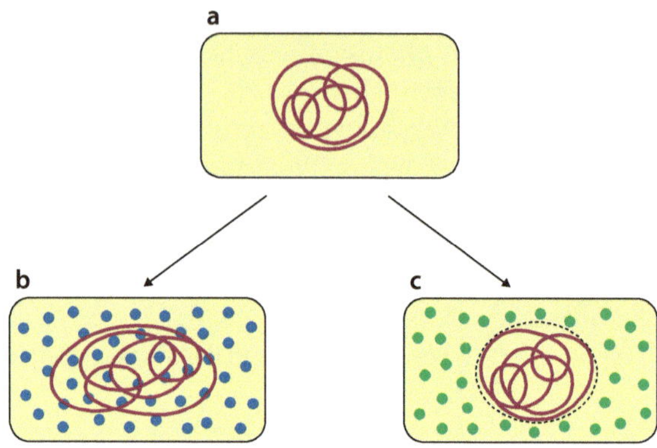

◘ Abb. 7.10 Vorgeschlagene Wirkungsweise kompatibler Solute. **a** Protein in seiner nativen Konformation, **b** Denaturierte Form in Gegenwart von an das Protein bindenden Soluten (z. B. Harnstoff), **c** Stabilisierung des Proteins durch kompatible Solute. (Aus Advances in Microbial Physiology, Galinski 1995, mit Erlaubnis von Elsevier)

7.3.2.3 Wirkungsmechanismus kompatibler Solute

Obgleich sich kompatible Solute in ihrer chemischen Struktur stark unterscheiden, besitzen sie doch eine Reihe gemeinsamer Eigenschaften. Zunächst weisen sie alle eine hohe Wasserlöslichkeit auf und sind als Gesamtmolekül im Allgemeinen elektrisch nicht geladen (obgleich einige kompatible Solute – z. B. Ectoin, Hydroxyectoin oder N-Acetyllysin – Zwitterionen sind). Außerdem binden kompatible Solute offenbar nur wenig (oder gar nicht) an Proteine. Hieraus lässt sich ein Modell für die Funktionsweise kompatibler Solute ableiten. In vielen Modellvorstellungen geht man davon aus, dass die kompatiblen Solute nicht in die auf den Proteinoberflächen organisierten Wassermoleküle eindringen können, sondern sich primär im „Bulk"-Wasser aufhalten. Die kompatiblen Solute sind also kompatibel mit dem zellulären Stoffwechsel, weil sie *nicht* mit Zellbestandteilen interagieren (◘ Abb. 7.10).

7.4 Dynamische Veränderungen der intrazellulären Solutkonzentrationen nach Änderung des Salzgehalts im Medium

In den Lebensräumen vieler Mikroorganismen kann sich die Salzbelastung plötzlich ändern, z. B. wenn ein Organismus aus einem Fluss in das Meer gelangt oder wenn die Salzkonzentration in einem hypersalinen Lebensraum durch starke Regenfälle Schwankungen unterworfen ist. Daher sind die Bildung und der Abbau (bzw. die Exkretion) von kompatiblen Soluten hochgradig dynamische Prozesse. Hierbei können die Aufnahme und Bildung bestimmter kompatibler Solute in einer charakteristischen zeitlichen Abfolge auftreten. Zum anderen akkumulieren verschiedene Organismen aber auch in Abhängigkeit von der Salzbelastung unterschiedliche kompatible Solute. So findet man im Cytoplasma bestimmter Archaea bei niedrigen NaCl-Konzentrationen primär Kaliumionen sowie α- und β-Glutamat. Bei steigender Salzbelastung im Medium wird dann noch zusätzlich N-Acetyl-β-Lysin gebildet Im Falle einer plötzlichen Salzbelastung werden zunächst innerhalb weniger Minuten Kaliumionen aus dem Medium aufgenommen, anschließend wird α-Glutamat als Gegenion gebildet, bevor dann die anderen kompatiblen Solute synthetisiert werden.

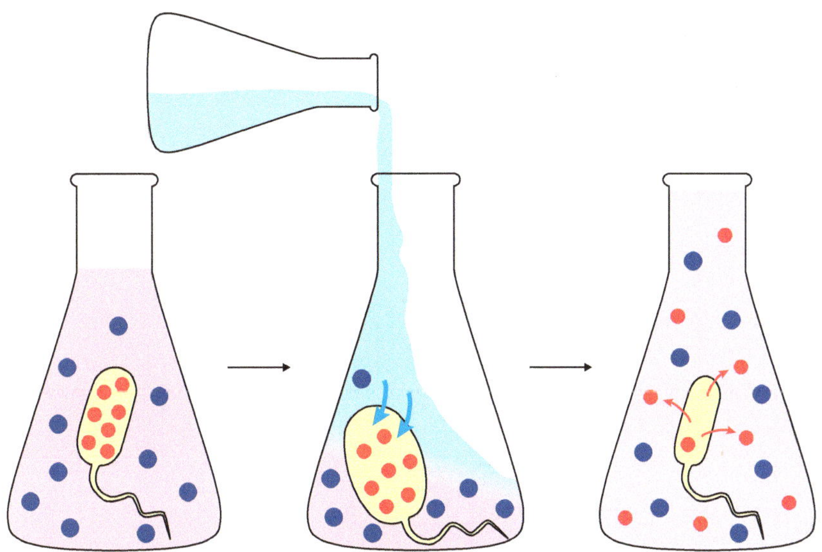

◙ Abb. 7.11   Das Konzept des „Bakterienmelkens" (nach Sauer und Galinski 1998). Die blauen Punkte repräsentieren anorganische Ionen im Medium und die roten Symbole die kompatiblen Solute

Bei einer raschen Verringerung der Salzkonzentration in der Umgebung, wie sie z. B. bei heftigen Regenfällen in einem hypersalinen See auftreten kann, müssen halotolerante und halophile Organismen die Konzentration an kompatiblen Soluten in den Zellen schnell vermindern, um ein unkontrolliertes Einströmen von Wasser in die Zellen zu verhindern, das im Extremfall zu einem „Platzen" der Zellen führen könnte. Daher setzen viele Mikroorganismen unter diesen Bedingungen ihre kompatiblen Solute frei.

Die Abgabe kompatibler Solute aus Zellen nach einer plötzlichen Verdünnung des umgebenden Mediums kann auch zur Gewinnung kompatibler Solute im technischen Bereich genutzt werden. Bei diesem „Bakterienmelken" werden die Mikroorganismen zunächst in Gegenwart hoher Salzkonzentrationen kultiviert und akkumulieren hierbei intrazellulär kompatible Solute. Anschließend werden die Zellen schlagartig in ein salzarmes Medium überführt. Hierauf reagieren sie mit der Ausscheidung der kompatiblen Solute in das Medium, aus dem diese dann aufgearbeitet werden können. Nach der Abtrennung der Zellen vom Medium kann dieser Prozess dann nach einer gewissen „Erholungszeit" der Zellen wiederholt werden (◙ Abb. 7.11).

7.5 Nutzung kompatibler Solute durch andere Mikroorganismen

Die in den natürlichen Biotopen halophiler Mikroorganismen freigesetzten kompatiblen Solute können anderen Mikroorganismen als Kohlenstoff- und Energiequelle dienen, aber offenbar auch von weiteren Organismen spezifisch als kompatible Solute genutzt werden. So können verschiedene Enterobakterien Ectoin nicht selbst bilden, zeigen aber nach Anzucht in Gegenwart von Ectoin eine erhöhte Salztoleranz (◙ Abb. 7.12a, b).

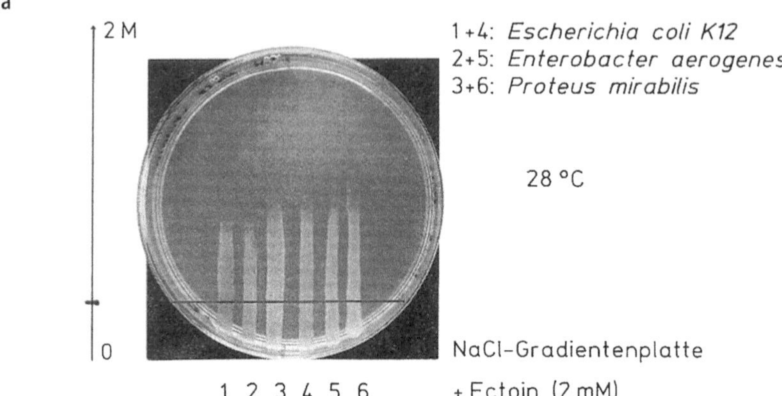

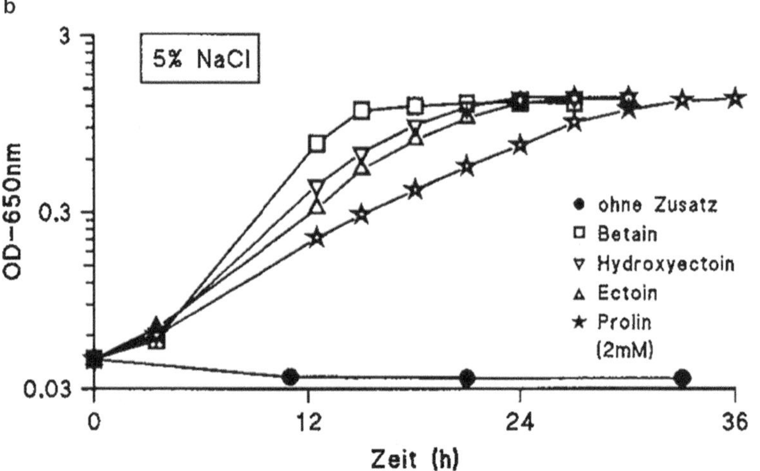

▣ Abb. 7.12   Einfluss von Ectoin auf das Wachstum von Enterobakterien in Gegenwart erhöhter NaCl-Konzentrationen. **a** Wachstum verschiedener Enterobakterien in Gegenwart von NaCl und Ectoin. Der waagrechte Strich deutet das Wachstum von *E. coli* in Abwesenheit von exogen zugefügtem Ectoin an. **b** Wachstum von *E. coli* in Flüssigkultur mit 5 % NaCl in Gegenwart verschiedener kompatibler Solute. (Aus Galinski 1994)

7.6 Sequenzierungen der Genome halophiler Mikroorganismen

Die Genome einer Reihe von „Halobakterien" sind sequenziert worden (u. a. *Halobacterium* sp. NRC1, *Halobacterium salinarum, Haloarcula marismortui, Haloferax volcanii, Haloquadratum walsbyi*). „Halobakterien" zeichnen sich vielfach durch eine ausgeprägte genetische Plastizität aus, die sich u. a. durch das Vorhandensein zahlreicher Insertionselemente und Plasmide erklären lässt. So verfügt der „Modellorganismus" *Halobacterium* sp. NRC-1 über ein ca. 2 Mbp großes Chromosom und zwei große Plasmide mit Größen von ca. 200 und 350 kbp. Außerdem zeichnen sich viele „Halobakterien" durch eine ausgeprägte Polyploidie der Genome aus. So wurden vielfach (in Abhängigkeit von der Wachstumsphase) zehn bis 25 Chromosomenkopien pro Zelle gefunden.

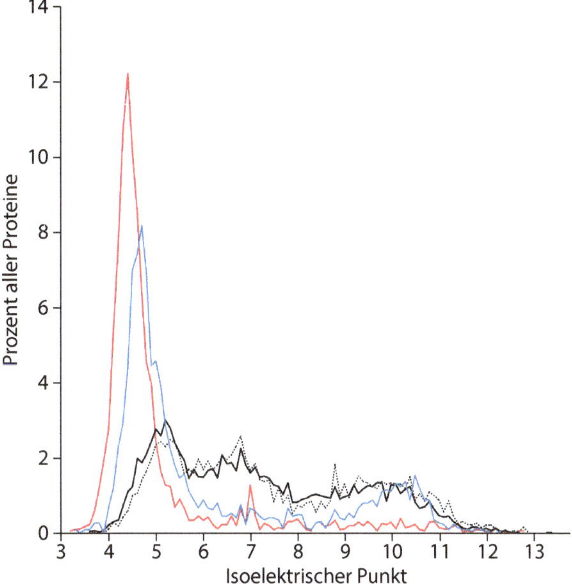

☐ Abb. 7.13 Aus den Genomsequenzen abgeleitete Verteilung der isolektrischen Punkte des Proteoms des „Halobakteriums" *Halorubrum lacusprofundi* (rot) im Vergleich zu *Acetohalobium arabaticum*, einem halophilen Vertreter der Halanaerobiales (Firmicutes) (blau), der halophilen Hefe *Debaryomyces hansenii* (schwarze Linie) und *Escherichia coli* (schwarze Punkte). (Aus Current Opinion in Microbiology, DasSarma und DasSarma 2015, mit Erlaubnis von Elsevier)

Eine detaillierte Analyse der Genomsequenzen verschiedener „Halobakterien" erbrachte den überraschenden Befund, dass sich die „Halobakterien" offenbar durch die „einmalige" Aufnahme von mehr als 1000 bakteriellen Genen aus methanogenen Archaeen entwickelt haben.

Die Sequenzierung der Genome verschiedener „Halobakterien" und anderer halophiler Mikroorganismen vom KCl-Typ bestätigte auch, dass viele Proteine aus diesen Organismen einen außergewöhnlich niedrigen isoelektrischen Punkt (pI) aufweisen. Diese Proteine zeigen eine signifikante Anhäufung von Glutamat- und Aspartatresten und ein Defizit an basischen Aminosäuren (☐ Abb. 7.13). Außerdem enthalten die Proteine aus halophilen Archaeen vom KCl-Typ offenbar etwas geringere Mengen an großen nicht polaren Aminosäuren.

7.7 Anwendungsmöglichkeiten halophiler und halotoleranter Mikroorganismen

7.7.1 Anwendungen bei der Herstellung von Lebensmitteln

Salz wird von Menschen schon seit dem Altertum für die Konservierung von Lebensmitteln eingesetzt. So wird durch die Salzzugabe bei Prozessen wie dem Einsalzen von Fischen oder dem Pökeln von Fleisch das Wachstum der meisten Mikroorganismen unterdrückt und hierdurch eine deutlich längere Lagerbarkeit der Lebensmittel erreicht. Dagegen wird bei einigen Lebensmitteln durch einen mehr oder weniger starken Salzzusatz selektiv das Wachstum bestimmter Mikroorganismen gefördert. Aus unseren Breiten wäre z. B. die Sauerkrautherstellung zu nennen. Hierbei wird dem zerkleinerten Kohl Kochsalz in einer Konzentration von ca. 2,5 % zugesetzt und hierdurch selektiv das Wachstum bestimmter Milchsäurebakterien gefördert (z. B. *Leuconostoc mesenteroides*,

Pediococcus cerevisiae, Lactobacillus plantarum). Das Sauerkraut gewinnt durch den Effekt des Einsalzens in Verbindung mit der durch die Milchsäurebakterien katalysierten Ansäuerung seinen charakteristischen Geschmack und seine Lagerfähigkeit.

Deutlich höher sind die Salzgehalte bei der Herstellung verschiedener ostasiatischer Saucen und Pasten. So wird bei der Herstellung von Sojasauce nach einer initialen Behandlung eines „Sojabohnen-Getreide-Breis" mithilfe des Pilzes *Aspergillus oryzae,* der so erhaltene „Koji" in eine Salzlake mit einem Salzgehalt von 12–27 % überführt. Diese Lake („Moromi") wird dann für mehrere Monate in großen Fässern gelagert. Hierbei kommt es zur Vermehrung halophiler Mikroorganismen (insbesondere auch halophiler Hefen), die dann durch ihre Stoffwechselleistungen maßgeblich zum Geschmack der fertigen Sojasauce beitragen (■ Abb. 7.14).

Halophile Mikroorganismen sind auch an der Geschmacksbildung verschiedener ostasiatischer Fisch- und Garnelenpasten beteiligt, die vielfach Salzgehalte von 10–25 % aufweisen.

7.7.2 Kommerzielle Nutzung von kompatiblen Soluten

In den letzten Jahren sind vielfältige Konzepte zur kommerziellen Nutzung kompatibler Solute entwickelt worden. Diese basieren auf Laboruntersuchungen, die gezeigt haben, dass zugesetzte kompatible Solute Proteine gegenüber denaturierenden Bedingungen stabilisieren können, wie sie z. B. beim wiederholten Auftauen und Einfrieren, dem kurzzeitigen Erhitzen oder dem Eintrocknen von Proteinlösungen auftreten (■ Abb. 7.15).

Dieser Effekt kann einerseits in der Biotechnologie zum Schutz der vielfach sehr teuren Reagenzien angewandt werden. Weiterhin versucht man diese Schutzeffekte in der Kosmetikindustrie insbesondere beim Hautschutz auf den Menschen zu übertragen. So werden heute verschiedenen (häufig hochpreisigen) Kosmetika Ectoin und Hydroxyectoin zugesetzt.

7.7.3 Carotinoide

Wie bereits erwähnt, zeichnen sich viele hochgradig halophile Organismen durch intensive Rotfärbungen aus. Diese Färbungen werden durch unterschiedliche Carotinoide hervorgerufen. So synthetisiert *Dunaliella salina* primär das C40-Carotinoid β-Carotin, während „Halobakterien" vor allem C50-Carotinoide („Bacterioruberine") bilden. Carotinoide und Folgeprodukte sind kommerziell von einigem Interesse, da sie vielfältige Einsatzmöglichkeiten bieten, z. B. als Vorstufen in der Vitamin-A-Produktion, als Antioxidantien und als Farbstoffe für Lebensmittel und Tierfutter. Hierbei ist als Produkt insbesondere β-Carotin von Interesse, daher wurden verschiedene Prozesse zur Gewinnung dieser Verbindung mithilfe von *Dunaliella salina* entwickelt. Es wurden sowohl Verfahren zur Kultur der Algen in geschlossenen Bioreaktoren als auch in offenen Lagunen realisiert. So wird in dem meernahen Salzsee Hutt Lagoon in Westaustralien auf einer Fläche von mehreren Hundert Hektar *Dunaliella salina* zur β-Carotin-Produktion kultiviert (■ Abb. 7.16).

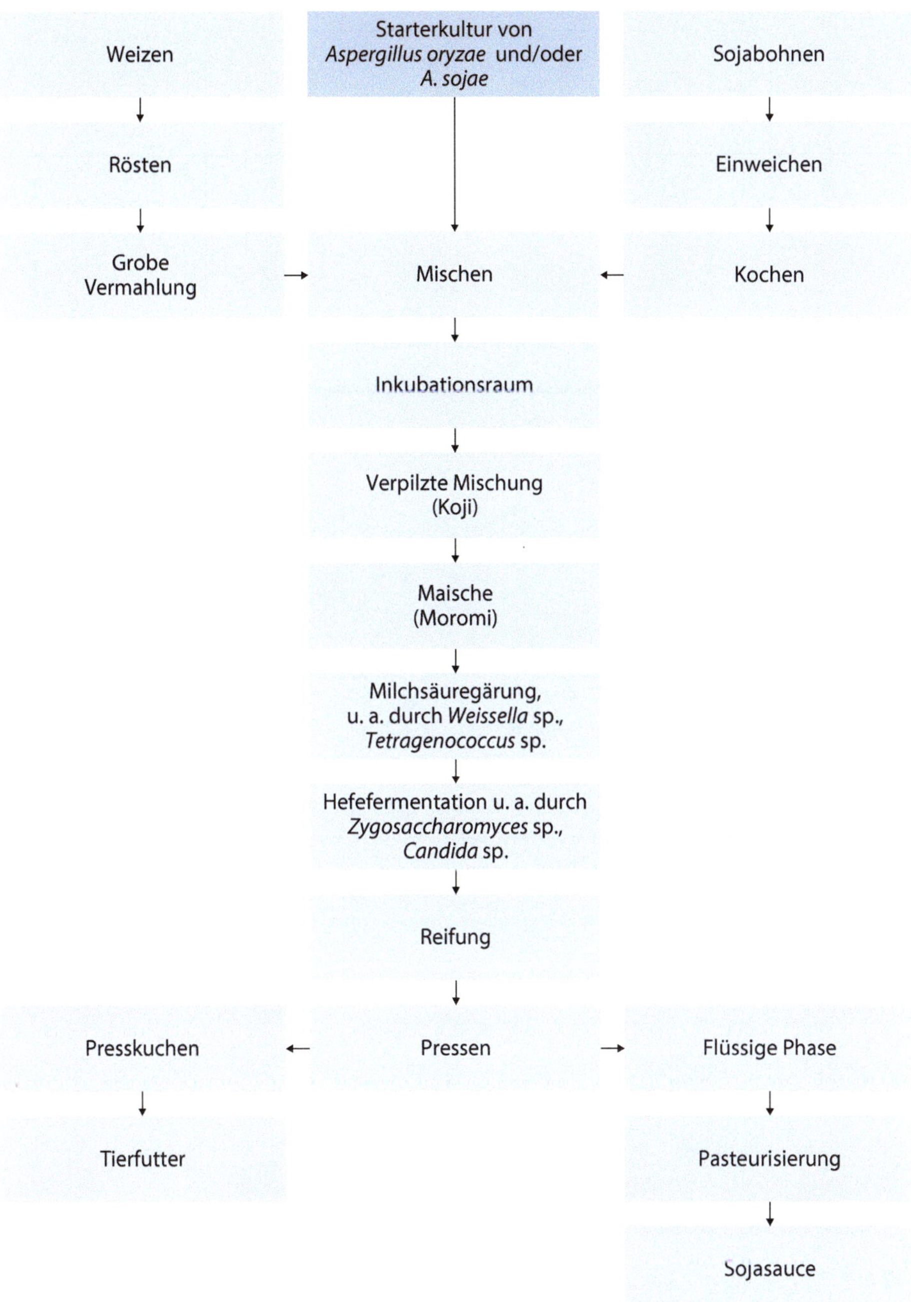

Abb. 7.14 Schematische Darstellung der Verfahrensstufen bei der Produktion von Sojasauce

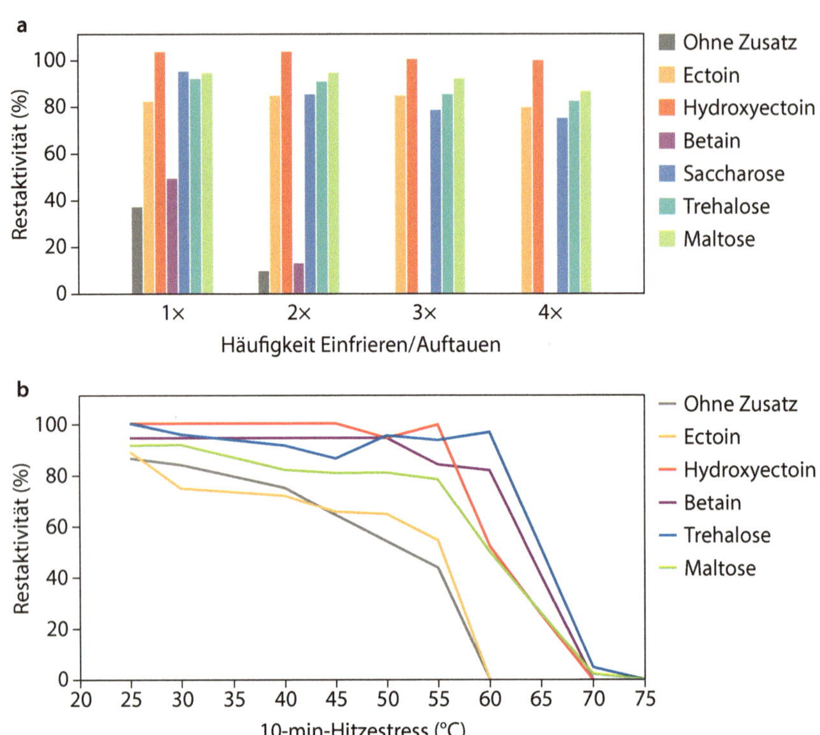

◘ Abb. 7.15 Schutzeffekte verschiedener kompatibler Solute auf eine menschliche Lactat-Dehydrogenase („4M") beim **a** wiederholtem Auftauen und Einfrieren und **b** nach zehnminütigen Hitzebehandlungen bei unterschiedlichen Temperaturen (nach Lippert und Galinski 1992, mit Erlaubnis von Springer)

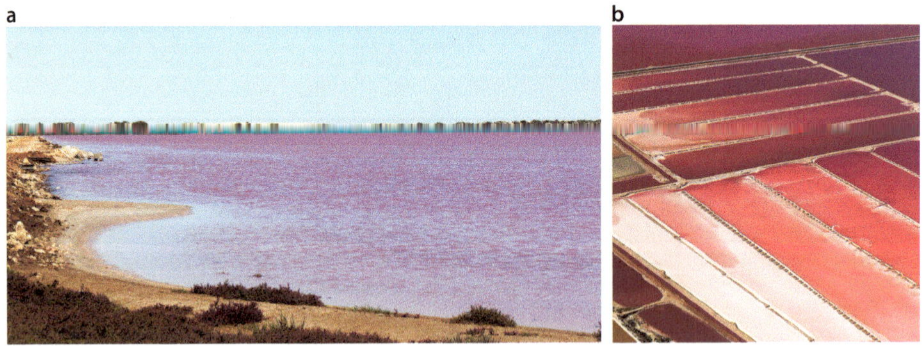

◘ Abb. 7.16 Kultivierung von *Dunaliella salina* in Hutt Lagoon (Western Australia). (© ▶ http://www. markrhiggins/stock.adobe.com; © greenantphoto/Getty images/iStock)

7.7.4 **Mögliche weitere Produkte**

Für halophile Organismen bieten sich noch zahlreiche weitere Anwendungsmöglichkeiten an. So wurde die Gewinnung von Glycerin mithilfe von *Dunaliella salina* optimiert, allerdings ist dieser Prozess aufgrund des derzeitig extrem niedrigen Preises für

Glycerin nicht konkurrenzfähig. Des Weiteren wurden viele Anstrengungen zur Anwendung von Bacteriorhodopsinen aus „Halobakterien" unternommen. Dieses Protein ist außergewöhnlich stabil und es wurde eine große Anzahl an möglichen Anwendungen beschrieben und vielfach patentiert (z. B. als Lichtdetektor, zur Umwandlung von Licht in elektrische Energie, als Strukturelement in der Nanotechnologie oder gar als Datenspeicher in der Computertechnik). Allerdings befindet sich die kommerzielle Anwendung dieser interessanten Eigenschaften noch in einer sehr frühen Phase.

? Fragen
- Wie definiert man halotolerante und halophile Organismen?
- Wie unterscheiden sich thalassohaline und athalassohaline Lebensräume?
- Was versteht man unter „Halobakterien"?
- Welche Verbindungsklasse ist für die charakteristische Rotfärbung von Meersalzverdunstungsbecken verantwortlich und warum ist die Fähigkeit zur Bildung dieser Pigmente wichtig für halophile Mikroorganismen?
- Welche Organismen sind an der charakteristischen Rotfärbung von Meersalzverdunstungsbecken beteiligt?
- Warum benötigen Mikroorganismen spezifische Anpassungsmechanismen zum (Über-)Leben in hypersalinen Lebensräumen?
- Welche grundsätzlichen Anpassungsstrategien beobachtet man bei halophilen Mikroorganismen?
- Welchen Anpassungsmechanismus findet man bei „Halobakterien"?
- Was versteht man unter kompatiblen Soluten und welche Voraussetzungen muss eine Verbindung besitzen, damit sie als kompatibles Solut wirken kann?
- Welchen Stoffklassen können als kompatible Solute wirken?
- Wie können Mikroorganismen auf Veränderungen im Salzgehalt ihrer Umgebung reagieren?
- Warum sind halophile und halotolerante Mikroorganismen von Bedeutung bei der Herstellung von Lebensmitteln?
- Welche Anwendungsmöglichkeiten bestehen für kompatible Solute?

Literatur

Abatzopoulos TJ, Beardmore JA, Clegg JS, Sorgeloos P (2013) Artemia: basic and applied biology. Springer, Berlin

Arahal DR, Ventosa A (2006) The family Halomonadaceae. In: Falkow S, Rosenberg E, Schleifer K-H, Stackebrandt E (Hrsg) The Prokaryotes. Bd. 6., 3. Aufl. Springer, Berlin, S 811–835

Avron M (1986) The osmotic components of halotolerant algae. TIBS 11:5–6

Beuchat LR (2001) Indigenous fermented foods. In: Rehm H-J, Reed G (Hrsg) Biotechnology set, 2. Aufl. Wiley VCH, S 505–555

Bolhuis H, Palm P, Wende A, Falb M, Rampp M, Rodriguez-Valera F, Pfeiffer F, Oesterhelt D (2006) The genome of the square archaeon *Haloquadratum walsbyi*: life at the limits of water activity. BMC Genom 7:169

Bolhuis H, te Poele EM, Rodriguez-Valera F (2004) Isolation and cultivation of Walsby's square archaeon. Env Microbiol 6:1287–1291

Bowen BB, Benison KC (2009) Geochemical characteristics of naturally acid and alkaline saline lakes in southern Western Australia. Appl Geochem 24:268–284

Breuert S, Allers T, Spohn G, Soppa J (2006) Regulated polyploidy in halophilic archaea. PLoS ONE 1:e92

Costa MS da, Santos H, Galinski EA (1998) An overview of the role and diversity of compatible solutes in Bacteria and Archaea. Adv Biochem Eng Biotechnol 61:117–153

DasSarma S, DasSarma P (2015) Halophiles and their enzymes:negativity put to good use. Curr Opin Microbiol 25:120–126

Dou G, He W, Liu H, Ma Y (2015) *Halomonas heilongjiangensis* sp. nov., a novel moderately halophilic bacterium isolated from saline and alkaline soil. Antonie Van Leeuwenhoek 108:403–413

Galinski EA (1994) Halophile und halotolerante Eubakterien. In: Hausmann K, Kremer BP (Hrsg) Extremophile Mikroorganismen in ausgefallenen Lebensräumen. VCH, Weinheim, S 89–112

Galinski EA (1995) Osmoadaptation in bacteria. Adv Microbial Physiol 37:273–328

Gonzalez RJ (2012) The physiology of hyper-salinity in teleost fish: a review. J Comp Physiol B 182:321–329

Graf R, Anzali S, Buenger J, Pfluecker F, Driller H (2008) The multifunctional role of ectoine as a natural cell protectant. Clin Dermatol 26:326–333

Jaakkola ST, Zerulla K, Guo Q, Liu Y, Ma H, Yang C et al (2014) Halophilic archaea cultivated from surface sterilized middle-late Eocene rock salt are polyploid. PLoS ONE 9:e110533

Johnson SS, Chevrette MG, Ehlmann BL, Benison KC (2015) Insights from the metagenome of an acid salt lake: the role of biology in an extreme environment. PLoS One: ▶ https://doi.org/10.1371/journal.pone.0122869

Lippert K, Galinski EA (1992) Enzyme stabilization by ectoine-type compatible solutes: protection against heating, freezing and drying. Appl Microbiol Biotechnol 37:61–65

Madigan MT, Martinko JM, Parker J (2001) Brock Mikrobiologie. Spektrum Verlag, Heidelberg

Margesin R, Schinner F (2001) Potential of halotolerant and halophilic microorganisms for biotechnology. Extremophiles 5:73–83

McGenity TJ, Gemmell RT, Grant WD, Stan-Lotter H (2000) Origins of halophilic microorganisms in ancient salt. Env Microbiol 2:243–250

Nelson-Sathi S, Dagan T, Landan G, Janssen A, Steel M, McInerney JO, Deppenmeier U, Martin WF (2012) Acquisition of 1,000 eubacterial genes physiologically transformed a methanogen at the origin of Haloarchaea. Proc Natl Acad Sci USA 109:20.537–20.542

Ng WV, Kennedy SP, Mahairas GG, Berquist B, Pan M, Shukla HD et al (2012) Genome sequence of *Halobacterium* species NRC-1. Proc Natl Acad Sci USA 97:12.176–12.181

Oren A (2008) Microbial life at high salt concentrations: phylogenetic and metabolic diversity. Saline Syst 4:2

Oren A (2010) Industrial and environmental applications of halophilic microorganisms. Env Technol 31:825–834

Oren A (2013) Life at high salt concentrations, intracellular KCl concentrations, and acidic proteomes. Front Microbiol 4:315

Oren A (2014) The ecology of *Dunaliella* in high-salt environments. J Biol Res 21:23

Oren A (2015) Halophilic microbial communities and their environments. Curr Opin Biotechnol 33:119–124

Oren A, Rodriquez-Valera F, Antón J, Benlloch S, Roselló-Mora, Amann R, Coleman J, Russell NJ (2004) Red extremely halophilic, but not archaeal: the physiology and ecology of *Salinibacter ruber*, a bacterium isolated from saltern crystallizer ponds. In: Ventosa A (Hrsg) Halophilic microorganisms. Springer, Berlin, S 63–76

Pastor JM, Bernal V, Salvador M, Argandoña M, Vargas C, Csonka L, Sevilla A, Iborra JL, Nieto JJ, Cánovas M (2013) Role of central metabolism in the osmoadaptation of the halophilic bacterium *Chromohalobacter salexigens*. J Biol Chem 288:17.769–17.781

Pitt JI, Christian JHB (1968) Water relations of xerophilic fungi isolated from prunes. Appl Microbiol 16:1853–1858

Plemenitaš A, Lenassi M, Konte T, Kejžar A, Gostinčar C, Gunde-Cimerman N (2014) Adaptation to high salt concentrations in halotolerant/halophilic fungi: a molecular perspective. Front Microbiol 5:199

Rodrigo-Baños M, Garbayo I, Vilhez C, Bonete MJ, Martinez-Espinosa RM (2015) Carotenoids from haloarchaea and their potential in biotechnology. Mar Drugs 13:5508–5532

Sauer T, Galinski EA (1998) Bacterial milking: a novel bioprocess for production of compatible solutes. Biotechnol Bioeng 57:306–313

Soppa J (2006) From genomes to function: haloarchaea as model organisms. Microbiol 152:585–590

Sorokin DY, Messina E, Smedile F, Roman P, Damstè JSS, Ciordia S, Mena MC, Ferrer M, Golyshin PN, Kublanov IV, Samarov NI, Toshchakov SV, La Cono V, Yakimov MM (2017) Discovery of anaerobic lithoheterotrophic haloarchaea, ubiquitous in hypersaline habitats. ISME J 11:1245–1260

Stan-Lotter H, Fendrihan S (2015) Halophilic archaea: life with desiccation, radiation and oligotrophy over geological times. Life 5:1487–1496

Stan-Lotter H, McGenity TJ, Legat A, Denner EBM, Glaser K, Stetter KO, Wanner G (1999) Very similar strains of *Halococcus salifodinae* are found in geographically separated Permo-Triassic salt deposits. Microbiol 145:3565–3574

Stevenson A, Cray JA, Williams JP, Santos R, Sahay R, Neuenkirchen N et al (2015) Is there a common water-activity limit for the three domains of life? ISME J 9:1333–1351

Sulaiman J, Gan HM, Yin W-F, Chan K-G (2014) Microbial succession and the functional potential during the fermentation of Chinese soy sauce brine. Front Microbiol 5:556

Trüper HG, Galinski EA (1990) Biosynthesis and fate of compatible solutes in extremely halophilic photo-trophic eubacteria. FEMS Microbiol Rev 75:254–257

Ventosa A, Oren A, Ma Y (2011) Halophiles and hypersaline environments. Current research and future trends. Springer, Berlin

Walsby AE (1980) A square bacterium. Nature 283:69–71

Walsby AE (2005) Archaea with square cells. Trends Microbiol 13:193–195

Welsh DT (2000) Ecological significance of compatible solute accumulation by micro-organisms: from single cells to global climate. FEMS Microbiol Rev 24:263–290

Wielen PWJJ van der, Bolhuis H, Borin S, Daffonchio D, Corselli C, Giuliano L et al (2005) The enigma of prokaryotic life in deep hypersaline anoxic basins. Science 307:121–123

Zajc J, Kogej T, Galinski EA, Ramos J, Gunde-Cimerman N (2014) Osmoadaptation strategy of the most halophilic fungus, *Wallemia ichthyophaga*, growing optimally at salinities above 15 % NaCl. Appl Environ Microbiol 80:247–256

Zhang L, Zhou R, Cui R, Huang J, Wu C (2016) Characterizing soy sauce Moromi manufactured by high-salt dilute-state and low-salt solid-state fermentation using multiphase analyzing methods. J Food Sci 81:C2639–C2646

Strahlungsresistente Mikroorganismen

© Springer-Verlag GmbH Deutschland 2017
A. Stolz, *Extremophile Mikroorganismen*,
https://doi.org/10.1007/978-3-662-55595-8_8

8.1 Vorkommen und Wirkung von ionisierender Strahlung und kurzwelligem UV-Licht

Energiereiche Strahlung mit der Fähigkeit, lebende Zellen zu schädigen, tritt insbesondere in Form von γ-Strahlung und kurzwelligem UV-Licht auf.

8.1.1 γ-Strahlung

Die für die Biosphäre relevante γ-Strahlung entsteht auf der Erde im Zuge des natürlichen oder vom Menschen verursachten radioaktiven Zerfalls. Hierbei beruhen die natürlichen Prozesse insbesondere auf dem Zerfall von radioaktiven Kalium-, Uran- und Thoriumkernen. Allerdings ist die Intensität der auf der Erde natürlicherweise auftretenden γ-Strahlung überall so niedrig, dass keine Schädigungen lebender Organismen zu erwarten sind. In Kernreaktoren kommt es vor allem zum Zerfall von Cobalt-, Plutonium-, Uran-, Radon-, Radium-, Thallium-, Iridium-, Caesium- und Strontiumatomen. Hierbei ist sowohl anwendungstechnisch (Sterilisation von Instrumenten und Lebensmitteln) als auch für die Untersuchung strahlungsresistenter Mikroorganismen die von radioaktiven ^{60}Co-Strahlern ausgesandte γ-Strahlung von größter Relevanz.

γ-Strahlung kann biologisches Material direkt oder indirekt schädigen. Bei den direkten Effekten absorbieren organische Moleküle die energiereiche Strahlung. Dies führt dann zunächst zu einer relativ unspezifischen Anregung der Elektronen und es kann zur Bildung positiver und/oder negativer Ionen kommen. Insbesondere in Gegenwart von molekularem Sauerstoff können sogenannte sekundäre Effekte auftreten. Hierbei werden durch die energiereiche Strahlung hochreaktive Sauerstoffradikale gebildet, die dann Folgereaktionen mit organischen Verbindungen eingehen können.

Die gravierendsten Effekte übt ionisierende Strahlung auf die DNA aus, da hier potenziell bereits ein einziger Doppelstrangbruch letal sein kann.

8.1.2 Kurzwelliges UV-Licht

Der Großteil der im Weltraum vorhandenen UV-Strahlung wird durch die Erdatmosphäre (insbesonders die Ozonschicht) abgefangen und erreicht daher nicht die Erdoberfläche. Kurzwelliges UV-Licht ($\lambda = 200$–290 nm) ist daher im Bereich der Biosphäre fast ausschließlich anthropogenen Ursprungs (z. B. bei der Verwendung keimabtötender UV-Strahler). Derartig kurzwellige UV-Strahlung kann von DNA direkt absorbiert werden. Hierbei kommt es dann u. a. zur Ausbildung von Basendimeren (◘ Abb. 8.1), die dann zu Mutationen führen können. Kurzwelliges UV-Licht kann aber durch die Bildung reaktiver Sauerstoffspezies auch sekundäre Effekte hervorrufen, z. B. Einzel- und Doppelstrangbrüche und die Abspaltung oder Oxidation einzelner Basen in der DNA.

☐ Abb. 8.1 Schematische Darstellung für die Entstehung von Pyrimidin-Dimeren in der DNA durch UV-Strahlung (Zur besseren Übersichtlichkeit sind die Strukturen der beteiligten Basen stark vereinfacht dargestellt). (Nach Snyder und Champness 1997)

8.2 Strahlungsresistente Mikroorganismen

Im Gegensatz zu allen zuvor behandelten extremen Faktoren sind bis heute keine Organismen bekannt, die in Gegenwart ionisierender Strahlung besser wachsen als in Abwesenheit von γ-Strahlung oder kurzwelligem UV-Licht. Es gibt also nach unserem derzeitigen Stand des Wissens keine „strahlungsliebenden", sondern nur „strahlungsresistente" Mikroorganismen. Die ersten strahlungsresistenten Mikroorganismen wurden 1956 aus Konservendosen isoliert, die mit Cobalt-60-Strahlern behandelt worden waren, um sie von Mikroorganismen zu befreien. Aus einer Konservendose, deren Inhalt trotz einer massiven Bestrahlung Anzeichen von Verderbnis aufwies, wurde das Bakterium *Deinococcus radiodurans* (Stamm R1) isoliert, das eine außergewöhnliche Resistenz gegenüber der von Cobaltstrahlern erzeugten γ-Strahlung zeigte. In der Zwischenzeit sind aus unterschiedlichsten Lebensräumen zahlreiche *Deinococcus*-Stämme isoliert und mehr als 50 *Deinococcus*-Arten beschrieben worden, die zum größten Teil durch eine außergewöhnliche Strahlungsresistenz charakterisiert sind (z. B. *D. geothermalis, D. grandis, D. gobiensis*). Die Gattung *Deinococcus* bildet zusammen mit der Gattung *Thermus* ein Phylum innerhalb der Bacteria. Vertreter der Gattung *Deinococcus* sind unbewegliche, aerobe, chemoorganotrophe Bakterien, die bevorzugt auf Komplexmedien wachsen und häufig durch Carotinoide gelb, orange oder rot gefärbte Kolonien bilden. Die Zellen liegen vielfach in Form von Tetraden vor und zeichnen sich durch außergewöhnlich komplexe Zellhüllen aus, die sich aus mindestens vier Schichten zusammensetzen (☐ Abb. 8.2).

In den vergangenen Jahren wurden neben *Deinococcus*-Stämmen noch weitere strahlungsresistente Organismen aus allen drei Domänen des Lebens entdeckt. Unter den Bacteria wurden fast ausschließlich Gram-positive strahlungsresistente Arten beschrieben (z. B. *Arthrobacter radiotolerans, Rubrobacter radiotolerans, Kocuria roseu, Kineococcus radiotolerans* sowie einige Stämme von *Lactobacillus plantarum* und *Enterococcus faecium*). Daneben fand man auch einige Proteobacteria (z. B. *Pseudomonas radiora*), das Cyanobakterium *Chroococcidiopsis* sp. und Mitglieder des Phylums Bacteroidetes *(Hymenobacter xinjiangensis)*, die eine erhöhte Strahlungsresistenz aufwiesen.

Auch für einige halophile (z. B. *Halobacterium salinarum*) und methanogene Archaea (z. B. *Methanosarcina soligelidi*) und (mehrzellige) Eukarya (z. B. verschiedene Bärtierchen, Tardigrada) wurden signifikante Überlebensraten nach Behandlung mit kurzwelligem UV-Licht und/oder γ-Strahlung beobachtet.

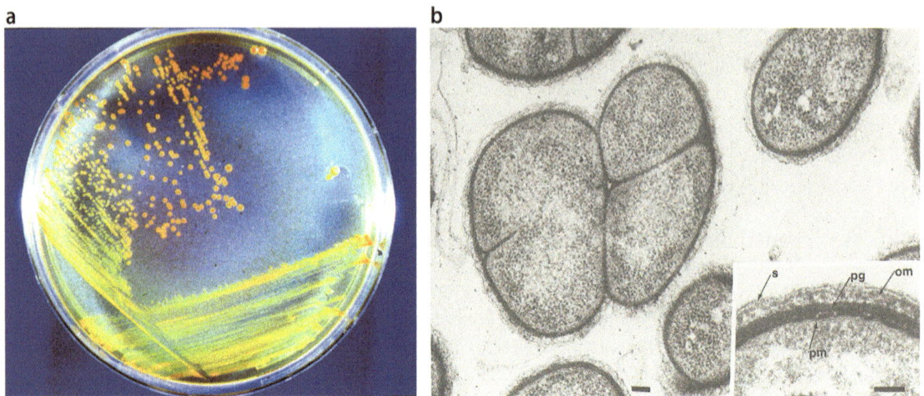

◻ Abb. 8.2 *Deinococcus radiodurans.* **a** Wachstum auf Agarplatte (▶ www.science.nasa.gov; M. Daly, Uniformed Services University of Health Sciences), **b** Elektronenmikroskopische Aufnahme einer typischen Tetrade und der Zellwandstruktur (Insert)- s S-Layer, OM äußere Membran, PG Peptidoglycanschicht, PM Plasmamembran. Die Balkenlänge entspricht 0,1 m. (Aus Murray 1992, mit Erlaubnis von Springer)

Trotz der zahlreichen neuen Isolate gelten Vertreter der Gattung *Deinococcus* weiterhin als die am stärksten strahlungsresistenten Lebewesen. So zeigt *Deinococcus radiodurans* auch nach einer Bestrahlung mit mehr als 4000 Gray keine sichtbaren Abtötungseffekte und kann selbst γ-Strahlung von mehr als 10.000 Gray überleben, während *E. coli* schon bei Strahlenbelastungen von ca. 1000 Gray fast vollständig abgetötet wird. Hierbei entspricht 1 Gray (Gy) 1 J absorbierter Strahlung pro kg Gewebe. Zum Vergleich: Für einen Menschen wirken rund 10 Gray tödlich.

Schätzungen zufolge führt bei einer Bestrahlung mit γ-Strahlen eine Strahlenbelastung von 6000 Gray in einem Mikroorganismus zu ca. 200 DNA-Doppelstrangbrüchen, 3000 DNA-Einzelstrangbrüchen und 1000 Basenmodifikationen.

Deinococcus radiodurans zeichnet sich nicht nur durch eine ausgeprägte Resistenz gegenüber γ-Strahlung, sondern auch gegenüber UV-Strahlung aus. In entsprechenden Experimenten wurde gezeigt, dass *D. radiodurans* eine Strahlenbelastung von 500 J/m² ohne eine signifikante Abnahme in der Fähigkeit zur Koloniebildung überstehen kann. Es kann kalkuliert werden, dass diese Strahlenbelastung zur Ausbildung von etwa einem Thymindimer (◻ Abb. 8.1) pro 600 Basenpaare führen sollte.

8.3 Anpassungsmechanismen strahlungsresistenter Mikroorganismen

Für verschiedene strahlungssensitive Organismen und auch für *Deinococcus radiodurans* wurde experimentell gezeigt, dass eine Bestrahlung der Zellen mit γ-Strahlung zu einer ausgeprägten Fragmentierung der DNA führt (◻ Abb. 8.3, Spuren „C" und „0").

Nach einer Behandlung wachsender Zellen von *Deinococcus radiodurans* mit γ-Strahlung und der hiermit verbundenen Fragmentierung der DNA stellen die Zellen zunächst das Wachstum ein. Hierbei korreliert die Dauer des Wachstumsstopps mit der vorangegangenen Strahlenbelastung. Im Verlauf dieser strahlungsbedingten lag-Phase kommt

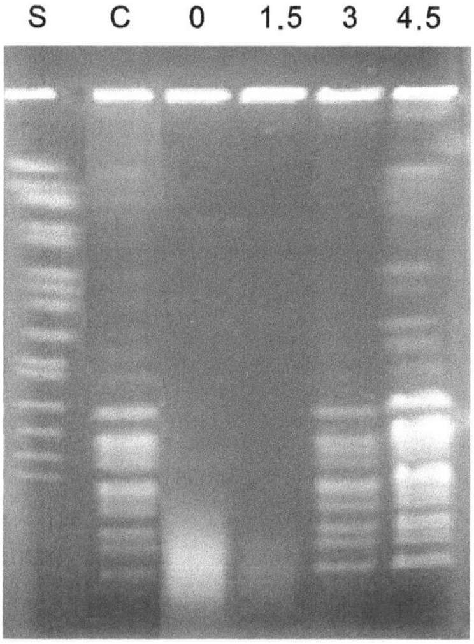

■ **Abb. 8.3** Zerstörung der genomischen DNA von *Deinococcus radiodurans* durch γ-Strahlung und anschließende Reparatur des Genoms. C) Genomische DNA aus unbehandelten Zellen; 0) DNA aus Zellen nach Bestrahlung mit 7000 Gray. In den Spuren rechts wurde die genomische DNA aus der gleichen Bakterienkultur 1,5 h, 3 h und 4,5 h nach dem Ende der Bestrahlung aufgetragen. (in S wurden Chromosomen aus der Bäckerhefe als Größenstandard analysiert). Die genomische DNA aus *D. radiodurans* wurde zur besseren Visualisierung der Effekte vor der gelelektrophoretischen Auftrennung mit dem Restriktionsenzym *NotI* verdaut und die Fragmente anschließend mittels Pulsed-Field-Gelelektrophorese (PFGE) aufgetrennt (mit Erlaubnis von Macmillan Publishers Ltd: Nature. (Zahradka et al. 2006)

es zu einem partiellen Abbau von DNA und zu einer Ausscheidung von Nucleosiden und Nucleotiden in das Medium. Überraschenderweise sind einige Stunden nach Ende der Bestrahlung ein weitgehendes Verschwinden der kleinen DNA-Fragmente und eine Wiederherstellung größerer DNA-Moleküle zu beobachten (■ Abb. 8.3, rechte Spuren). Daraufhin nehmen die Zellen ihr Wachstum wieder auf. Im Verlauf der beobachteten lag-Phase sind die Zellen also offenbar in der Lage, die zahlreichen Doppelstrangbrüche der DNA schnell (und weitgehend fehlerfrei) zu reparieren.

In den letzten Jahren wurden verschiedene mögliche Ursachen für die außergewöhnliche Strahlungsresistenz von *Deinococcus radiodurans* vorgeschlagen. Hierbei standen insbesondere das mögliche Vorhandensein extrem effizienter DNA-Reparatur-Mechanismen, mehrerer strukturell organisierter Genom-Kopien bzw. enzymatischer und/oder nicht-enzymatische Anti-Oxidationssysteme im Mittelpunkt des Interesses.

8.3.1 DNA-Reparatur-Mechanismen

Die erstaunliche Fähigkeit von *Deinococcus radiodurans* zur Reparatur seiner DNA deutet darauf hin, dass dieser Organismus ein außergewöhnliches (und/oder außergewöhnlich aktives) Repertoire an Enzymen zur DNA-Reparatur besitzt. Durch biochemische Untersuchungen und die Ergebnisse von Genom-Sequenzierungen konnte gezeigt werden, dass *Deinococcus radiodurans* über die typischen (auch bei anderen Mikroorganismen vorhandenen) Enzyme zur DNA-Reparatur verfügt, wie z. B. Enzyme zur

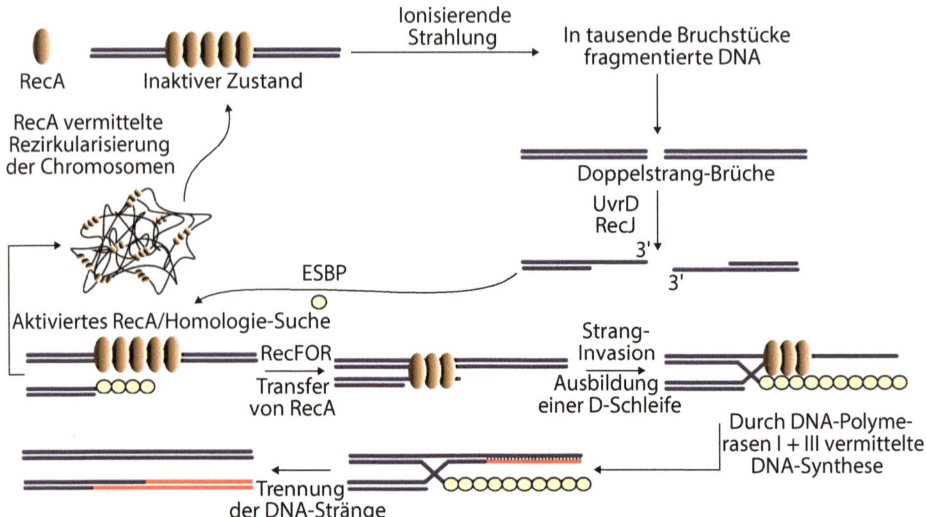

◘ Abb. 8.4 RecA-abhängiger Mechanismus für die Reparatur von DNA-Doppelstrangbrüchen bei *Deinococcus radiodurans*. ESBP Einzelstrang bindende Proteine. (Nach Munteanu et al. 2015, mit Erlaubnis von Springer)

Nucleotid-Exzision (Endonuclease α, *uvrA*), zur Basen-Exzision (Endonuclease α, *uvsCDE,* Uracil-DNA-Glykosylase und andere Glykosylasen, AP-(„Apyrimidin"-)Endonucleasen) und zur Rekombination *(recA)*. In einigen Fällen konnte gezeigt werden, dass die Gene, die für diese Aktivitäten codieren, bei *Deinococcus*-Stämme in außergewöhnlich hoher Anzahl vorhanden sind, allerdings konnten keine für *Deinococcus*-Stämme spezifischen Aktivitäten identifiziert werden.

Die Fähigkeit zur Reparatur von Doppelstrangbrüchen wird mit einer ausgeprägten syntheseabhängigen Einzelstrang-Anlagerungs-Aktivität in Verbindung gebracht (ESDSA, engl. *extended synthesis-dependent strand annealing*). Hierbei kommt es nach Doppelstrangbrüchen zunächst in $5' \rightarrow 3'$-Richtung zu einem partiellen Abbau eines Stranges der verbliebenen doppelsträngigen DNA. Die dabei entstehenden einzelsträngigen $3'$-Überhänge werden dann durch einzelsträngige DNA-bindende Proteine (z. B. DdrB) stabilisiert. In Gegenwart homologer Sequenzen auf intakter doppelsträngiger DNA kann es dann in einem RecA-abhängigen Prozess nach „*strand invasion*" zu einer DNA-Neusynthese an überlappenden Fragmenten kommen, die letztlich zu einer vollständigen Wiederherstellung des bakteriellen Chromosoms führt (◘ Abb. 8.4).

8.3.2 Strukturelle Besonderheiten in der Nucleoid-Organisation

Wie sich bei der Sequenzierung des Genoms von *Deinococcus radiodurans* zeigte, ist die genetische Information auf zwei Chromosomen, ein Megaplasmid und ein weiteres Plasmid verteilt und enthält eine Vielzahl an Sequenzwiederholungen und Genduplikationen. Charakteristischerweise sind die Einzelzellen polyploid und weisen (je nach Wachstumsbedingungen) vier bis zehn Genomäquivalente auf. Des Weiteren führt

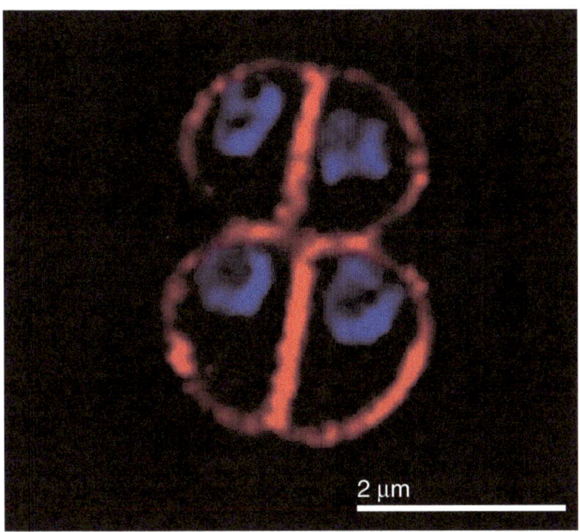

◘ Abb. 8.5   Epifluoreszenzmikroskopische Aufnahme der ringförmigen (toroidalen) Anordnung der DNA im Genom von *Deinococcus radiodurans*. In den Zellen der Tetrade ist die ringförmige DNA-Struktur sichtbar. Die DNA wurde mittels DAPI gefärbt und erscheint blau, Zellmembranen erscheinen rot. (Mit Erlaubnis von Macmillan Publishers Ltd: Nature Reviews Microbiology, Cox und Battista 2005)

auch die charakteristische Tetradenstruktur von wachsenden *Deinococcus*-Zellen zur räumlichen Nähe mehrerer Genomkopien. Dies könnte dazu führen, dass bei Reparaturprozessen die Rekombination zwischen den redundanten Kopien erleichtert wird. Wie elektronen- und epifluoreszenzmikroskopische Aufnahmen verdeutlichen, liegt die genetische Information von *Deinococcus radiodurans* in einer spezifisch organisierten Ringstruktur („Torus") vor (◘ Abb. 8.5). Außerdem wurde in diesen Nucleoiden ein Histon-ähnliches Protein (HU) in hohen Konzentrationen nachgewiesen. Diese Befunde wurden dahin gehend interpretiert, dass möglicherweise die „Torusstruktur" dazu führt, dass die durch Bestrahlung gebildeten DNA-Fragmente auch nach der Fragmentierung der Chromosomen in bestimmten Positionen fixiert bleiben und so die Dispersion der DNA-Fragmente verhindert wird. In Verbindung mit der Existenz multipler Genomäquivalente könnte man also postulieren, dass die genetische Information „*prealigned*" ist und hierdurch Rekombinationsprozesse erleichtert werden.

8.3.3 Enzymatische und nichtenzymatische Antioxidationssysteme

In den letzten Jahren mehren sich die Hinweise, dass die ausgeprägte Strahlungstoleranz von *Deinococcus* nicht primär mit Besonderheiten in den DNA-Reparatur-Mechanismen und der Genomorganisation zusammenhängt. Hierauf deutet vor allem hin, dass man trotz der jahrelangen Suche keine spezifischen DNA-Reparatur-Mechanismen bei *Deinococcus radiodurans* entdecken konnte. Außerdem wurden in den letzten Jahren mehrere strahlungsresistente Mikroorganismen isoliert, die keine der strukturellen

Besonderheiten von *Deinococcus radiodurans* aufweisen. Dagegen konnte man eine Korrelation zwischen der strahlungsbedingten Abtötung von *Deinococcus* und anderen Mikroorganismen und dem Grad der Proteinoxidation aufzeigen. Dies deutet darauf hin, dass die Primäreffekte ionisierender Strahlung auf der Ebene der Proteinstabilität und nicht der DNA-Stabilität auftreten.

Wie bereits erwähnt, spielen die durch reaktive Sauerstoffspezies hervorgerufenen Sekundäreffekte eine wichtige Rolle bei der Schädigung von Zellen durch energiereiche Strahlung. Bei der Sequenzierung des Genoms von *Deinococcus radiodurans* fand man zwei für Katalasen codierende und mehrere für Superoxid-Dismutasen codierende Gene, die offenbar an der Strahlungsresistenz beteiligt sind. Außerdem spielen bei der Abwehr gegen reaktive Sauerstoffspezies wahrscheinlich auch die charakteristischen Carotinoide der *Deinococcus*-Stämme eine gewisse Rolle, die als Antioxidantien wirken können. Von besonderer Bedeutung ist offenbar die Fähigkeit zur Synthese des *Deinococcus*-spezifischen Carotinoids Deinoxanthin (◘ Abb. 8.6).

Nach Bestrahlung werden bei *Deinococcus radiodurans* zahlreiche Gene hochreguliert, u. a. zur DNA-Reparatur *(recA, recQ, uvrA, uvrB, uvrD)*, zur DNA-Superspiralisierung *(gyrA, gyrB)* und zur Anpassung an oxidativen Stress *(katA, terB, terZ, mrsA)*. In den letzten Jahren fand man erste Hinweise auf die Regulation der durch Strahlungsschäden hervorgerufenen Antwort. Hierbei wurde ein RDR-Regulon (RDR – *„radiation/dessication response"*) identifiziert. Die Gene dieses Regulons zeichnen sich *„upstream"* der Strukturgene durch eine Palindromsequenz aus (RDRM) aus und werden offenbar durch den Masterregulator IrrE kontrolliert, der nach Bestrahlung den (RDRM-spezifischen) Repressor DdrO spaltet.

Im Hinblick auf den Einfluss von oxidativen Stress auf das Überleben von *Deinococcus radiodurans* erwies es sich als wichtige Beobachtung, dass Zellen von *Deinococcus* verhältnismäßig viel Mangan- und wenig Eisenionen enthalten. *Deinococcus*-Stämme enthalten Mn^{2+}-Ionen in Konzentrationen von bis zu 30 mM und damit in 15- bis 150-fach höherer Konzentration als bei strahlungssensitiven Mikroorganismen. Hierdurch könnte die durch Eisenionen katalysierte Bildung von reaktiven Sauerstoffspezies bei *Deinococcus* unterdrückt werden. Hierbei wird postuliert, dass unter dem Einfluss ionisierender Strahlung in Gegenwart höherer Konzentrationen an Eisenionen hochreaktive Hydroxyl-Radikale ($HO^\bullet$) und Superoxid-Anionen ($O_2^{\bullet-}$) gebildet werden, während im Verlauf der Redoxreaktionen von Mn^{2+}- und Mn^{3+}-Ionen keine Hydroxyl-Radikale gebildet und Superoxid-Anionen verbraucht werden (◘ Abb. 8.7). Diese Befunde deuten darauf hin, dass sich strahlungsresistente Mikroorganismen durch eine verringerte

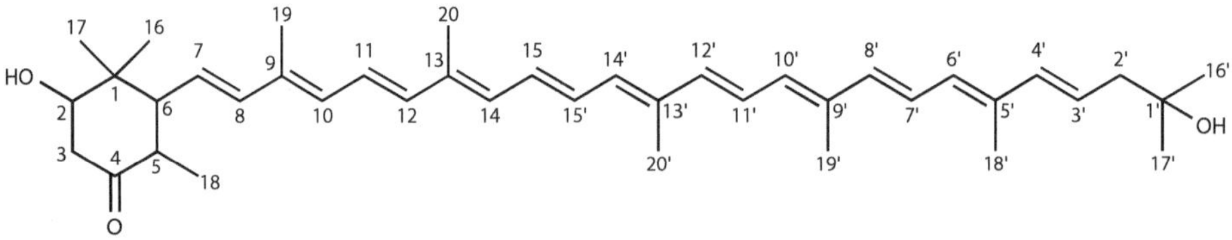

◘ **Abb. 8.6**   Struktur von Deinoxanthin

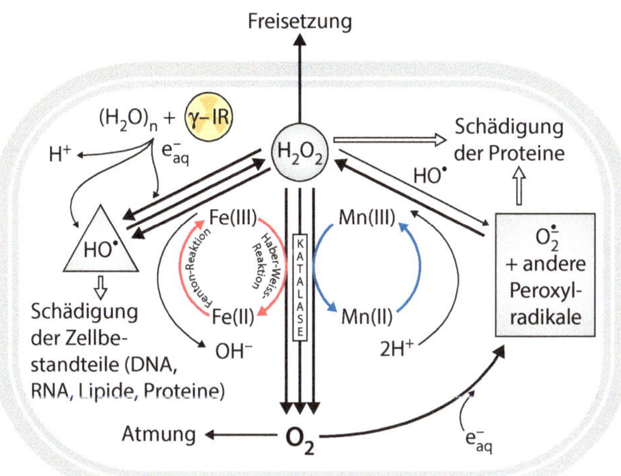

Abb. 8.7 Modellvorstellung für den Einfluss von Eisen-und Manganionen auf die Schädigung von Zellbestandteilen bei Bestrahlung mit γ-Strahlung. In der Abbildung sind folgende durch ionisierende Strahlung hervorgerufene Reaktionen schematisch dargestellt: $(H_2O)_n$ + γ-IR Radiolyse von Wasser, $H_2O \rightarrow HO^• + H^+ + e^-$ Bildung von solvatisierten Elektronen, $2\,HO^• \rightarrow H_2O_2$ primäre radiolytische Reaktion, $O_2 + e^- \rightarrow O^{•-}_2$ Superoxid-Bildung, $Fe(II) + H_2O_2 \rightarrow Fe(III) + HO^• + OH^-$ Fenton-Reaktion, $Fe(III) + HO^•_2 \rightarrow Fe(II) + O_2 + 2\,H^+$ und $2\,Fe(III) + H_2O_2 \rightarrow 2\,Fe(II) + O_2 + 2\,H^+$ Haber-Weiss Reaktion, $Mn(II) + O^{•-}_2 + 2\,H^+ \rightarrow Mn(III) + H_2O_2$, $2\,Mn(III) + H_2O_2 \rightarrow O_2 + 2\,H^+$. (Nach Daly et al. 2007)

Bildung von reaktiven Sauerstoffspezies auszeichnen und hierdurch primär die Aktivität ihrer DNA-Reparatur-Systeme schützen. Außerdem gibt es Hinweise, die auf eine Funktion von Peptid-Mangan-Komplexen als Radikalfänger hinweisen.

8.4 Korrelation von Strahlungs- und Austrocknungsresistenz

Für *Deinococcus radiodurans* wurde bereits früh gezeigt, dass sich dieser Organismus nicht nur durch seine außergewöhnliche Strahlungsresistenz, sondern auch durch eine ausgeprägte Unempfindlichkeit gegenüber Austrocknung auszeichnet (■ Abb. 8.8). Dies deutet darauf hin, dass die Strahlungsresistenz nur einen sekundären Effekt darstellt, da die von *Deinococcus*-Stämmen tolerierten Strahlenbelastungen auf der Erde unter natürlichen Bedingungen nicht auftreten.

Dieser Befund korreliert mit der Beobachtung, dass das Austrocknen der Zellen in einer ähnlichen Fragmentierung der DNA resultiert wie eine starke Bestrahlung. Die Austrocknung führt also wie die Bestrahlung zu einer verstärkten Bildung von reaktiven Sauerstoffspezies. Ein Zusammenhang zwischen der Resistenz gegenüber ionisierender Strahlung und Trockenheit lässt sich auch aus der Beobachtung folgern, dass strahlungsresistente

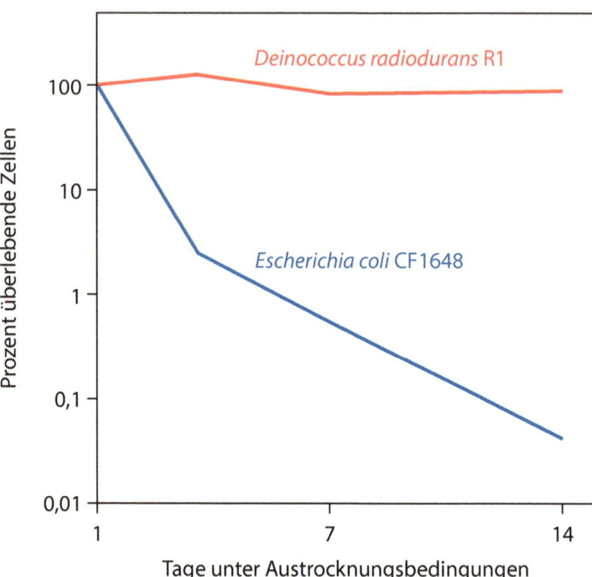

▢ Abb. 8.8 Vergleich der Überlebensfähigkeit von *Deinococcus radiodurans* und *Escherichia coli* unter Austrocknungsbedingungen. Flüssigkulturen der Organismen wurden auf Objektträgern aufgetragen, getrocknet und anschließend im Vakuum über CaSO$_4$ gelagert. (Verändert nach Berry et al. 2000)

Mikroorganismen vielfach aus extrem trockenen Bereichen isoliert werden und dass auch bei nicht zu der Gattung *Deinococcus* gehörenden Organismen vielfach Strahlungs- und Austrocknungsresistenz korrelieren.

8.5 Anwendungsmöglichkeiten strahlungsresistenter Mikroorganismen

In den letzten Jahren wurden vielfältige Anstrengungen unternommen, *Deinococcus* Stämme und ihre außergewöhnlichen Eigenschaften kommerziell zu nutzen. So weisen diese Organismen neben den beschriebenen Resistenzen gegenüber ionisierender Strahlung und Trockenheit häufig auch eine ausgeprägte Toleranz gegenüber toxischen Chemikalien auf. Daher wurde mehrfach vorgeschlagen (genetisch modifizierte) *Deinococcus*-Stämme zur Reinigung von vom Menschen verunreinigten Standorten einzusetzen. Hierbei liegt ein Schwerpunkt des Interesses auf einem Einsatz auf Standorten, die früher für die Produktion von Atomwaffen genutzt worden sind und vielfach sowohl mit radioaktivem Abfall als auch mit organischen Lösungsmitteln verunreinigt sind. Eine äußerst spekulative mögliche Anwendung von *Deinococcus* besteht hingegen in der „Erstbesiedlung" fremder Planeten (▢ Abb. 8.9).

◘ Abb. 8.9 *Deinococcus* – unser Mikroorganismus auf dem Mars? (► http://science.nasa.gov)

❓ Fragen
- Was versteht man unter direkten und indirekten Effekten von γ-Strahlung auf lebende Organismen?
- Wie wurden die ersten *Deinococcus*-Isolate erhalten?
- In welcher Größenordnung liegen die letalen Dosen an γ-Strahlung bei Mensch, *E. coli* und *D. radiodurans*?
- Wie verhält sich die genomische DNA von *D. radiodurans* nach einer intensiven Behandlung mit γ-Strahlung?
- Welche Besonderheiten in der Genomorganisation beobachtet man bei *D. radiodurans*?
- Wie kommt es zu der ausgeprägten Färbung vieler *Deinococcus*-Stämme?
- Welche Hinweise gibt es, dass die Stabilität von Proteinen wichtig für die Strahlungsresistenz ist?
- Wie lässt sich die Korrelation von Strahlungs- und Austrocknungsresistenz erklären?
- Welche praktischen Anwendungsmöglichkeiten sind für *Deinococcus*-Stämme denkbar?

Literatur

Battista JR (1997) Against all odds: the survival strategies of *Deinococcus radiodurans*. Annu Rev Microbiol 51:203–224

Berry CJ, Fliermans C, Phillips RW, Wiegel J, Shimkets LJ (2000) Characterization of a *Kineococcus*-like isolate from a radioactive work area. US Department of Energy Document WSRC-MS-2000-00220. ► https://www.osti.gov/scitech/purl/757623

Brim H, McFarlan SC, Fredrickson JK, Minton KW, Zhai M, Wackett LP, Daly MJ (2000) Engineering *Deinococcus radiodurans* for metal remediation in radioactive mixed waste environments. Nat Biotechnol 18:85–90

Cox MM, Battista JR (2005) *Deinococcus radiodurans* – the consummate survivor. Nat Rev Microbiol 3:882–892

Daly MJ (2012) Death by protein damage in irradiated cells. DNA Repair 11:12–21

Daly MJ, Gaidamakova EK, Matrosova VY, Vasilenko A, Zhai M, Venkateswaran A et al (2004) Accumulation of Mn(II) in *Deinococcus radiodurans* facilitates gamma-radiation resistance. Science 306:1015–1028

Daly MJ, Gaidamakova EK, Matrosova VY, Vasilenko A, Zhai M, Leapman RD et al (2007) Protein oxidation implicated as the primary determinant of bacterial-radioresistance. PLoS Biol 5(4):e92

Gabani P, Singh OV (2013) Radiation-resistant extremophiles and their potential in biotechnology and therapeutics. Appl Microbiol Biotechnol 97:993–1004

Gerber E, Bernard R, Castang S, Chabot N, Coze F, Dreux-Zigha A et al (2015) *Deinococcus* as a new chassis for industrial biotechnology: biology, physiology and tools. J Appl Microbiol 119:1–10

Gholami M, Eternadifar Z, Bouzari M (2015) Isolation a new strain of *Kocuria rosea* capable of tolerating extreme conditions. J Env Radioactiv 144:113–119

Ithurbide S, Bentchikou E, Coste G, Bost B, Servant P, Sommer S (2015) Single strand annealing plays a major role in RecA-independent recombination between repeated sequences in the radioresistant *Deinococcus radiodurans* bacterium. PLoS Genet. ▶ https://doi.org/10.1371/journal.pgen.1005636

Lange CC, Wackett LP, Minton KW, Daly MJ (1998) Engineering recombinant *Deinococcus radiodurans* for organopollutant degradation in radioactive mixed waste environments. Nat Biotechnol 16:929–933

Levin-Zaidman S, Englander J, Shimoni E, Sharma AK, Minton KW, Minsky A (2003) Ringlike structure of the *Deinococcus radiodurans* genome: a key to radioresistance? Science 299:254–256

Lin J, Qi R, Aston C, Jing J, Anantharaman TS, Mishra B et al (1999) Whole-genome shotgun optical mapping of *Deinococcus radiodurans*. Science 285:1558–1562

Ludanyi M, Blanchard L, Dulermo R, Brandelet G, Ballanger L, Pignol D, Lemaire D, de Groot A (2014) Radiation response in *Deinococcus deserti*: IrrE is a metalloprotease that cleaves repressor protein DrdO. Mol Microbiol 94:434–449

Mattimore V, Battista JR (1996) Radioresistance of *Deinococcus radiodurans*: functions necessary to survive ionizing radiation are also necessary to survive prolonged desiccation. J Bacteriol 178:633–637

Minton KW (1994) DNA repair in the extremely radioresistant bacterium *Deinococcus radiodurans*. Mol Microbiol 13:9–15

Munteanu A-C, Uivarosi V, Andries A (2015) Recent progress in understanding the molecular mechanisms of radioresistance in *Deinococcus* bacteria. Extremophiles 19:707–719

Murray RGE (1992) The family Deinococcaceae. In: Balows A, Trüper HG, Dworkin M, Harder W, Schleifer K-H (Hrsg) The prokaryotes, 2. Aufl. Springer, Berlin, S 3732–3744

Philips RW, Wiegel J, Berry CJ, Fliermans C, Peacock AD, White DC, Shimkets LJ (2002) *Kineococcus radiotolerans* sp. nov., a radiation-resistant Gram-postive bacterium. Int J Syst Evol Microbiol 52:933–938

Satoh K, Kikuchi M, Ishaque AM, Ohba H, Yamada M, Tejima K, Onodera T, Narumi I (2012) The role of *Deinococcus radiodurans* RecFOR proteins in homologous recombination. DNA Repair 11:410–418

Slade D, Radman M (2011) Oxidative stress resistance in *Deinococcus radiodurans*. Microbiol Mol Biol Rev 75:133–191

Snyder L, Champness W (1997) Molecular genetics of bacteria. ASM Press, Washington, DC

Slade D, Lindner AB, Paul G, Radman M (2009) Recombination and replication in DNA repair of heavily irradiated *Deinococcus radiodurans*. Cell 136:1044–1055

Srinivasan S, Lee J-J, Lim S-Y, Joe M-H, Im S-H, Kim MK (2015) *Deinococcus radioresistens* sp. nov., a UV and gamma radiation-resistant bacterium isolated from mountain soil. Antonie van Leeuwenhoek 107:539–545

White O, Eisen JA, Heidelberg JF, Hickey EK, Peterson JD, Dodson RJ et al (1999) Genome sequence of the radioresistant bacterium *Deinococcus radiodurans*. Science 286:1571–1577

Yu LZ-H, Luo X-S, Liu M, Huang Q (2013) Diversity of ionization-resistant bacteria obtained from the Taklimakan Desert. J Basic Microbiol 55:135–140

Zahradka K, Slade D, Bailone A, Sommer S, Averbeck D, Petranovic M, Lindner AB, Radman M (2006) Reassembly of shattered chromosomes in *Deinococcus radiodurans*. Nature 443:569–573

Extremophile Organismen und Astrobiologie

© Springer-Verlag GmbH Deutschland 2017
A. Stolz, *Extremophile Mikroorganismen*,
https://doi.org/10.1007/978-3-662-55595-8_9

◘ Tab. 9.1   Vergleich von chemischen und physikalischen Faktoren, die von Menschen und Mikroorganismen toleriert werden. (Nach Cockell 2007)

Parameter	Mikroorganismen	Menschen
Temperatur	-15–113(121) °C	0–30 °C
Druck	< 50 hPa–> 10.000 hPa	700 hPa–5000 hPa
Ionisierende Strahlung	4000 Gy	1–3 Gy
pH	0–13	ca. neutral
Sauerstoff	0–100 %	15–25 %
Kohlendioxid	0–100 %	<1 %
1 hPa = 1 mbar		

Es ist seit Langem bekannt, dass viele Mikroorganismen aufgrund ihrer vielfältigen Stoffwechselleistungen in der Lage sind, in Abwesenheit von Sauerstoff zu wachsen. Des Weiteren haben die in den vorangegangenen Kapiteln beschriebenen Untersuchungen gezeigt, dass weit größere Bereiche der Erde Leben ermöglichen, als ursprünglich angenommen. Ein Vergleich der möglichen Lebensbedingungen von Mikroorganismen und Menschen ist in ◘ Tab. 9.1 aufgeführt.

Es stellt sich daher in den letzten Jahren verstärkt die Frage, ob mikrobielles Leben auch außerhalb der Erde möglich ist. Hierbei untersucht die sogenannte Astrobiologie zunächst, ob (Mikro-)Organismen im Weltraum überhaupt überleben können. Weiterhin versucht man herauszufinden, ob sich Mikroorganismen möglicherweise auch auf anderen Himmelskörpern in unserem Sonnensystem vermehren können.

9.1 Überleben von (Mikro-)Organismen im Weltraum

Wenn man über die Möglichkeit extraterrestrischen Lebens spekuliert, muss man sich zunächst die Frage stellen, ob lebende Zellen (so wie wir sie von der Erde kennen) unter den Bedingungen des Weltraums überhaupt überleben können. Solche Untersuchungen sind einerseits unter dem Gesichtspunkt der möglichen Kontamination anderer Himmelskörper durch irdisches Leben relevant, z. B. bei der Landung von Raumsonden. Andererseits könnte auch lebende Materie von anderen Himmelskörpern die Erde erreichen. So wurde bereits in der Frühzeit der Wissenschaften der Gedanke entwickelt, dass das Leben möglicherweise gar nicht auf der Erde entstanden, sondern von anderen Himmelskörpern auf die Erde gelangt ist (Panspermie).

Der freie Weltraum (*„outer space"*) stellt aufgrund des hohen Vakuums, der extremen Temperaturverhältnisse, der von der Sonne ausgehenden elektromagnetischen Strahlung und der kosmischen ionisierenden Strahlung eine äußerst lebensfeindliche Umgebung dar.

In den vergangenen Jahren wurde eine Reihe von Experimenten durchgeführt, die sich mit der Fähigkeit von Organismen beschäftigt haben, unter den Bedingungen des Weltalls zu überleben. Für diese Untersuchungen hat man versucht, die Bedingungen des Weltraums im Labor nachzubilden, oder auch Experimente im erdnahen Weltraum durchgeführt.

Hierbei ist allerdings zu berücksichtigen, dass die im erdnahen Weltraum herrschenden Bedingungen nicht vollständig den Bedingungen im „freien Weltraum" entsprechen (insbesondere bezüglich der Temperatur und der Ausprägung des herrschenden Vakuums).

9.1.1 Einfluss von Strahlung, Temperatur und Vakuum

Wie sich bei den Untersuchungen im Labor und Weltraum gezeigt hat, werden die untersuchten Organismen durch die außerhalb der Erdatmosphäre herrschende kurzwellige UV-Strahlung (mit Wellenlängen unter 250 nm) bei einer direkten Bestrahlung meist sehr schnell abtötet. Allerdings lässt sich die letale Wirkung der UV-Strahlung weitgehend neutralisieren, wenn das lebende Material durch andere, die UV-Strahlung absorbierende Materialien abgeschirmt wird. Hierbei kann es sich beispielsweise um anorganisches Material handeln, wie es auf der Oberfläche von Planeten, Monden oder Kometen zu erwarten ist (z. B. Staubpartikel oder Salzkristalle). Im experimentellen System kann dieser Effekt auch durch periphere Schichten aus abgetöteten Zellen hervorgerufen werden. Diese „Schutzschichten" müssen in vielen Fällen noch nicht einmal 1 mm dick sein, um die darunter liegenden Zellen vor der energiereichen UV-Strahlung zu schützen.

Im Gegensatz zur energiereichen kurzwelligen UV-Strahlung sind die im Weltraum herrschenden tiefen Temperaturen und Vakuumbedingungen offenbar weniger problematisch für das Überleben. Die Bedingungen des Vakuums wirken sich primär durch einen extremen Wasserentzug auf lebende Organismen aus. Um unter den Bedingungen des Weltraums für längere Zeit überleben zu können, müssen Organismen daher zur Anhydrobiose (Überleben bei weitgehender Abwesenheit freien Wassers) befähigt sein. Diese Fähigkeit ist vielfach mit der Bildung von Dauerstadien verbunden. Anhydrobiose findet man u. a bei bakteriellen Sporen, Bäckerhefe und einer Reihe von niederen Tieren wie Bärtierchen (Tardigrada), Rädertierchen (Rotatoria), Fadenwürmern (Nematoda) und sogar bei den Larven einer Mückenart *(Polypedilum vanderplanki)*. Auch die Fähigkeit vieler Pflanzensamen, langfristig im getrockneten Zustand zu überdauern, stellt eine Form der Anhydrobiose dar. Bei den meisten untersuchten Organismen geht die Austrocknungstoleranz mit der verstärkten Bildung von Disacchariden (insbesondere Trehalose) einher.

9.1.2 Experimentelle Befunde

In einer Reihe von Simulationen, aber auch durch direkte Versuche wurde gezeigt, dass verschiedene Organismengruppen unter den Temperatur- und Vakuumbedingungen des Weltalls überleben können, insbesondere dann, wenn sie vor der direkten UV-Strahlung geschützt werden. So keimten beispielsweise Sporen von *Bacillus subtilis* nach etwa sechs Jahren Aufenthalt im Weltraum aus, nachdem sie wieder auf der Erde zurück waren. In einigen dieser Versuche waren die getrockneten Sporen nur durch eine perforierte Aluminiumfolie von den Bedingungen des freien erdnahen Weltraums abgetrennt und somit den in ca. 480 km Flughöhe herrschenden Vakuum- und Temperaturbedingungen, der UV-Strahlung und einem Großteil der kosmischen Strahlung ungehindert ausgesetzt. Erstaunlicherweise vermochten auch von den derartig behandelten Sporen einige nach der Rückkehr auf die Erde wieder anzuwachsen.

Wie sich in späteren Experimenten zeigte, können nicht nur sporenbildende Organismen im (erdnahen) Weltall überleben. So haben kryptoendolithische mikrobielle Lebensgemeinschaften und epilithische Flechten für ca. 18 Monate auf einer niedrigen Erdumlaufbahn an der Außenseite der Raumstation ISS überlebt. Für Zellen des in antarktischen Trockentälern wachsenden Cyanobakteriums *Chroococcidiopsis* sp. (vgl. ◗ Abb. 3.10, ▶ Abschn. 3.2.3) wurde sogar ein Überleben für den gleichen Zeitraum bei Inkubation in Gegenwart eines extraterrestrischen UV-Spektrums ($\lambda > 110$ nm) beschrieben. Diese Ergebnisse könnten also prinzipiell eine Möglichkeit aufzeigen, mithilfe solcher autotrophen photosynthetischen, oxygenen (sauerstoffproduzierenden) Organismen fremde Planeten zu besiedeln.

Die Überlebensfähigkeit mehrzelliger Tiere unter den Bedingungen des Weltalls wurde bereits für Bärtierchen (Tardigrada) gezeigt, die sich sowohl durch die Befähigung zur Anhydrobiose als auch durch eine ausgeprägte Strahlungstoleranz auszeichnen. In diesen Experimenten wurden zwei Arten von Bärtierchen für zehn Tage auf der Außenseite eines Forschungssatelliten in einer Höhe von rund 270 km inkubiert. Hierbei zeigte sich eine hohe Überlebensrate, wenn die Bärtierchen vor der UV-Strahlung geschützt wurden. Kurzwelliges UV-Licht führte ähnlich wie bei Bakterien und Flechten zu einer stark verringerten Überlebensrate.

9.2 Möglichkeiten extraterrestrischen Lebens

Wenn man über die Möglichkeit extraterrestrischen Lebens spekuliert, muss man sich zunächst Gedanken über die „Mindestanforderungen" auf der Erde lebender Organismen an ihre Umwelt machen. Hier erscheint zunächst das Vorhandensein der zum Aufbau der Zellbestandteile notwendigen chemischen Elemente (insbesondere der Makroelemente Kohlenstoff, Sauerstoff, Wasserstoff, Stickstoff, Phosphor und Schwefel) unabdingbar. Ein weiterer essenzieller Faktor für das Leben ist die Verfügbarkeit einer Energieform, die von Zellen für die Synthese von Zellmaterial genutzt werden kann. Auf der Erde können phototrophe Organismen die Lichtenergie und chemotrophe Organismen chemische Reaktionen nutzen. Im Hinblick auf potenzielles extraterrestrischen Lebens ist besonders der Stoffwechsel chemolithoautotropher Organismen von Interesse. Diese Organismen können durch die Oxidation bzw. Reduktion anorganischer Verbindungen energiereiche organische Verbindungen synthetisieren und durch die Reduktion von Kohlendioxid Zellmaterial generieren. Prinzipiell ist für die chemolithotrophe Energiegewinnung nur das gleichzeitige Vorhandensein von zwei anorganischen Verbindungen mit einem unterschiedlichen Redoxpotenzial erforderlich (also einer unterschiedlichen „Neigung" zur Abgabe bzw. Aufnahme von Elektronen). Auf der Erde ist eine Vielzahl von chemolithotrophen Stoffwechselwegen realisiert, die prinzipiell in ähnlicher Form auch auf extraterrestrischen Himmelskörpern möglich sind.

Die Untersuchungen an extremophilen Mikroorganismen haben außerdem bestätigt, dass für Leben, wie wir es kennen, unbedingt flüssiges Wasser vorhanden sein muss. Daher konzentriert sich die Suche nach möglicherweise belebten Himmelskörpern in unserem Sonnensystem auf Planeten und Monde, auf denen Hinweise für die Existenz von flüssigem Wasser gefunden worden sind. In Betracht gezogen werden insbesondere der Mars und die Saturnmonde Titan und Enceladus sowie der Jupitermond Europa.

9.2.1 Mars

Nachdem man schon sehr bald nach der Erfindung von Teleskopen auf dem Mars Strukturen beobachtete, die als Kanäle angesprochen wurden, folgten auch relativ bald Überlegungen, ob es Leben auf dem Mars geben könnte. Der Mars ist auch nach unserem heutigen Kenntnisstand ein interessantes Objekt im Hinblick auf potenzielles extraterrestrisches Leben. Obgleich er deutlich kälter ist als die Erde (Durchschnittstemperatur $-65\,°C$, Erde $15\,°C$), kann die Temperatur am Äquator tagsüber auf bis zu $30\,°C$ ansteigen (allerdings an den Polen im Winter auch bis auf $-130\,°C$ abfallen). Satellitenbilder deuten darauf hin, dass es in der Frühzeit des Mars tatsächlich größere Flüsse und Meere auf dem Mars gegeben hat. Wahrscheinlich ist die Marsoberfläche aber bereits seit mehreren Milliarden Jahren „kalt und trocken". Mithilfe von satellitengestützten Röntgenstrahl-Spektrometern konnten Hinweise auf das Vorhandensein von Wassereis in Tiefen bis zu 1 m im Bereich des Marssüdpols gefunden werden. Daher lässt sich zumindest eine gewisse Analogie zwischen den Permafrostböden der Arktis und Antarktis und den Verhältnissen auf dem Mars ziehen (◘ Abb. 9.1).

In den letzten Jahren wurden auch Hinweise erhalten, die auf „rutschende Strukturen" an Berghängen im „Mars-Sommer" bei Temperaturen von $-23\,°C$ bis $+27\,°C$ hindeuten. Diese Beobachtungen wurden mit dem möglichen Vorkommen von (wahrscheinlich hochsalinem und evtl. Perchlorate enthaltendem) Wasser an einigen Stellen der Marsoberfläche zu erklären versucht.

Allerdings werden die Lebensmöglichkeiten für Mikroorganismen auf dem Mars durch eine Vielzahl an Faktoren eingeschränkt: Aufgrund der sehr dünnen Atmosphäre (600 Pa, Erde 10^5 Pa), die primär aus CO_2 besteht, wird die Marsoberfläche, ähnlich wie zuvor für die Bedingungen im freien Weltall beschrieben, durch eine starke UV-Strahlung, Wasserarmut, extreme Tag-Nacht-Temperaturschwankungen, Sonnenstürme und kosmische Strahlung beeinflusst. Außerdem kommt es durch die Wirkung der UV-Strahlung auf das Marsgestein zur Bildung flüchtiger Oxidationsmittel (z. B. O_2^-, O^-, H_2O_2, NO_x, O_3) und die Regolithen („Steinbruch" auf der Planetenoberfläche) enthalten vielfach hohe Konzentrationen an Perchloraten oder reagieren stark sauer. Der Marsboden weist offenbar häufig außergewöhnlich hohe Salzkonzentrationen (z. B. $MgCl_2$, NaCl, $FeSO_4$, $MgSO_4$) und an vielen Stellen hohe Konzentrationen an Schwermetallen auf.

Um die Möglichkeit von Leben auf dem Mars besser abschätzen zu können, versuchte man, mit verschiedenen Experimenten die Verhältnisse auf dem Mars im Labor zu simulieren. In ersten Versuchen wurde zunächst primär das Überleben von *Bacillus*-Sporen untersucht. Wie sich zeigte, führte das Vorhandensein von Staubpartikeln, wie sie auf der Marsoberfläche zu erwarten sind, tatsächlich zu einer signifikanten Zunahme der Überlebensrate von *Bacillus*-Sporen. Dies wurde mit der starken Absorption von UV-Strahlung durch die Staubpartikel erklärt. In späteren Experimenten wurden auch nicht sporenbildende Mikroorganismen unter simulierten Marsbedingungen getestet. Auch diese konnten die simulierten Marsbedingungen zumindest kurzfristig tolerieren. So überlebten einige *E. coli* Zellen, wenn sie für sieben Tage in einem artifiziellen „Marsboden" marsähnlichen Bedingungen hinsichtlich Temperaturschwankungen, UV-Einstrahlung, Druckverhältnissen und Atmosphärenzusammensetzung ausgesetzt waren.

In ähnlichen Versuchen wurde auch für Proben der kryptoendolithischen Lebensgemeinschaften aus den Trockentälern der Antarktis und hieraus isolierte „Schwarze Pilze" (*Cryomyces antarcticus*, *Cryomyces minteri*) (vgl. ◘ Abb. 3.9) signifikante Überlebensraten unter simulierten Mars- und Weltraumbedingungen nachgewiesen.

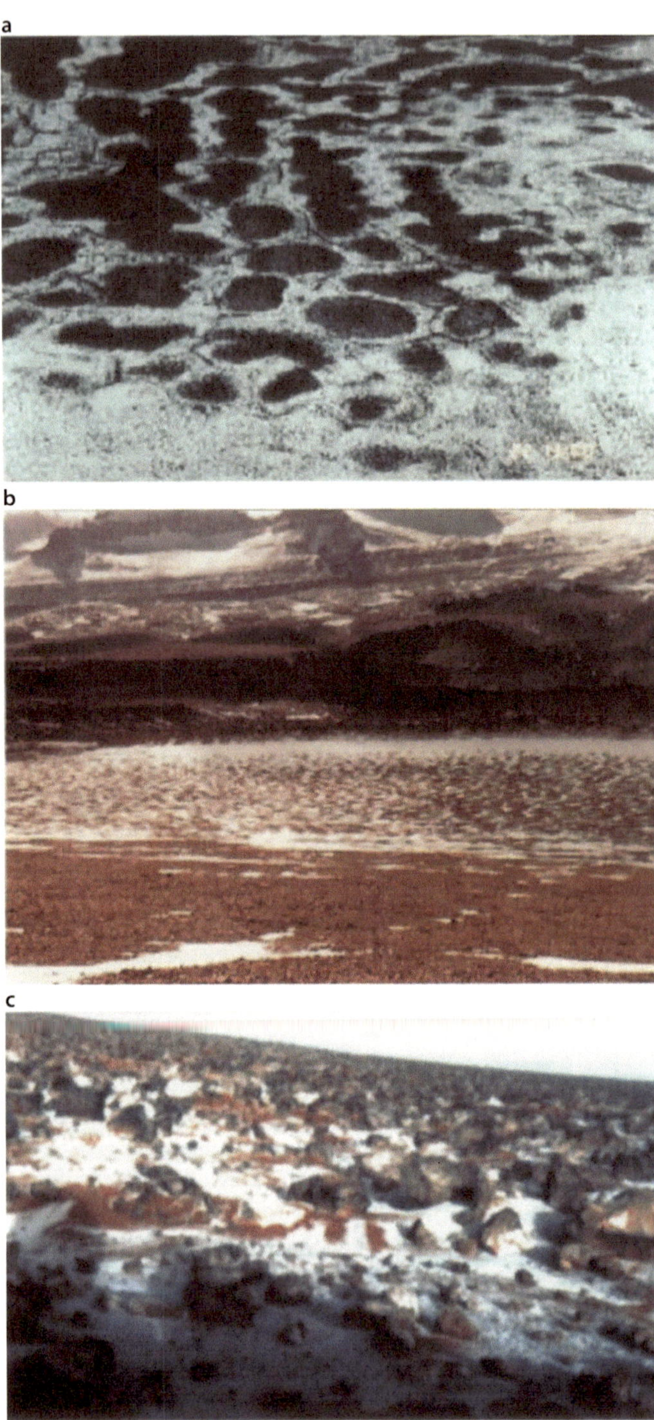

■ **Abb. 9.1**   Permafrostlandschaften. **a** Arktis im Oktober, **b** Antarktis im Januar, **c** Mars im Frühling. (**a**, **b** aus Gilichinsky 2002, **c** NASA)

In Gegenwart einiger lebensfeindlicher Mars-Bedingungen konnte auch bereits eine Vermehrung von Mikroorganismen gezeigt werden. Hierzu wurden Anreicherungen mit Proben aus Permafrostböden durchgeführt und Mikroorganismen isoliert, die bei 0 °C bei einem den Marsverhältnissen entsprechenden Druck (7 mbar) in einer mit CO_2-angereicherten sauerstofffreien Atmosphäre wachsen konnten. Es gelang so (allerdings unter Verwendung eines Komplexmediums als organischer Kohlenstoff- und Energiequelle), Gram-positive Bakterien aus der Gattung *Carnobacterium* anzureichern, die unter diesen Bedingungen wuchsen.

Direkte Untersuchungen zum Vorhandensein von Leben auf dem Mars mithilfe der Sonden Viking 1 und Viking 2 ergaben keine Hinweise auf die Existenz von organisch gebundenem Kohlenstoff auf der Marsoberfläche. Allerdings wäre es im Hinblick auf die Strahlenbelastung an der Marsoberfläche und die Verteilung von Wasser wahrscheinlicher, Spuren von Leben (so vorhanden) in einer gewissen Entfernung von der Oberfläche zu finden. Leider hatten die bisher eingesetzten Landegeräte keine entsprechende Ausrüstung an Bord.

9.2.2 Die Saturnmonde Titan und Enceladus und der Jupitermond Europa

9.2.2.1 Titan

Der Saturnmond Titan gilt als der erdähnlichste Himmelskörper in unserem Sonnensystem, da er sowohl über Wassereis als auch über eine dichte Atmosphäre verfügt. Titan wurde daher bereits intensiv mithilfe von Satelliten (Voyager, Cassini) untersucht. Außerdem landete im Jahre 2005 die Sonde Huygens auf dem Titan. So gelang der Nachweis, dass sich die Atmosphäre primär aus Stickstoff und kleineren Mengen an Methan sowie Spuren von Wasserstoff zusammensetzt. Außerdem wurden in der Titan-Atmosphäre verschiedene Kohlenwasserstoffe und Nitrile nachgewiesen, die wahrscheinlich durch UV-Strahlung aus dem Stickstoff und Methan der Atmosphäre gebildet werden. Der Oberflächendruck liegt bei ca. 1,5 bar und die durchschnittliche Oberflächentemperatur beträgt rund $-180\,°C$.

Offenbar gibt es auf der Titanoberfläche große Flächen („Ozeane") mit flüssigem Methan und es gibt Hinweise auf die Existenz von „Methanwolken" und „Methanregen". Die feste Oberfläche des Mondes besteht aus einem Wassereismantel, unter dem sich wahrscheinlich ein Ozean mit flüssigem Wasser befindet, welcher den inneren Gesteinskern umgibt (◘ Abb. 9.2a).

Die von der Sonde Huygens nach der Landung auf Titan aufgezeichneten Fotos zeigen (erwartungsgemäß) keine Spuren von Leben. Bei den beobachteten Strukturen handelt es sich wahrscheinlich um „Wassereiskiesel" (◘ Abb. 9.2b).

Falls es auf Titan Lebensspuren geben sollte, wären diese in dem (postulierten) „Wasserozean" unter der Oberfläche des Eispanzers zu erwarten. Für diesen „Ozean" wurden Kalkulationen präsentiert, die von einer Temperatur von ca. $-30\,°C$, einem Druck in 200 km Tiefe von 500 MPa und einem pH-Wert von 11,5 ausgehen. Nach den Erfahrungen mit irdischen extremophilen Mikroorganismen sollte keines dieser Kriterien Leben ausschließen.

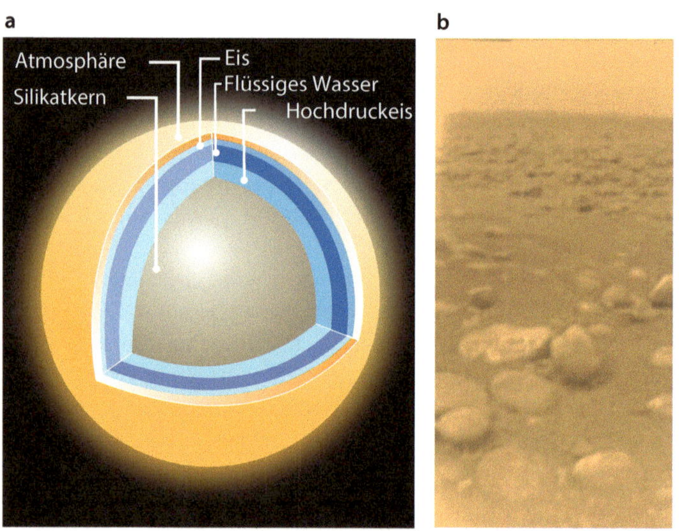

◘ Abb. 9.2   Saturnmond Titan. **a** Vorgeschlagener Aufbau des Mondes (nach NASA). **b** Von der Sonde Huygens nach der Landung auf der Titanoberfläche mithilfe eines Spektral-Radiometers aufgenommenes Bild. (ESA/NASA/JPL/University of Arizona)

9

9.2.2.2 **Enceladus und Europa**

In den letzten Jahren sind verstärkt der Saturnmond Enceladus und der Jupitermond Europa in das Blickfeld der Astrobiologie gerückt. Für beide Monde wurde bereits früher gezeigt, dass sie von einem massiven Wassereispanzer bedeckt sind. In den letzten Jahren fand man eine Reihe von Hinweisen darauf, dass sich wahrscheinlich bei beiden Monden unterhalb der dicken Eisschicht flüssiges Wasser befindet. Man geht davon aus, dass auf der Oberfläche des Jupitermondes Europa höchstens −150 °C herrschen und dass unterhalb einer mehrere Kilometer dicken Eisschicht ein ca. 100 km tiefer Ozean aus flüssigem Wasser liegt (◘ Abb. 9.3). Möglicherweise könnte es auch auf anderen Jupitermonden (Ganymed, Callisto) eisbedeckte Ozeane mit flüssigem Wasser geben.

Für den Saturnmond Enceladus wird sogar eine noch tiefere Oberflächentemperatur angenommen (ca. −200 °C). Analysen durch die Raumsonde Cassini haben auf Enceladus Hinweise auf (kryo-)vulkanische Prozesse ergeben. So wurden beim Vorbeiflug der Sonde im Bereich des Südpols sowohl Wasserdampf als auch Spuren von Wasserstoff und kohlenstoffhaltigen Materials gefunden (◘ Abb. 9.4).

Die Ursachen für das Vorhandensein flüssigen Wassers auf den beiden Monden ist unklar. Es könnte sich entweder um vulkanische Aktivitäten und/oder auch um die Auswirkung von Gezeitenkräften handeln, die durch Reibungsprozesse zu einer gewissen Erwärmung des Wassereises führen. Der kürzlich erfolgte Nachweis von Wasserstoff in dem von Enceladus freigesetzten „kryovulkanischem Material" wurde als Hinweis auf Hydrothermalprozesse gedeutet. Außerdem kann man davon ausgehen, dass das flüssige Wasser auch große Mengen an Salzen enthält und somit wahrscheinlich Temperaturen von deutlich unter 0 °C aufweist.

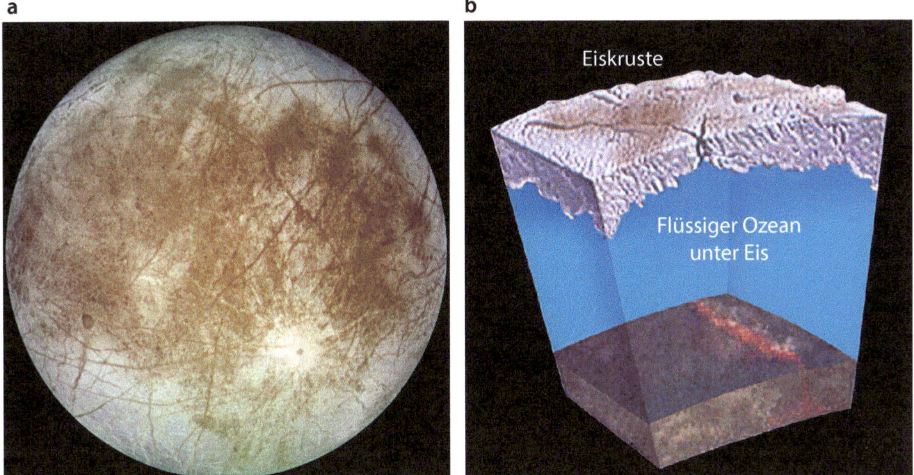

◘ Abb. 9.3 Der Jupitermond Europa. **a** Von der Raumsonde Galileo aus 677.000 km Entfernung aufgenommenes Bild (NASA/JPL/DLR/public domain), **b** Vorgeschlagener Aufbau des Mondes. (Nach NASA/JPL)

9.3 Die extremophilen Mikroorganismen der Erde als Modellorganismen für mögliches extraterrestrisches Leben

Der derzeitige Stand des Wissens bezüglich des Überlebens von Mikroorganismen unter Weltraumbedingungen sowie die auf dem Mars und verschiedenen „Eismonden" herrschenden Bedingungen zeigen in Verbindung mit den Studien an irdischen extremophilen Mikroorganismen, dass man die Möglichkeit von extraterrestrischem Leben in unserem Sonnensystem nicht grundsätzlich ausschließen kann.

Für eine mögliche Ausbreitung von lebenden Organismen zwischen verschiedenen Himmelskörpern sind insbesondere die Befunde zum Überleben von Sporen und anderen Lebensformen mit der Fähigkeit zur Anhydrobiose unter Vakuumbedingungen relevant. In Verbindung mit dem durch mineralische Stoffe ausgeübten UV-Schutz und den Indizien für das Überleben von irdischen halophilen Archaeen in Steinsalz über viele Millionen Jahre hinweg eröffnet dies die Möglichkeit, dass sich Leben in der Form, wie wir es von der Erde kennen, tatsächlich durch das Sonnensystem ausbreiten könnte (auch ohne Zutun des Menschen).

Das Vorhandensein flüssiger Ozeane unter den Eispanzern der „Eismonde" lässt sich möglicherweise durch vulkanische Aktivitäten im Untergrund der Monde erklären. Hier könnten also Bereiche vorhanden sein, die den hydrothermalen Systemen in den Spreizungszonen der irdischen Ozeane ähneln und die Vermehrung von hyperthermophilen, vom Sonnenlicht unabhängigen chemolithoautotrophen Mikroorganismen ermöglichen.

Die mit hoher Wahrscheinlichkeit unter den Eispanzern der „Eismonde" vorhandenen Ozeane ähneln in ihrer Struktur stark den Seen der Antarktis, die stellenweise schon seit Millionen von Jahren mit Eis bedeckt sind und trotzdem mikrobielles Leben aufweisen. Für eine Einschätzung, ob in den extraterrestrischen eisbedeckten Ozeanen Leben möglich wäre, sind wahrscheinlich insbesondere stark salzhaltige Seen der Antarktis interessant, die von „halopsychrophilen" Mikroorganismen besiedelt werden können.

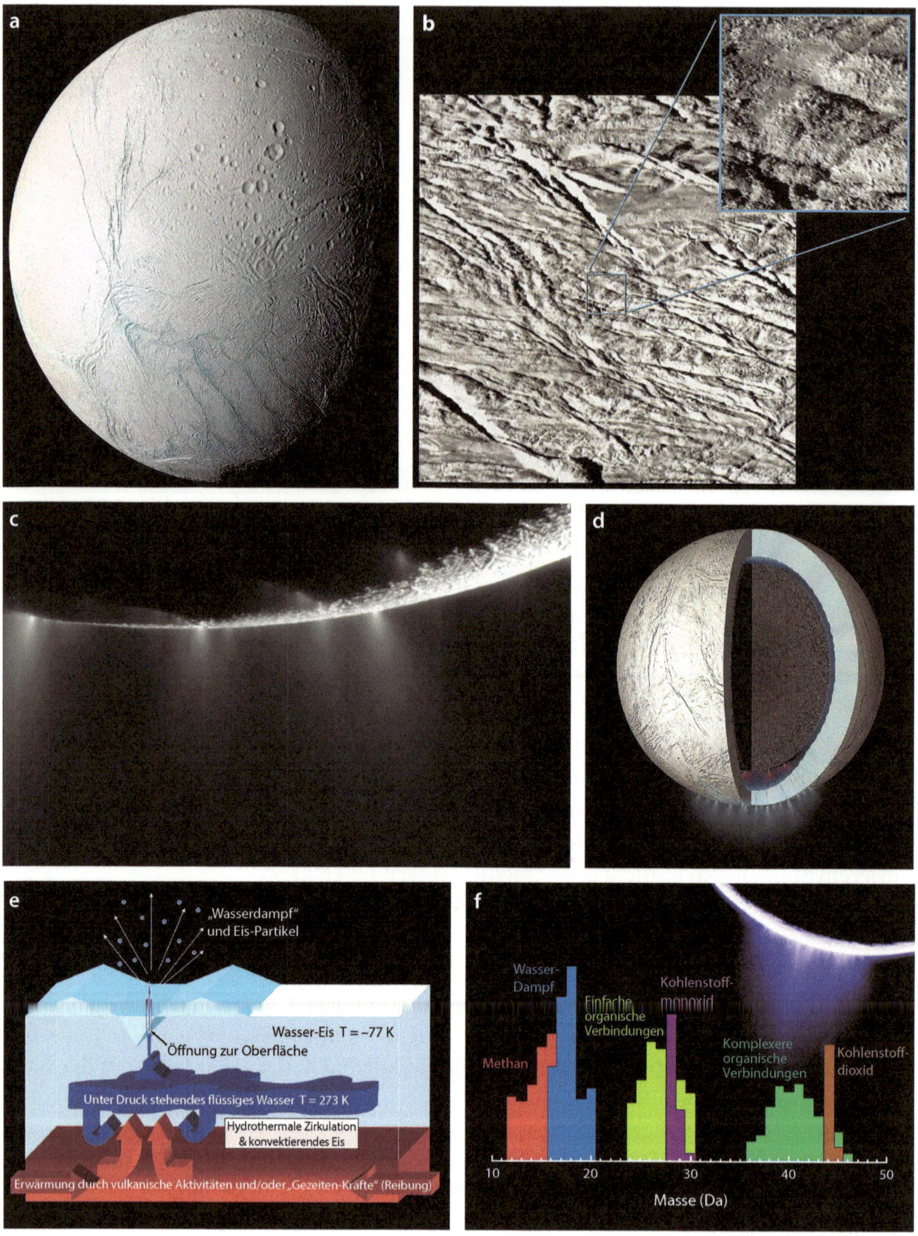

◘ Abb. 9.4 Der Saturnmond Enceladus. **a** Oberflächenansicht mit Kratern und Spalten im Eis, **b** Struktur der Oberfläche, **c** Kryovulkane („Geysire", engl. *plumes*) im Bereich des Südpols, (alle NASA/JPL/Space Science Institute) **d** Modellvorstellung des inneren Aufbaus mit einem Ozean aus flüssigem Wasser (NASA/JPL-Caltech), **e** Modellvorstellung für die Bildung der Kryovulkane („Geysire") im Bereich des Südpols (links: NASA/JPL-Caltech/Space Science Institute; rechts: cflm GFDL/CC BY-SA 3.0/Wikimedia Commons), **f** chemische Zusammensetzung des durch die Kryovulkane (plumes) freigesetzten Materials. (NASA/JPL/SwRI)

Im Falle der mit einer mehrere Kilometer dicken Eisschicht bedeckten „Eismonde" käme noch ein erhöhter hydrostatischer Druck hinzu, der aber gemäß unserem Wissen über die piezotoleranten und piezophilen Organismen der Erde Leben nicht verhindern würde.

Prinzipiell sollten auch die Bedingungen auf dem Mars Leben in einer ähnlichen Form, wie wir es von der Erde kennen, nicht vollständig ausschließen. Das größte Problem für potenzielles Leben auf dem Mars stellt wahrscheinlich die dort herrschende Trockenheit dar. Hier zeigen sich Ähnlichkeiten zu den Trockentälern der Antarktis. Falls sich die Befunde zum Vorkommen von Wasser unter der Oberfläche (und evtl. auch in den postulierten „Schlammlawinen") bewahrheiten, könnte die Biologie der irdischen Permafrostböden als geeignetes Modellsystem für das (mögliche) Leben auf dem Mars herhalten. Eine gewisse Analogie im Hinblick auf hohe Salzkonzentrationen und niedrige pH-Werte besteht auch zu den sauren Salzseen Westaustraliens.

Für das mögliche Vorhandensein von Leben auf dem Mars wären vor allem die sich in den letzten Jahren mehrenden Befunde hochgradig relevant, denen zufolge auf der Erde auch bei Temperaturen unter $-20\,°C$ in Böden geringe Mengen an flüssigem Wasser vorhanden sind und sich bei diesen und sogar tieferen Temperaturen in Permafrostböden Anzeichen von Stoffwechselaktivitäten finden lassen.

❓ Fragen

- Welche der im Weltall herrschenden Bedingungen sind besonders kritisch für lebende Organismen?
- Welche experimentellen Befunde gibt es für das Überleben von Mikroorganismen im Weltall?
- Was versteht man unter Anhydrobiose?
- Welche Grundvoraussetzungen sollten auf extraterrestrischen Himmelskörpern erfüllt sein, um Leben wie auf der Erde zu ermöglichen?
- Welche Himmelskörper in unserem Sonnensystem könnten diese Voraussetzungen eventuell erfüllen?
- Wie unterscheiden sich Erde und Mars bezüglich Temperatur, Atmosphäre und Strahlenbelastung?
- Welche Lebensformen könnten möglicherweise in den flüssigen Ozeanen der „Eismonde" existieren?

Literatur

Berry BJ, Jenkins DG, Schuerger AC (2010) Effects of simulated Mars conditions on the survival and growth of *Escherichia coli* and *Serratia liquefaciens*. Appl Environ Microbiol 76:2377–2386

Billi D, Baqué M, Smith HD, McKay CP (2013) Cyanobacteria from extreme deserts to space. Adv Microbiol 3:80–86

Cockell CC (2007) Habitability. In: Horneck G, Rettberg P (Hrsg) Complete course in astrobiology. Wiley-VCH, Weinheim, S 151–177

Cockell CS, Rettberg P, Rabbow E, Olsson-Francis K (2011) Exposure of phototrophs to 548 days in low Earth orbit: microbial selection pressures in outer space and on early earth. ISME J 5:1671–1682

Gilichinsky D (2002) Permafrost model of extraterrestrial habitat. In: Horneck G, Baumstark-Khan C (Hrsg) Astrobiology: the quest for the conditions of life. Springer, Berlin

Grady MM (2007) Astrobiology of the terrestrial planets, with emphasis on Mars. In: Horneck G, Rettberg P (Hrsg) Complete course in astrobiology. Wiley-VCH, Weinheim, S 203–222

Horneck G (1981) Survival of microorganisms in space: a review. Adv Space Res 1:39–48

Horneck G, Bücker H, Reitz G (1994) Long-term-survival of bacterial spores in space. Adv Space Res 14:41–45

Horneck G, Klaus DM, Mancinelli RL (2010) Space microbiology. Microbiol Mol Biol Rev 74:121–156

Jönsson KI, Rabbow E, Schill RO, Harms-Ringdahl M, Rettberg P (2008) Tardigrades survive exposure to space in low Earth orbit. Curr Biol 18:R729–R731

Mastascusa V, Romano I, DiDonato P, Poli A, Della Corte V, Rotundi A, Bussoletti E, Quarto M, Pugliese M, Nicolaus B (2014) Extremophiles survival to simulated space conditions: an astrobiology model study. Orig Life Evol Biosp 44:231–237

McEwen AS, Ojha L, Dundas CM, Mattson SS, Byrne S, Wray JJ, Cull SC, Murchie SL, Thomas N, Gulick VC (2011) Seasonal flows on warm Martian slopes. Science 333:740–743

Moissl-Eichinger C, Cockell C, Rettberg P (2016) Venturing into new realms? Microorganisms in space. FEMS Microbiol Rev ▶ https://doi.org/10.1093/femsre/fuw015

Nicholson WL, Krivushin K, Gilichinsky D, Schuerger AC (2013) Growth of *Carnobacterium* spp. from permafrost under low pressure, temperature, and anoxic atmosphere has implications for Earth microbes on Mars. Proc Natl Acad Sci USA 110:666–671

Nicholson WL, Munakata N, Horneck G, Melosh HJ, Setlow P (2000) Resistance of *Bacillus* endospores to extreme terrestrial and extraterrestrial environments. Microbiol Mol Biol Rev 64:548–572

Onofri S, Barreca D, Selbmann L, Isola D, Rabbow E, Horneck G, de Vera JPP, Hatton J, Zucconi L (2008) Resistance of Antarctic black fungi and cryptoendolithic communities to simulated space and Martian conditions. Stud Mycol 61:99–109

Osman S, Peeters Z, La Duc MT, Mancinelli R, Ehrenfreund P, Venkateswaran K (2008) Effect of shadowing on survival of bacteria under conditions simulating the Martian atmosphere and UV radiation. Appl Environ Microbiol 74:959–970

Raulin F (2007) Astrobiology of Saturn's moon Titan. In: Horneck G, Rettberg P (Hrsg) Complete course in astrobiology. Wiley-VCH, Weinheim, S 223–252

Saffary R, Nandakumar R, Spencer D, Robb FT, Davila JM, Swartz M, Ofman L, Thomas RJ, DiRuggiero J (2002) Microbial survival of space vacuum and extreme ultraviolet irradiation: strain isolation and analysis during a rocket flight. FEMS Microbial Lett 215:163–168

Satin C, Prieur D (2007) Jupiter's moon Europa: geology and habitability. In: Horneck G, Rettberg P (Hrsg) Complete course in astrobiology. Wiley-VCH, Weinheim, S 253–271

Waite JH, Glein CR, Perryman RS, Teolis BD, Magee BA, Miller G, Perry ME, Miller KE, Bouquet A, Lunine JI, Brockwell T, Bolton SJ (2017) Cassini finds molecular hydrogen in the Enceladus plume: evidence for hydrothermal processes. Science 356:155–159

Serviceteil

© Springer-Verlag GmbH Deutschland 2017
A. Stolz, *Extremophile Mikroorganismen*,
https://doi.org/10.1007/978-3-662-55595-8

Sachverzeichnis

A

Acetobacter 97
Acid mine drainage (AMD) 80
Acid Resistance Systems 89
Acidianus 83, 100
Acidiphilium 86
Acidithiobacillus 86, 87, 90, 92, 95, 100
Acidobacteria 85
Acidophile
– lateraler Gentransfer 92
– protonenmotorische Kraft 89
Alkaliphile
– ATP-Synthase 115
– Na^+/H^+-Antiporter 114
– protonenmotorische Kraft 114
Alvinella pompejana 14
Ammonifikation 110
Amylase 36
Anhydrobiose 161, 167
Antifreeze proteins (AFPs) 57
Aquifex 16, 31, 33
Archaea, hyperthermophile 16
– Stoffwechseltypen 18
Artemia salina 128
Arthrospira 111, 120
Aspergillus
– *niger* 98
– *terreus* 98
Athalassohalin 126
ATPase, protonentransportierende 88
ATP-Synthase bei Alkaliphilen 115
Austrocknungsresistenz 155

B

Bacillus (*pseudo*)*firmus* OF4 113, 116
Bacillus-Sporen
– Überleben im Weltall 161
– Überleben unter Mars-
  Bedingungen 163
Bacteria, hyperthermophile 16
Bacteriorhodopsine 129, 143
Bacteroidetes in Meereis 47
Bakterien, Fe(II)-oxidierende 100
Bakterienmelken 137
Bärtierchen (Tardigrada), Überleben
  im Weltall 162
Betonzersetzung 94
Biooxidation 101
– zur Goldgewinnung 102
Biosphäre, tiefe 68

Biphytanylrest 25
Black Smoker 10

C

Carotinoide aus Halophilen 140
Challenger-Tief 68, 70
Chlamydomonas nivalis 46
Chroococcidiopsis 49, 162
Citronensäure-Herstellung 98
Colwellia 47, 69
Crenarchaeota 17
Cyanidiaceae 83
Cyanidiales 92
Cyanidium caldarium 86
Cyanobakterien
– alkaliphile 111
– alkalophile 113
– psychrophile 48, 49
– thermophile 14
Cyclodextrin-Glykosyltransferase 120

D

Decarboxylase in Acidophilen 89
Deep hot biosphere 10
Deep Lake 42
Deinococcus radiodurans 149, 150
Deinoxanthin 154
Desaminase in Acidophilen 89
Desulfurococcales 18
Diphosphoglycerat, zyklisches 23
DNA
– chromosomale, GC-Gehalt 27
– Doppelstrangbrüche 150, 152
– Fragmentierung durch
  Gamma-Strahlung 150
– Reparatur-Mechanismen bei
  Deinococcus radiodurans 151
Druck, hydrostatischer
– Wirkung auf Lebewesen 71
– Zunahme im Meer 68
Dunaliella salina 129, 134, 140

E

Ectoin 134, 140
Ectothiorhodospira 111, 131, 135
Eiskristallbildung 55
Eismonde 167
Eisnucleationsaktivität 56

Enceladus 166, 168
Enzym
– Anwendung bei niedrigen
  Temperaturen 61
– aus den hyperthermophilen
  Organismen 20
– aus Psychrophilen 52
Erdkruste, Druckzunahme 68
Erdölförderung, tertiäre 35
Erzlaugung 99, 101
– Kupfer-Gewinnung 101
Essigherstellung 97
Etherlipide 23
Eukaryoten, acidophile 86
Euryarchaeota 16
Exopolysacchariden, Bildung durch
  Psychrophile 60

F

Faktor
– extrinsischer 20
– intrinsischer 20
Ferroplasma 83, 100
Fettsäuren
– essenzielle 62
– mehrfach ungesättigte 53, 62
Firmicutes in Meereis 47
Fische
– in der Tiefsee 70
– in Salzseen 128
– in Sodaseen 110
Frostschutzprotein 57

G

Galdariella 92
Galdieria sulphuraria 86
Gamma-Strahlung 148
GC-Gehalt chromosomaler DNA 27
Gletschereis 42
Gluconobacter 97
Glycerin als kompatibles Solut 134
Gyrase, reverse 27, 30

H

Halanaerobiales 131
Haloanaerobiales 132
Halobacterium 129

Sachverzeichnis

Willkommen zu den Springer Alerts

- Unser Neuerscheinungs-Service für Sie:
  aktuell *** kostenlos *** passgenau *** flexibel

Springer veröffentlicht mehr als 5.500 wissenschaftliche Bücher jährlich in gedruckter Form. Mehr als 2.200 englischsprachige Zeitschriften und mehr als 120.000 eBooks und Referenzwerke sind auf unserer Online Plattform SpringerLink verfügbar. Seit seiner Gründung 1842 arbeitet Springer weltweit mit den hervorragendsten und anerkanntesten Wissenschaftlern zusammen, eine Partnerschaft, die auf Offenheit und gegenseitigem Vertrauen beruht.

Die SpringerAlerts sind der beste Weg, um über Neuentwicklungen im eigenen Fachgebiet auf dem Laufenden zu sein. Sie sind der/die Erste, der/die über neu erschienene Bücher informiert ist oder das Inhaltsverzeichnis des neuesten Zeitschriftenheftes erhält. Unser Service ist kostenlos, schnell und vor allem flexibel. Passen Sie die SpringerAlerts genau an Ihre Interessen und Ihren Bedarf an, um nur diejenigen Information zu erhalten, die Sie wirklich benötigen.

Mehr Infos unter: springer.com/alert

Topfit für das Biologiestudium